잎의 모양 2	잎이 달리는 방법	톱니의 유무	Type
갈래잎			❶ 14쪽
안갈래잎	모여나기		❷ 22쪽
	마주나기		❸ 34쪽
	어긋나기	톱니잎	❹ 79쪽
		밋밋한잎	❺ 91쪽
깃꼴겹잎			❻ 170쪽
손꼴겹잎/세겹잎			❼ 221쪽
갈래잎			❽ 242쪽
안갈래잎	모여나기		❾ 260쪽
	마주나기	톱니잎	❿ 290쪽
		밋밋한잎	⓫ 303쪽
	어긋나기	톱니잎	⓬ 358쪽
		밋밋한잎	⓭ 371쪽
깃꼴겹잎			⓮ 411쪽
손꼴겹잎/세겹잎			⓯ 442쪽
			⓰ 458쪽
깃꼴겹잎/긴 홑잎			⓱ 490쪽
부채꼴잎			⓲ 528쪽
			⓳ 550쪽
			⓴ 556쪽

호주머니 속의 자연·8

열대나무 쉽게 찾기

A Field Guide to Tropical Trees & Shrubs

윤주복 지음

머리말

열대 지방은 풍부한 햇빛과 고온 다습한 환경으로 식물이 살기에 좋은 조건이라서 지구 상에 존재하는 식물의 절반이 훨씬 넘는 종류가 번성하고 있습니다. 다양한 열대나무 중에는 신기한 생김새를 자랑하는 나무도 많고, 옛날부터 약재나 향신료 등으로 쓰인 중요한 나무도 많으며, 목재나 고무 원료 등 사람들의 생활에 널리 이용되는 나무도 많습니다. 우리나라에도 이미 널리 알려진 열대나무들도 많은데 집 안에서 기르는 관엽식물은 대부분이 열대나무로, 어찌 보면 우리가 가장 자주 만나는 친숙한 나무라고 할 수 있습니다. 또 각 지방의 식물원이나 공원에 만들어진 온실에서는 다양한 모습의 열대식물을 가꾸어서 사람들이 볼 수 있게 하였습니다.

1989년 12월 25일 싱가포르의 창이 공항에서 시내로 들어가는 넓은 길 양편으로 비스듬히 가지를 펼치고 있는 멋진 가로수의 모습에 반한 것이 열대나무와의 첫 만남입니다. 그 가로수가 '레인트리(Rain Tree)'라는 것을 책에서 발견하고는 열대 우림(Rain Forest)을 대표(?)하는 이름의 나무를 처음 만난 것도 인연처럼 느꼈습니다. 얼마 후에 레인트리를 찾아 갔다가 백과사전에서만 보던 반얀나무를 공원에서 보았는데 나무 울타리처럼 수많은 줄기를 내리고 서 있는 모습은 놀람 그 자체였습니다. 그리고 집에서 관엽식물로 기르던 신답서스가 큰 나무 줄기마다 타고 오르면서 꼭 담쟁이덩굴처럼 자라는 모습도 마냥 신기했습니다. 길 양쪽으로 늘어선 대왕야자의 웅장한 모습, 바닷물에 밀려와 싹이 튼 코코스야자의 씨앗 등을 만나면서 열대나무에 대한 호기심은 커져만 갔습니다. 그렇게 열대나무의 다양한 모습이 주는 매력에 빠져 틈틈이 찾아다니면서 사진을 찍고 공부한 지 어느덧 20년이 흘렀습니다.

식물 공부가 좋아서 시작한 일이었지만 어느 정도 자료가 모이다 보니 다양한 열대나무를 좀 더 많은 사람에게 알리고 싶은 마음이 생

테코마리아 카펜시스

졌습니다. 그래서 진선출판사 허진 사장님께 의논 드렸더니 흔쾌히 동의해 주셔서 자료를 정리해 책으로 펴내게 되었습니다. 책은 열대 지방을 여행할 때도 지닐 수 있도록 포켓북 형태로 만들었습니다. 처음에 책을 가지고 나무를 찾을 때 어려웠던 경험이 너무 많았기에 나무를 쉽게 찾아 볼 수 있도록 분문은 20종류로 구분해서 실었습니다.

이역만리 열대 식물을 찾아다니는 데는 여러 분의 도움이 있었기에 가능했습니다. 그동안 도움을 주신 모든 분께 마음 깊이 감사드립니다. 특히 김호성, 조경숙 두 분의 도움이 아니었으면 열대 식물 공부는 꿈도 꾸지 못할 일이었습니다. 연례행사처럼 나타나는 귀빈(?)을 마다 않고 열대 지방을 두루 돌아볼 수 있게 앞장서서 안내하고 도와준 두 분의 사랑과 배려에 감사드리며 이 책을 두 분께 바칩니다.

2011년 봄 윤주복

일러두기

1. 이 책에는 열대와 아열대 지방에서 관상수나 가로수로 흔히 심는 나무와 사람들의 생활에 도움을 주거나 밀접한 나무를 중심으로 740여 종을 골라 실었다. 특히 열대 아시아 지방을 중심으로 자료를 모았다.
2. 본문은 나무와 잎의 모양에 따라 구분해서 싣고 검색표를 만들어 나무를 쉽게 찾아 볼 수 있도록 하였다.
3. 본문은 ①나무의 모양 ②잎의 모양 ③잎이 가지에 달리는 방법 ④잎 가장자리의 톱니의 유무 등 4가지를 중심으로 검색한다. 이 기준에 따라 모두 20종류로 구분해서 쉽게 찾을 수 있도록 하였다.
4. 나무를 찾을 때에는 검색표를 보고 위 4가지를 차례대로 확인하면서 20종류 중 어디에 속하는지를 확인한 다음, 옆에 있는 해당 항목 번호와 색깔을 보고 본문을 찾아 가도록 하였다.
5. '키가 큰 넓은잎나무'와 '키가 작은 넓은잎나무'는 7m 정도 높이를 중심으로 구분하였지만 다소 주관적이다. '큰키나무'에 속하더라도 키가 작은 나무로 흔히 발견되는 경우 키가 작은 나무에 포함시켰으므로 실제 구분이 애매할 때는 양쪽을 다 찾아보도록 한다.
6. 잎이 가지에 달리는 방법은 '어긋나기', '마주나기', '모여나기'로 구분하였는데, 나무 중에는 가지 끝에 잎이 모여나면서 그 밑에는 어긋나거나 마주나는 경우가 있으므로 구분이 애매할 때는 양쪽을 다 찾아보아야 한다.
7. 생활에 중요하게 이용되거나 특징적인 생태를 지닌 나무는 해설과 함께 다양한 모습의 사진을 실어 이해하는 데 도움이 되게 하였다.
8. 식물 이름은 '국가표준식물목록'과 도감 등 기존에 붙여진 이름을 가능한 찾아서 반영하였다.
9. 학명도 '국가표준식물목록'과 도감 등을 참고해 최신 정보를 반영하였으며, 구 학명이 널리 알려진 경우는 두 학명을 함께 표기하기도 하였다.
10. 내용은 누구나 이해할 수 있도록 어려운 식물학 용어를 쉽게 풀어 쓰려고 노력하였다.
11. 부록에는 잎을 검색하는 데 필요한 기본적인 지식을 정리하였고, 꼭 필요한 '용어해설'은 골라서 실었다.

케이폭나무

장미타베비아 낙화

차례

머리말 2 / 일러두기 4
나무를 구분하는 방법 8

1장 넓은잎나무〉키가 큰 넓은잎나무

Type❶ 넓은잎나무〉키가 큰 넓은잎나무〉홑잎〉갈래잎 14
Type❷ 넓은잎나무〉키가 큰 넓은잎나무〉홑잎〉안갈래잎〉모여나기 22
Type❸ 넓은잎나무〉키가 큰 넓은잎나무〉홑잎〉안갈래잎〉마주나기 34
Type❹ 넓은잎나무〉키가 큰 넓은잎나무〉홑잎〉안갈래잎〉어긋나기〉톱니잎 79
Type❺ 넓은잎나무〉키가 큰 넓은잎나무〉홑잎〉안갈래잎〉어긋나기〉밋밋한잎 91
Type❻ 넓은잎나무〉키가 큰 넓은잎나무〉겹잎〉깃꼴겹잎 170
Type❼ 넓은잎나무〉키가 큰 넓은잎나무〉겹잎〉손꼴겹잎/세겹잎 221

2장 넓은잎나무〉키가 작은 넓은잎나무

Type❽ 넓은잎나무〉키가 작은 넓은잎나무〉홑잎〉갈래잎 242
Type❾ 넓은잎나무〉키가 작은 넓은잎나무〉홑잎〉안갈래잎〉모여나기 260
Type❿ 넓은잎나무〉키가 작은 넓은잎나무〉홑잎〉안갈래잎〉마주나기〉톱니잎 290
Type⓫ 넓은잎나무〉키가 작은 넓은잎나무〉홑잎〉안갈래잎〉마주나기〉밋밋한잎 303
Type⓬ 넓은잎나무〉키가 작은 넓은잎나무〉홑잎〉안갈래잎〉어긋나기〉톱니잎 358
Type⓭ 넓은잎나무〉키가 작은 넓은잎나무〉홑잎〉안갈래잎〉어긋나기〉밋밋한잎 371
Type⓮ 넓은잎나무〉키가 작은 넓은잎나무〉겹잎〉깃꼴겹잎 411
Type⓯ 넓은잎나무〉키가 작은 넓은잎나무〉겹잎〉손꼴겹잎/세겹잎 442

3장 넓은잎나무〉덩굴나무

Type⓰ 넓은잎나무〉덩굴나무 458

4장 야자나무

Type⓱ 야자나무〉깃꼴겹잎/긴 홑잎 490
Type⓲ 야자나무〉부채꼴잎 528

5장 바늘잎나무

Type⓳ 바늘잎나무〉양치식물/소철무리 550
Type⓴ 바늘잎나무〉바늘잎나무 556

용어해설 572 / 과명 찾아보기 574
학명 찾아보기 576 / 나무 이름 찾아보기 586

나무를 구분하는 방법

1. 나무 모양의 구분

덩굴나무

덩굴지는 줄기가 다른 물체를 감고 오르거나 덩굴손이나 빨판 등으로 붙어서 기어오르며 자라는 나무를 말한다.

떨기나무

대략 5m 정도 높이까지 자라는 나무로 흔히 여러 대의 줄기가 나온다. 이 책에서는 대략 7m 이내로 자라는 나무를 편의상 '키가 작은 나무'로 나누었다.

키나무

줄기와 곁가지가 분명하게 구별되고 대략 5m 이상 높이로 자라는 나무이다. 이 책에서는 대략 8m 이상 자라는 나무를 편의상 '키가 큰 나무'로 나누었다.

2. 나뭇잎의 구분

바늘잎나무

겉씨식물은 대부분이 바늘 모양의 잎을 가지고 있기 때문에 '바늘잎나무' 또는 '침엽수(針葉樹)'라고 한다.

넓은잎나무

속씨식물 중에서 쌍떡잎식물은 대부분이 넓은잎을 가지고 있기 때문에 '넓은잎나무' 또는 '활엽수(闊葉樹)'라고 한다.

야자나무

외떡잎식물의 한 무리로 갈라지지 않는 줄기 끝에 깃꼴겹잎이나 손바닥 모양의 커다란 잎이 무더기로 모여 난다.

3. 넓은잎의 구조

4. 넓은잎의 구분

홑잎

넓은잎은 잎자루에 잎몸이 붙는 개수에 따라 홑잎과 겹잎으로 나눈다. 잎자루에 붙는 잎몸이 1개인 것을 '홑잎'이라고 한다.

겹잎

1개의 긴 잎자루에 여러 장의 작은잎이 달리는 것을 '겹잎'이라고 한다.

5. 홑잎의 구분

갈래잎

홑잎 중에서 잎몸의 가장자리가 몇 개로 갈라지는 잎. '결각잎'이라고도 한다.

안갈래잎

갈래잎이 아닌 모든 홑잎을 일컫는 말로 잎몸이 갈라지지 않는다. 잎자루 밑부분에 1쌍의 턱잎이 남아있는 잎도 있다.

6. 겹잎의 구분

세겹잎

1개의 잎자루에 3장의 작은잎이 모여 달리는 겹잎이다.

손꼴겹잎

1개의 잎자루에 여러 장의 작은잎이 손바닥 모양으로 돌려가며 붙은 겹잎이다.

깃꼴겹잎

잎자루 양쪽으로 작은잎이 새깃꼴로 마주 붙는 겹잎이다.

7. 잎차례

어긋나기

잎이 가지에 붙는 모양을 '잎차례'라고 한다. 1개의 마디에 1장의 잎이 붙으며 잎이 서로 어긋나게 달린다.

마주나기

1개의 마디에 2장의 잎이 마주 붙는 잎차례는 '마주나기'라고 한다.

돌려나기

1개의 마디에 3장 이상의 잎이 달리는 것은 '돌려나기'라고 한다.

모여나기

가지 끝이나 마디에 여러 장의 잎이 모여 달리는 것은 '모여나기'라고 한다.

8. 잎 가장자리의 모양

톱니가 있는 잎

잎 가장자리에 톱니처럼 깔쭉깔쭉하게 베어 들어간 자국을 가진 잎. 톱니에 다시 톱니가 있는 것을 '겹톱니'라고 한다.

밋밋한 잎

잎 가장자리에 톱니가 없이 밋밋한 잎. 밋밋한 잎 가장자리가 뒤로 말리는 잎도 있다.

9. 바늘잎나무 잎의 구분

바늘잎

소나무나 소철처럼 바늘같이 가늘고 뾰족한 잎. 잎맥은 갈라지지 않고 길게 벋는 나란히맥이다.

비늘잎

바늘잎나무 중에서 비늘이 겹쳐진 것 같은 모양의 잎. 향나무는 바늘잎과 비늘잎이 함께 달린다.

10. 야자나무 잎의 구분

깃꼴잎

야자나무의 깃꼴겹잎은 작은잎이 칼처럼 좁고 긴 것이 대부분이지만 작은잎의 폭이 넓은 것도 있다.

2회깃꼴잎

야자나무는 깃꼴겹잎이 많지만 공작야자처럼 깃꼴잎이 다시 깃꼴로 모여 달리는 2회깃꼴겹잎도 있다.

부채꼴잎

둥근 부채 모양의 잎은 잎몸은 갈라지는 폭이나 깊이가 제각각 달라서 구분에 도움이 된다.

홑잎

잎몸이 갈라지지 않는 홑잎도 있다. 수가 많지 않아 잎몸의 모양에 따라 깃꼴잎과 부채꼴잎에 포함시켰다.

템부스나무

키가 큰 넓은잎나무

Type ❶
넓은잎나무〉키가 큰 넓은잎나무〉홑잎〉갈래잎 14

Type ❷
넓은잎나무〉키가 큰 넓은잎나무〉홑잎〉안갈래잎〉모여나기 22

Type ❸
넓은잎나무〉키가 큰 넓은잎나무〉홑잎〉안갈래잎〉마주나기 34

Type ❹
넓은잎나무〉키가 큰 넓은잎나무〉홑잎〉안갈래잎〉어긋나기〉톱니잎 79

Type ❺
넓은잎나무〉키가 큰 넓은잎나무〉홑잎〉안갈래잎〉어긋나기〉밋밋한잎 91

Type ❻
넓은잎나무〉키가 큰 넓은잎나무〉겹잎〉깃꼴겹잎 170

Type ❼
넓은잎나무〉키가 큰 넓은잎나무〉겹잎〉손꼴겹잎/세겹잎 221

나무 모양

빵나무(뽕나무과) *Artocarpus altilis*

태평양의 여러 섬 원산으로 15m 정도 높이로 자란다. 가지를 자르면 흰색 유액이 나온다. 커다란 달걀형~긴 타원형 잎은 60~90㎝ 길이이며 끝이 뾰족하고 가장자리가 큼직한 빗살 모양으로 갈라진다. 암수한그루로 잎겨드랑이에서 늘어진 기다란 수꽃이삭은 15~25㎝ 길이이고 곧게 서는 타원형의 암꽃이삭은 8~10㎝ 길이이다. 동그스름한 열매는 길이가 15~30㎝이며 노란색으로 익고 겉은 매끄러우며 벌집 모양의 무늬가 있다. 속살은 녹말이 많이 들어 있고 동그란 씨앗은 지름이 2~2.5㎝이다. 태평양

수꽃가지

열매가지

암꽃

잎 모양

가지의 유액

섬 주민들의 중요한 식량 자원으로 열매를 불에 구우면 빵처럼 누렇게 익기 때문에 '빵나무(Bread Fruit)'라고 하며 맛은 감자와 비슷하다. 보통 열매를 얇게 잘라서 굽거나 쪄 먹는다. 또 열매를 얇게 썰어 말린 뒤 가루를 내어 과자를 만들고 열매를 흙 속에 묻어 발효시킨 뒤 구워 먹는다. 그밖에 피클을 만들거나 설탕 절임을 만들고 술을 담그기도 한다. 씨앗은 '브레드너트(Bread Nut)'라고 하며 기름에 튀기거나 끓여서 먹는다. 나무껍질에서 섬유를 얻는다.

꽃가지

꽃 모양

잎 뒷면

쿠쿠이나무/캔들너트트리(대극과)

Aleurites moluccana

동남아시아와 태평양의 섬 원산으로 20m 정도 높이로 자란다. 달걀형 잎은 잎몸이 3~7갈래로 갈라지기도 하며 가죽질이다. 가지 끝의 꽃송이는 연한 갈색 털로 덮여 있고 자잘한 흰색 꽃이 모여 핀다. 동그란 열매는 지름이 5㎝ 정도이며 갈색으로 익는다. 하와이 원주민들은 씨앗으로 짠 기름을 '쿠쿠이(Kukui)'라고 하며 등잔 기름이나 피부병 약으로 썼다. 지금은 쿠쿠이로 비누를 만들거나 화장품 원료로 사용한다. 남태평양의 사모아인들은 열매를 불에 구워 만든 즙으로 몸에 문신을 새겼다. 자바 원주민들은 나무껍질을 이질 치료약으로 쓰고 열매를 요리 재료로 이용한다.

나무 모양

꽃가지

열매가지

연분홍색 꽃

잎 뒷면

나무 모양

자줏빛소심화(콩과) *Bauhinia purpurea*

동남아시아와 중국 남부 원산으로 17m 정도 높이까지 자란다. 잎은 어긋나고 둥그스름한 모양이며 10~20㎝ 크기이고 잎몸의 윗부분이 2갈래로 갈라진 모습이 나비 모양을 닮았다. 가지에 연분홍색~분홍색 꽃이 피는데 향기가 진하며 5장의 꽃잎은 가늘다. '소심화'는 꽃이 난초의 꽃과 비슷해서 붙여진 이름이라고 한다. 기다란 꼬투리 열매는 30㎝ 정도 길이이다. 홍콩의 시화(市花)이며 열대 지방에서 가로수나 관상수로 심는다.

어린 열매가지

잎가지

꽃송이 잎가지

잎가지 나무 모양

단풍잎불꽃나무(벽오동과)
Brachychiton acerifolius

호주 원산으로 30~35m 높이로 자란다. 잎은 25㎝ 정도 길이로 단풍잎처럼 여러 갈래로 갈라지기도 한다. 잎이 진 나무 가득 붉은색 꽃송이가 달린 모습은 매우 아름답다. 기다란 꼬투리 모양 열매 속의 씨앗을 싸고 있는 털은 자극적이므로 피부에 닿지 않도록 해야 한다.

바요르(벽오동과)
Pterospermum diversifolium

인도네시아와 말레이시아 원산으로 20m 이상 높이로 자란다. 잎은 어긋나고 여러 갈래로 얕게 갈라지며 뒷면은 회백색이 돈다. 잎몸의 변화가 많기 때문에 관상수로 인기가 있다. 가지에 흰색 꽃이 피고 달걀형 열매는 진한 갈색으로 익는다. 목재는 건축재로 이용한다.

꽃가지 나무 모양

꽃송이 잎줄기 잎자루

세크로피아 펠타타(쐐기풀과) *Cecropia peltata*

열대 아메리카 원산으로 21m 정도 높이로 자란다. 어린 줄기는 녹색이며 잎이 어긋나게 달리는 자리마다 고리가 생긴다. 커다란 나뭇잎은 손바닥처럼 7~11갈래로 갈라지며 잎자루가 길다. 잎겨드랑이에서 나오는 꽃자루 끝에 여러 개의 연노란색 꽃이삭이 모여 달린다. 꽃이삭 모양대로 자라는 열매이삭은 육질이다. 커다란 잎이 만드는 그늘이 좋아 열대 지방에서 관상수로 심는다. 원주민들은 새순을 채소로 먹으며 잎은 천식 치료약으로 쓴다.

꽃가지
나무 모양

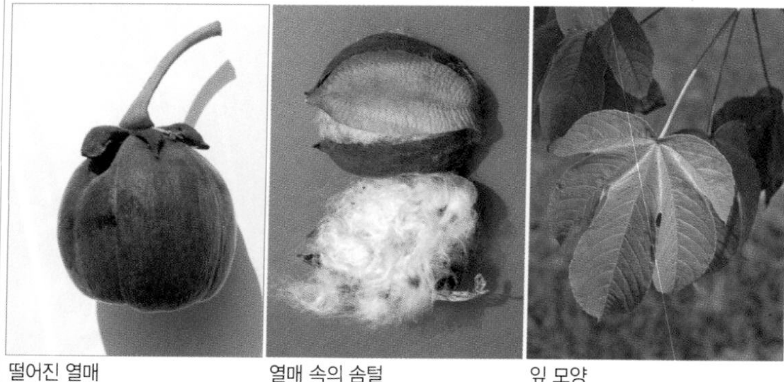
떨어진 열매
열매 속의 솜털
잎 모양

노란꽃목화나무(빅사과) *Cochlospermum religiosum*

인도와 중국, 미얀마 원산으로 7~8m 높이로 자란다. 동그스름한 잎은 잎몸이 손바닥처럼 3~5갈래로 깊게 갈라지며 기다란 잎자루는 붉은색이다. 가지 끝에 둥근 컵 모양의 노란색 꽃이 모여 피는데 오전이면 시든다. 동그스름한 열매는 5~8㎝ 크기이며 진한 갈색으로 익으면 5갈래로 갈라지면서 솜털에 싸인 씨앗이 나온다. 이 솜털로 채운 베개를 쓰면 잠이 잘 든다는 이야기가 전해진다. 열대 지방에서 관상수로 심고 씨앗으로 짠 기름은 비누를 만든다.

꽃가지 열매가지

떨어진 열매 잎 모양 나무 모양

자이언트콜라나무(벽오동과) *Cola gigantea*

서아프리카 원산으로 25m 정도 높이로 자란다. 넓은 달걀형 잎은 잎몸이 3~5갈래로 갈라지기도 하며 끝이 뾰족하고 광택이 있으며 잎맥이 뚜렷하다. 잎겨드랑이에서 자란 커다란 꽃송이에 자잘한 별 모양의 노란색 꽃이 모여 핀다. 동글납작한 열매는 적갈색으로 익으면 세로로 갈라져 벌어진다. 씨앗은 쓴맛이 나고 카페인이 많이 들어 있으며 콜라의 원료로 썼다. 콜라나무 중에서 크게 자라는 종이라서 '자이언트콜라나무'라고 한다.

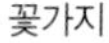

꽃가지 열매가지

꽃봉오리 나무 모양 나무껍질

흑판수(협죽도과) *Alstonia scholaris*

인도와 동남아시아 원산으로 40m 정도 높이까지 자란다. 잎은 모여 나고 긴 타원형이며 끝이 뾰족하고 광택이 있다. 긴 꽃자루 끝에 가는 대롱 모양의 흰색 꽃이 촘촘히 모여 달린다. 열매는 가는 끈 모양이다. 나무는 목재로 사용하는데 연하고 가벼워서 악기재, 조각재, 성냥개비의 재료로 사용하며 특히 흑판(칠판)을 만드는 데 사용해서 '흑판수'라는 이름을 얻었다. 이 나무에는 악마가 산다고 해서 '악마의 나무(Devil Tree)'라는 이름으로도 불린다.

잎가지

나무 모양 잎 뒷면

캐슈나무(옻나무과)

Anacardium occidentale

아메리카의 열대 지방 원산으로 10~15m 높이로 자란다. 타원형 잎은 단단하다. 기다란 꽃송이에 자잘한 흰색 꽃이 모여 달리고 콩팥 모양의 열매가 열린다. 이 열매를 '캐슈너트'라고 하며 땅콩처럼 식용한다. 나무껍질에서 나오는 수지는 '캐슈고무'라고 하며 공업용으로 쓴다.

꽃가지

꽃 모양

새로 돋는 잎

노끈바링토니아(오예과)

Barringtonia acutangula

동남아시아와 호주 원산으로 10~15m 높이로 자란다. 잎은 어긋나고 긴 타원형이며 가지 끝에서는 모여 난다. 노끈처럼 길게 늘어지는 꽃송이에 붉은색 꽃이 차례대로 피어난다. 타원형 열매는 세로로 4개의 모가 진다. 씨앗은 독성이 강하며 나무껍질로 물고기를 잡는다.

어린 열매가지
물 위의 낙화와 낙엽

열매 모양
열매 단면과 씨앗
나무 모양

낚시찌바링토니아(오예과) *Barringtonia asiatica*

아프리카, 인도, 동남아시아, 호주 원산으로 25m 정도 높이로 자란다. 열매가 바닷물을 타고 퍼지기 때문에 원산지가 광범위하다. 타원형 잎은 광택이 있다. 흰색 꽃은 수술 끝 부분이 분홍색이며 밤에 피고 아침에 진다. 꽃받침통이 자란 열매는 4개로 모가 진 모양이 특이하며 가벼워서 물에 잘 뜨기 때문에 낚시용 찌로 사용하기도 한다. 식물에 유독한 '사포닌'이 있어 원주민들은 열매나 잎을 찧은 뒤 물에 풀어 물고기를 잡는다.

꽃가지

열매송이 잎가지

과일바링토니아(오예과)

Barringtonia edulis

피지 원산으로 15m 정도 높이로 자란다. 긴 타원형 잎은 양면에 광택이 있다. 50㎝ 정도 길이로 늘어지는 꽃송이에 연노란색 꽃이 밤에 핀다. 꽃이삭 모양대로 늘어진 열매송이에 달걀형의 열매가 다닥다닥 열린다. 원주민들은 열매를 날로 먹거나 구워서 먹는다.

어린 열매가지

낙화

열매가지

채소잎바링토니아(오예과)

Barringtonia racemosa

동아프리카와 동남아시아, 태평양 제도 원산으로 4~15m 높이로 자란다. 잎은 긴 타원형이며 광택이 있다. 60㎝ 정도 길이로 늘어지는 꽃송이에 분홍색 꽃이 밤에 핀다. 달걀형의 열매는 가벼워서 바닷물을 타고 퍼지며 바닷가에서 자란다. 어린잎은 채소로 이용한다.

열매가지

열매 단면과 씨앗

잎 앞면과 뒷면

나무 모양

인도버터나무(사포타과)

Madhuca longifolia

스리랑카와 인도 원산으로 10~30m 높이로 자란다. 피침형 잎은 10~20㎝ 길이이며 끝이 뾰족하고 앞면은 진한 녹색이며 광택이 있고 뒷면은 연녹색이다. 자잘한 흰색 꽃은 꽃자루가 길며 밤에 피고 향기가 진하다. 달걀형 열매는 2.5~5㎝ 길이이고 노란색으로 익으며 적갈색 씨앗이 들어 있다. 씨앗으로 짠 기름은 피부에 좋기 때문에 비누를 만드는 재료로 쓴다. 또 채소 요리에 넣거나 연료 등으로 사용한다. 인도에서는 꽃으로 술을 담근다. 목재는 무늬가 아름다워서 가구 등을 만드는 데 쓴다.

꽃가지 잎가지

꽃모양 가지의 유액 나무 모양

흰구타페르카나무(사포타과) *Palaquium obovatum*

열대 아시아 원산으로 30m 정도 높이로 자란다. 타원형~긴 달걀형 잎은 가죽질이며 가지 끝에 모여 달린다. 묵은 가지에 촘촘히 돌려 가며 자잘한 노란색 꽃이 핀다. 타원형 열매는 진한 갈색으로 익는다. 가지나 줄기를 자르면 나오는 흰색 유액은 고무질을 함유하고 있으며 이를 채취하여 가공한 고무를 '구타페르카(Gutta-Percha)'라고 한다. 구타페르카는 탄성은 약간 떨어지지만 가죽처럼 질기고 전기 절연성이 높아 해저 전선의 절연체로 썼다.

새로 돋는 잎

어린 나무

높게 자란 나무

젤루통(협죽도과)

Dyera costulata

말레이시아와 인도네시아 원산으로 60m 정도 높이로 자란다. 긴 타원형 잎은 가지 끝에 돌려난다. 새로 돋는 잎은 붉은빛으로 아름답다. 흰색 꽃이 피고 기다란 열매는 30㎝ 정도 길이이며 갈색으로 익는다. 목재로 이용되고 가지를 자르면 나오는 유액은 껌의 원료로 쓴다.

꽃가지

열매가지

떨어진 열매

호주블루아몬드(사군자과)

Terminalia muelleri

호주 원산으로 10~12m 높이로 자란다. 잎은 어긋나고 기다란 거꿀달걀형이며 가장자리가 밋밋하다. 잎겨드랑이에서 나온 기다란 꽃송이에 자잘한 흰색 꽃이 촘촘히 달린다. 달걀형의 열매는 검푸른색으로 익는다. 열대 지방에서 관상수로 심으며 바닷가에서도 잘 자란다.

열매가지

나무 모양

열매 모양

잎 앞면과 뒷면

나무껍질

뉴기니느릅나무(사군자과) *Terminalia brassii*

뉴기니와 솔로몬 제도 원산으로 50m 정도 높이로 자란다. 나무껍질은 얇은 조각으로 갈라져 벗겨진다. 좁고 긴 타원형 잎은 10~19㎝ 길이이고 끝이 뾰족하며 가죽질이고 광택이 있으며 뒷면은 연녹색이다. 가지 끝이나 잎겨드랑이에 달리는 꽃송이에 촘촘히 모여 피는 흰색 꽃은 6~7㎜ 크기이다. 촘촘히 열리는 열매는 12~18㎜ 길이이며 양쪽에 날개가 있다. 줄기는 펄프 용재로 우수하며 건축재나 합판을 만드는 데 이용한다.

단풍이 든 나무

열매가지 열매 모양 나무 모양

인디안아몬드(사군자과) *Terminalia catappa*

열대 아시아 원산으로 25~35m 높이로 자란다. 맹그로브 숲과 같은 바닷가에서 주로 자라며, 줄기 밑부분에 둘러 가며 판자를 세운 것 같은 버팀뿌리(판근:板根)가 발달해서 나무가 쓰러지는 것을 막는다. 타원형 잎은 15~25㎝ 길이이며 광택이 있고 가죽질이다. 건기에는 잎이 붉은색으로 단풍이 든다. 암수한그루로 잎겨드랑이에서 자라는 가늘고 긴 꽃송이에 촘촘히 달리는 흰색 꽃은 지름이 1㎝ 정도이며 꽃부리는 별처럼 5갈래로 갈라지고 수술이 길게 벋는다. 달걀형 열매는 5~7㎝ 길이이며 양 끝이

꽃가지

꽃 모양 버팀뿌리

뾰족하고 황갈색으로 익는다. 열매 속에는 1개의 씨앗이 들어 있는데 아몬드처럼 고소한 맛이 나며 견과류로 먹는다. 또 씨앗으로 짠 기름은 요리에 이용한다. 목재는 물에 강하기 때문에 카누와 같은 배를 만드는 재료로 이용한다. 원산지에서는 나무껍질과 잎, 열매 등에서 검은색 물감을 얻는다. 나무 모양이 보기 좋아 열대 지방에서 가로수나 관상수로 많이 심는다.

어린 나무껍질

꽃가지 *무늬잎우산나무 잎가지

잎가지 나무 모양 *무늬잎우산나무

우산나무(사군자과) *Terminalia mantaly / Bucida molineti*

중앙아메리카 원산으로 13~16m 높이로 자란다. 층층나무처럼 가지가 층층으로 돌려나는 것이 특징이다. 기다란 거꿀달걀형 잎은 가지 끝에 모여 달리고 광택이 있다. 기다란 꽃송이에 자잘한 흰색 꽃이 촘촘히 달린다. 열매는 꽃받침이 꼭지처럼 남아 있다. 나무 모양이 보기 좋아 열대 지방에서 관상수로 심고 있으며 잎에 흰색 무늬가 있는 ***무늬잎우산나무**(*T. m.* 'Tricolor')도 함께 관상수나 가로수로 심는다.

열매가지

나무 모양

잠비아느릅나무(사군자과)

Terminalia prunioides

아프리카 원산으로 3~7m 높이로 자란다. 가지 끝에 모여 달리는 주걱 모양의 잎은 끝이 오목하게 들어가기도 한다. 짧은 가지 끝에 있는 꽃송이에 자잘한 흰색 꽃이 모여 핀다. 납작한 타원형 열매는 양쪽이 날개로 되어 있고 적자색으로 익기 때문에 관상 가치가 있다.

열매가지

잎가지

나무줄기

은잎느릅나무(사군자과)

Terminalia sericea

아프리카 원산으로 6~20m 높이로 자란다. 가지 끝에 모여 나는 잎은 좁고 긴 거꿀달걀형이며 은빛 털로 덮여 있다. 잎겨드랑이에서 자란 꽃송이에 자잘한 황백색 꽃이 핀다. 납작한 타원형 열매는 양쪽이 날개로 되어 있고 붉게 변했다가 갈색으로 익는다.

바닷가에서 자라는 나무와 공기뿌리

공기뿌리

줄기에서 내린 뿌리

아피아피나무(아비세니아과) *Avicennia alba*

동남아시아와 호주 원산으로 25m 정도 높이로 자란다. 나무껍질은 진한 회색이며 매끈하다. 기다란 바늘 모양의 공기뿌리가 땅 위로 촘촘히 올라와 호흡해 부족한 산소를 보충한다. 잎은 마주나고 긴 타원형이며 15㎝ 정도 길이이고 끝이 뾰족하며 광택이 있고 뒷면은 흰빛이 돈다. 가지 끝의 꽃송이에 모여 피는 오렌지색 꽃은 지름이 3~4㎜로 작다. 기다란 원뿔형의 열매는 4㎝ 정도 길이이고 끝이 뾰족하며 자루가 짧고 바닷물을 타고 퍼진다. 빨리 자라는 나무로 목재는 숯으로 만든다. 원산지에서는

꽃가지

나무 모양

잎가지

잎 뒷면

씨앗을 삶아서 먹는다. 열대 지방의 바닷가에서 소금물에 잠기며 살아가는 식물을 통틀어 '맹그로브(Mangrove)'라고 한다. 아피아피나무는 대표적인 맹그로브의 하나이다. 아피아피나무와 같은 맹그로브의 뿌리는 소금기를 제거하는 탈염 작용이 우수해 바닷물에서도 살 수 있으며 복잡하게 얽힌 뿌리는 다양한 생물의 서식처가 된다.

열매 모양

꽃가지

열매가지

꽃 모양

땅에 떨어진 열매

바카우뿌띠나무(리조포라과) *Bruguiera cylindrica*

동남아시아와 호주 원산으로 20m 정도 높이로 자란다. 열대 지방의 바닷가에서 자라는 맹그로브의 하나이다. 잎은 마주나고 타원형이며 끝이 뾰족하고 가죽질이며 광택이 있다. 깔때기 모양의 꽃받침은 끝 부분이 8갈래로 가늘게 갈라져 벌어지고 꽃잎은 갈색으로 변한다. 기다란 바늘 모양의 열매는 8~15㎝ 길이이며 끝이 뾰족해서 떨어지면 개펄에 박히고 뿌리를 내린다. 천천히 자라는 나무로 붉은빛이 도는 목재는 무겁고 단단하다.

잎가지

떨어진 열매　　나무 모양

벨루치아 펜타메라(멜라스토마과)

Bellucia pentamera

중앙아메리카 원산으로 20m 정도 높이로 자란다. 잎은 마주나고 달걀형이며 끝이 뾰족하고 세로로 번는 3~5개의 잎맥이 뚜렷하다. 가지에 지름이 2~3㎝인 흰색 꽃이 촘촘히 모여 피는데 꽃잎은 5장이다. 동그스름한 열매는 위쪽에 커다란 꽃받침자국이 남아 있다.

꽃가지

열매가지

나무 모양

마랑마랑호동(물레나물과)

Calophyllum soulattri

열대 아시아와 호주 북부 원산으로 26m 정도 높이까지 자란다. 잎은 마주나고 긴 타원형이며 가죽질이고 광택이 있다. 자잘한 흰색 꽃이 가지에 모여 피는데 꽃자루가 길다. 동그란 열매는 지름이 2㎝ 정도이고 검게 익는다. 목재는 가공하기가 쉽기 때문에 널리 이용된다.

꽃가지

열매가지

열매 모양

잎 앞면과 뒷면

나무 모양

호동(물레나물과) *Calophyllum inophyllum*

중국 남부, 동남아시아, 인도, 아프리카 원산으로 8~20m 높이로 자란다. 잎은 마주나고 타원형이며 두꺼운 가죽질이고 진한 녹색이며 광택이 있고 뒷면은 연녹색이다. 잎겨드랑이에서 나온 꽃송이에 촘촘히 달리는 흰색 꽃은 향기가 있다. 동그란 열매는 노란색으로 변했다가 갈색으로 익는다. 씨앗에서 기름을 짜고 나무껍질은 구충제로 이용한다. 단단한 목재는 흰개미가 갉아 먹지 않고 가공하기 쉽기 때문에 널리 이용된다.

꽃가지
나무 모양

어린 열매

잎 앞면과 뒷면

나무껍질

키다리카랄리아(리조포라과) *Carallia brachiata* 'Honiara'

솔로몬 제도 원산으로 20m 정도 높이로 자란다. 나무껍질은 회갈색이며 매끈하다. 줄기는 곧게 자라고 짧은 가지는 모두 밑으로 처지기 때문에 나무 모양이 기둥처럼 보인다. 잎은 마주나고 긴 타원형이며 5~15㎝ 길이이고 끝이 뾰족하며 뒷면은 연녹색이다. 가지에 자잘한 황백색 꽃이 모여 핀다. 동그스름한 열매는 지름이 1㎝ 정도이며 붉게 익는다. 키다리처럼 자라는 나무 모양이 특이해 열대 지방에서 관상수나 가로수로 심는다.

꽃가지

새로 돋는 잎

시나몬(스틱)

시나몬 상품

실론계피나무(녹나무과) *Cinnamomum verum*

스리랑카와 인도 원산으로 8~17m 높이로 자란다. 나무껍질은 회색이며 밋밋하다. 잎은 마주나고 타원형~달걀형이며 7~18㎝ 길이이고 3개의 잎맥이 나란하며 가죽질이고 광택이 있다. 새로 돋는 잎은 붉은색으로 매우 아름답다. 가지 끝의 꽃송이에 모여 피는 연노란색 꽃은 3㎜ 정도 크기로 매우 작다. 타원형 열매는 1~2㎝ 크기이며 꽃받침이 남아 있고 흑자색으로 익는다. 계피의 한 종류로 흔히 '시나몬(Cinnamon)'이라고 하며 대표적인 향신료의 하나이다. 시나몬은 나무껍질을 채취해 찐 다음 안쪽 껍질만

어린 열매가지

나무 모양

줄기 모양

남긴 것을 이용한다. 다른 종류의 계피에 비해 단맛과 향미가 진하고 매운맛은 상대적으로 약한 편이라서 가장 고급품으로 친다. 시나몬은 가장 오래된 향신료의 하나로 성경에 모세가 사용했다는 기록이 있다. 또 고대 이집트에서는 미라를 만드는 방부제로도 쓰였다. 로마 시대에는 귀족들 사이에서 최고의 선물로 사용되었다. 시나몬을 음식에 넣으면 단맛과 향을 깊게 하기 때문에 케이크나 빵, 소시지, 피클, 수프 등을 만드는 데 넣고 과일 잼을 만드는 데도 이용된다. 또 와인이나 커피, 초콜릿, 카레 등에도 넣는다. 시나몬의 향미는 위액 분비를 촉진하고 위장 운동을 향상시켜 소화를 돕는다고 하며 우리나라의 대표적인 소화제인 활명수의 원료로도 들어간다. 시나몬은 분말과 스틱의 두 종류가 있는데 스틱을 더 선호한다.

나무껍질

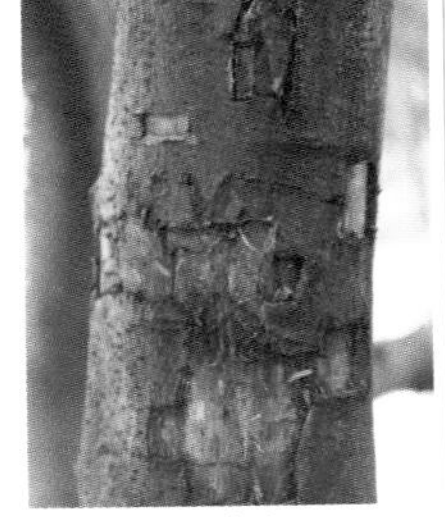
벗겨진 나무껍질

꽃가지

새순

잎 앞면과 뒷면

나무 모양

나무껍질

타이계피나무(녹나무과) *Cinnamomum iners*

인도와 중국 남부, 동남아시아 원산으로 20~30m 높이로 자란다. 잎은 마주나고 타원형~긴 타원형이며 끝이 뾰족하고 3개의 잎맥이 나란하며 광택이 있고 뒷면은 연녹색이다. 가지 끝이나 잎겨드랑이의 꽃송이에 자잘한 연노란색 꽃이 피는데 불쾌한 냄새가 난다. 동그스름한 열매는 1~1.5㎝ 크기이며 흑자색으로 익는다. 나무껍질에서 추출한 오일은 향료로 쓴다. 원주민들은 나뭇잎을 이용해서 향기로운 식수를 만들어 마신다.

꽃봉오리가지

나무 모양

나무껍질

카시아계피나무(녹나무과)

Cinnamomum aromaticum

인도와 중국 남부, 동남아시아 원산으로 10~15m 높이로 자란다. 타원형 잎은 3개의 잎맥이 나란하고 가죽질이며 광택이 있다. 가지 끝의 꽃송이에 자잘한 황백색 꽃이 모여 핀다. 나무껍질은 계피의 한 종류이며 실론계피보다는 매운맛이 조금 강하고 단맛이 덜한 편이다.

꽃가지

잎 모양

나무 모양

피들우드(마편초과)

Citharexylum spinosum

중앙아메리카 원산으로 15m 정도 높이로 자란다. 달걀형~긴 타원형 잎은 얇고 부드러우며 마주나거나 3장씩 돌려난다. 기다란 꽃송이에 촘촘히 달리는 작은 흰색 꽃은 향기가 진하다. 타원형 열매는 검은색으로 익는다. 무거운 목재는 악기를 만드는 데 쓰고 관상수로 심는다.

열매가지

나무 모양

떨어진 열매

***무늬잎사인나무**

사인나무(물레나물과) *Clusia rosea*

열대 아메리카 원산으로 10m 정도 높이로 자란다. 줄기에서 늘어진 공기뿌리가 땅에 닿으면 뿌리를 내리고 새로운 줄기가 되는 모습이 반얀나무를 닮았다. 잎은 마주나고 거꿀달걀형이며 가죽질이고 광택이 있다. 가지 끝이나 잎겨드랑이에 분홍 무늬가 있는 흰색 꽃이 핀다. 동그란 열매는 익으면 7~9갈래로 갈라져 벌어진 모습이 꽃과 비슷하다. 잎에 무늬가 있는 ***무늬잎사인나무**(*C. r.* 'Aureo-Marginata')도 함께 관상수로 심는다.

열매가지

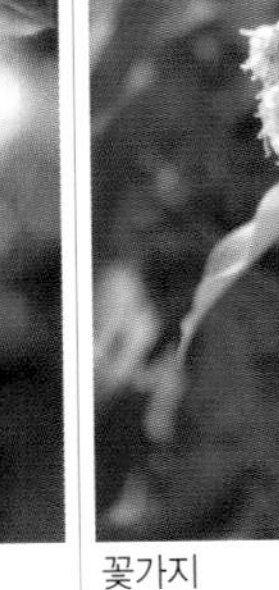
꽃가지

나무 모양

나무껍질

열매가지

리드나무(사군자과)

Combretum imberbe

남아프리카 원산으로 20m 정도 높이로 자란다. 잎은 마주나고 긴 타원형이며 가죽질이다. 연노란색 꽃은 달콤한 향기가 있다. 열매는 15㎜ 정도 크기이며 4개의 날개가 있어 바람에 잘 날린다. 잎은 야생 동물의 먹이가 된다. 더디 자라는 나무로 목재는 매우 단단하다.

진펄코림비아(도금양과)

Corymbia ptychocarpa

호주 원산으로 8~12m 높이로 자란다. 피침형 잎은 가운데 잎맥이 뚜렷하고 가장자리는 물결 모양으로 주름이 진다. 가지 끝의 꽃송이에 흰색, 분홍색, 붉은색 술 모양의 꽃이 모여 핀다. 열매는 잔 모양의 단단한 꽃받침에 싸여 있다. 열대 지방에서 관상수로 심는다.

꽃가지

열매가지

새로 돋는 잎

어린 열매가지

나무껍질

황우목(물레나물과) *Cratoxylum cochinchinense*

중국 남부와 동남아시아 원산으로 12m 정도 높이로 자란다. 나무껍질은 얇은 조각으로 벗겨진다. 잎은 마주나고 긴 타원형이며 끝이 뾰족하고 가장자리가 밋밋하다. 가지 끝이나 잎겨드랑이에 붉은색 꽃이 3~5개씩 모여 피는데 꽃자루가 짧다. 달걀형 열매는 1.2㎝ 정도 길이이고 갈색으로 익으면 3개로 갈라져 벌어지면서 한쪽에 날개가 있는 씨앗이 나온다. 새로 돋는 잎은 채소로 먹고, 나무껍질은 갈색 물감으로 이용한다.

꽃가지

어린 열매가지

잎 앞면과 뒷면

나무 모양

나무껍질

월남황우목(물레나물과) *Cratoxylum formosum*

동남아시아 원산으로 10m 정도 높이로 자란다. 잎은 마주나고 긴 타원형이며 4~10㎝ 길이이고 끝이 뾰족하며 뒷면은 연녹색이다. 꽃이 필 때 잎도 함께 돋는다. 분홍색 꽃은 1.3~2.5㎝ 크기이며 가지에 5~8개씩 모여 달린다. 긴 타원형 열매는 1.5~1.8㎝ 길이이며 꽃받침에 싸여 있고 끝에 암술대가 남아 있다. 어린잎을 채소로 이용하는데 생선이나 고기 요리를 할 때 함께 넣고 삶아 먹는다. 열대 지방에서 정원수나 가로수로 심는다.

새순이 자란 가지

잎 앞면과 뒷면

나무 모양

카통나무(콩과)

Cynometra malaccensis

인도와 동남아시아 원산으로 50m 정도 높이까지 자란다. 잎은 보통 2장씩 짝을 지어 달리며 타원형~긴 타원형이고 끝이 뾰족하며 가죽질이고 광택이 있다. 새로 돋는 잎은 연한 적갈색으로 매우 아름답다. 무겁고 단단한 목재는 철도 침목이나 건축재 등으로 사용한다.

꽃가지

어린 열매

나무 모양

두아방아(소네라티아과)

Duabanga grandiflora

동남아시아 원산으로 30~40m 높이로 자란다. 곧게 자란 줄기에 가는 가지가 빙 둘러나는데 아래 가지는 비스듬히 처진다. 긴 타원형 잎은 끝이 뾰족하고 광택이 있다. 가지 끝에 흰색 꽃이 모여 피는데 꽃받침에 싸인 열매가 열린다. 목재로 이용되고 관상수로 심는다.

꽃가지

열매가지

수리남체리(도금양과)

Eugenia uniflora

열대 아메리카 원산으로 8m 정도 높이로 자란다. 잎은 마주나고 타원형이며 4~6㎝ 길이이고 끝이 뾰족하며 광택이 있다. 잎은 새로 나올 때 붉은빛이 돈다. 가지 끝에 모여 피는 흰색 꽃은 수술이 많고 꽃밥은 연노란색이며 꽃자루가 가늘다. 동그스름한 열매는 지름이 2㎝ 정도이며 세로로 7~8개의 골이 지고 붉게 익는다. 새콤달콤한 맛이 나는 열매는 당분과 비타민 C가 많으며 과일로 먹는다. 열매는 잼이나 젤리를 만들고 과자나 아이스크림을 만드는 재료로도 이용된다. 와인이나 리큐르, 럼 같은 술이나 음료수를 만드는 재료로도 이용된다. 브라질에서는 '피탕가(Pitanga)'라고 하며 농장에서 대규모로 재배한다. 열대 지방에서 정원수로 심고 생울타리를 만들기도 한다.

어린잎과 시든 꽃

나무 모양

꽃가지

나무 모양

열매가지

관상용으로 다듬은 줄기

템부스나무(마전과) *Fagraea fragrans*

열대 아시아 원산으로 25m 정도 높이로 자란다. 나무껍질은 회갈색이며 세로로 얕게 갈라진다. 긴 타원형~넓은 피침형 잎은 끝이 뾰족하다. 잎겨드랑이에서 나오는 꽃송이에 자잘한 황백색 꽃이 모여 피고, 원형~타원형 열매는 붉은색이나 오렌지색으로 익는데 새와 박쥐의 먹이가 된다. 단단한 줄기는 중요한 목재 자원이다. 줄기의 모양을 다듬어 기르기 좋아 관상수나 가로수로 심고 있다. 싱가포르의 5불짜리 지폐에 이 나무가 들어가 있다.

꽃가지

잎 모양 나무 모양

바위템부스나무(마전과)

Fagraea auriculata

동남아시아 원산으로 30m 정도 높이로 자란다. 잎은 마주나고 타원형~주걱형이며 가죽질이고 광택이 있다. 잎자루 밑부분에는 귀 모양의 턱잎이 있다. 트럼펫 모양의 황백색 꽃은 20㎝ 정도 크기이며 열매는 4갈래로 갈라지면서 씨앗이 나온다. 열대 지방에서 관상수로 심는다.

꽃가지

꽃봉오리 어린 열매

향수꽃나무(마전과)

Fagraea ceilanica

열대 아시아 원산으로 15m 정도 높이로 자란다. 타원형~달걀형 잎은 5~15㎝ 길이이며 끝이 뾰족하고 가죽질이며 광택이 있다. 깔때기 모양의 흰색 꽃은 5갈래로 갈라진 꽃잎이 뒤로 말리며 향기가 진하다. 타원형~달걀형 열매는 3~5㎝ 길이이며 끝이 뾰족하다.

꽃가지

잎 뒷면

나무 모양

배추잎템부스나무(마전과)

Fagraea crenulata

열대 아시아 원산으로 25m 정도 높이로 자란다. 거꿀달걀형 잎은 잎맥이 뚜렷하고 광택이 있다. 가지 끝의 큼직한 꽃송이에 흰색 꽃이 모여 핀다. 타원형 열매는 다닥다닥 모여 달린다. 큼직한 잎이 달린 나무 모양이 보기 좋아 관상수나 가로수로 심고 있다.

꽃봉오리가지

잎자루

나무 모양

케핑망고스틴(물레나물과)

Garcinia atroviridis

인도차이나와 말레이시아 원산으로 20m 정도 높이로 자란다. 가지는 밑으로 비스듬히 처진다. 잎은 마주나고 긴 타원형이며 끝이 뾰족하다. 가지 끝의 꽃송이에는 붉은색 꽃이 핀다. 동그스름한 열매는 세로로 많은 골이 지는데 얇게 저며 말린 것을 음식 재료로 쓴다.

어린 열매가지

과일 가게의 열매

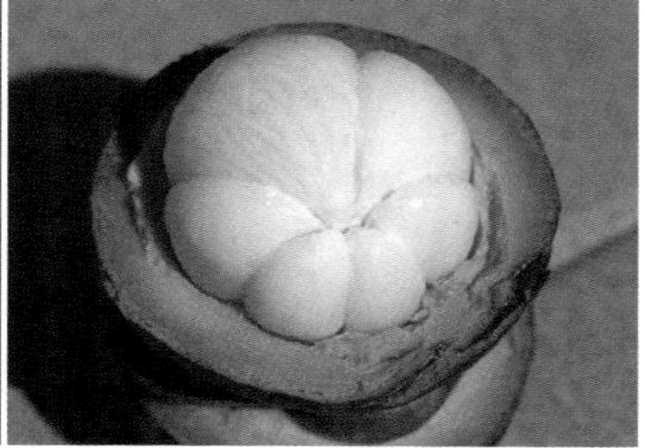
열매 단면

망고스틴(물레나물과)
Garcinia mangostana

열대 아시아 원산으로 9~18m 높이로 자란다. 잎은 마주나고 긴 타원형이며 8~15㎝ 길이이고 두꺼운 가죽질이다. 암수한그루로 수꽃은 가지 끝에 달리고 암꽃은 잎겨드랑이에 달린다. 동그란 열매는 지름이 4~7㎝이며 흑자색으로 익고 꽃받침이 남아 있다. 두꺼운 껍질 속에 있는 씨앗을 둘러싼 마늘쪽 모양의 흰색 속살을 과일로 먹는다. 망고스틴은 새콤달콤한 맛과 향이 뛰어나서 '열대 과일의 여왕'으로 불린다. 오래되면 껍질이 딱딱해지면서 신선도가 떨어지기 때문에 껍질을 누르면 살짝 들어가는 싱싱한 것을 골라야 제대로 된 맛과 향을 즐길 수 있다. 보관이 어려우므로 설탕에 절이거나 통조림을 만들기도 한다. 열매껍질에는 타닌이 들어 있어 쉽게 색이 변하지 않으므로 염색 물감으로 쓴다.

열매의 꽃받침

잎 모양

열매가지

잎가지

나무껍질

브린달베리(물레나물과)

Garcinia cambogia

인도 남부와 동남아시아 원산으로 5~15m 높이로 자란다. 잎은 마주나고 긴 타원형이며 7~15㎝ 길이이다. 가지에 자잘한 노란색 꽃이 모여 핀다. 동그스름한 열매는 3~7㎝ 크기이며 세로로 4~10개의 골이 진다. 열매껍질은 체중 감소 효과가 있어 다이어트 식품으로 이용된다.

움돋이 잎가지

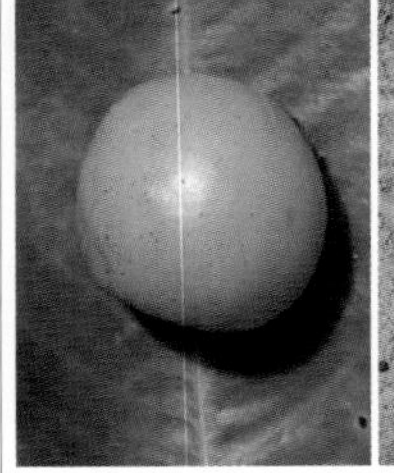
떨어진 열매

잎 앞면과 뒷면

노른자나무(물레나물과)

Garcinia dulcis

열대 아시아 원산으로 6m 정도 높이로 자란다. 오래된 줄기는 가지를 자른 부분이 울퉁불퉁 튀어나온다. 긴 타원형 잎은 가죽질이며 광택이 있고 뒷면은 연녹색이다. 가지에 작은 연녹색 꽃이 핀다. 동그란 열매는 지름이 2.5㎝ 정도이며 노란색으로 익고 과일로 먹는다.

잎가지

떨어진 열매

나무 모양

브라질망고스틴(물레나물과)

Garcinia macrophylla

남아메리카 원산으로 30m 정도 높이로 자란다. 긴 타원형 잎은 끝이 뾰족하고 광택이 있으며 뒷면은 연녹색이다. 가지에 흰색 꽃이 피고 동그란 열매는 노란색으로 익는다. 열매는 과일로 먹는데 두꺼운 껍질 속에 있는 씨를 둘러싼 흰색 속살을 먹는다. 열대 지방에서 재배한다.

어린 열매가지

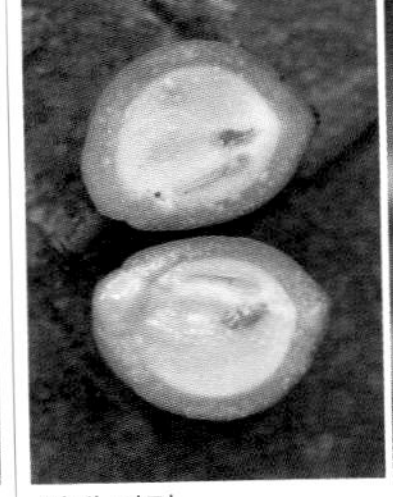
열매 단면

잎가지

야생망고스틴(물레나물과)

Garcinia nigrolineata

태국, 미얀마, 말레이시아 원산으로 15~20m 높이로 자란다. 긴 타원형 잎은 끝이 뾰족하고 가장자리가 밋밋하며 가운데 잎맥이 뚜렷하다. 연노란색 꽃이 피고 동그란 열매가 열리는데 열매살은 달콤하다. 잎은 항균 물질을 함유하여 약재로 쓰고, 목재는 건축재로 이용한다.

잎가지

꽃과 어린 열매

나무 모양

키다리망고스틴(물레나물과)

Garcinia subelliptica

오끼나와, 대만 원산으로 18m 정도 높이로 자란다. 기다란 원뿔형으로 곧게 자라는 나무 모양이 특이하다. 긴 타원형 잎은 끝 부분이 뭉툭하고 가죽질이다. 가지에 황백색 꽃이 모여 피고 동그란 열매는 노란색으로 익는다. 나무 모양이 특이해서 관상수로 심는다.

어린 열매가지

익은 열매 　 나무 모양

갬부지망고스틴(물레나물과)

Garcinia xanthochymus

열대 아시아 원산으로 7~10m 높이로 자란다. 피침형 잎은 가죽질이고 광택이 있다. 잎겨드랑이에 백록색 꽃이 핀다. 동그란 열매는 지름이 4~4.5㎝이며 끝이 뾰족하고 노란색으로 익는데 신맛이 강하다. 줄기에서 뽑아낸 천연수지는 등황색(Gamboge) 그림물감의 원료로 쓴다.

열매가지

꽃봉오리

열매송이

호주그멜리나(마편초과)

Gmelina dalrympleana

호주와 뉴기니 원산으로 15m 정도 높이로 자란다. 잎은 마주나고 타원형이며 가장자리가 밋밋하다. 가지 끝의 꽃송이에 연분홍색 꽃이 모여 피고 동그란 열매가 모여 달린다. 열매는 붉은색으로 익는다. 목재는 건축재로 사용하며 열대 지방에서 관상수로 심는다.

꽃가지

어린 열매

줄기의 가시

자바그멜리나(마편초과)

Gmelina elliptica

동남아시아 원산으로 8~13m 높이로 자란다. 어린 줄기에는 날카로운 가시가 마주 달린다. 잎은 마주나고 타원형이며 가장자리가 밋밋하다. 가지 끝에 노란색 깔때기 모양의 꽃이 모여 핀다. 동그스름한 열매는 지름이 13㎜ 정도이며 황록색으로 익는다. 관상수로 심는다.

수꽃가지

암꽃 잎 모양 가지의 마디

그네툼 그네몬(그네툼과) *Gnetum gnemon*

열대 아시아 원산으로 15~20m 높이로 자란다. 울퉁불퉁한 줄기는 곧게 자라고 짧은 가지가 둘러난다. 가지는 흑갈색이며 마디가 두드러진다. 잎은 마주나고 긴 타원형이며 8~20㎝ 길이이고 끝이 뾰족하며 두꺼운 가죽질이고 광택이 있다. 암수딴그루로 가지 끝이나 잎겨드랑이에 기다란 꽃이삭이 곧게 선다. 수꽃이삭에서는 연노란색 꽃가루가 날리고 암꽃이삭은 연녹색이며 마디마다 3~8개의 암꽃이 돌려난다. 타원형 열매는 1~3.5㎝ 길이이며 노란색으로 변했다가 적자색으로 익는다. 타원형 잎은

어린 열매

열매가지

가로수

열매 모양

나무 모양

나무껍질

그물맥을 가지고 있어 쌍떡잎식물의 잎처럼 보이기 때문에 속씨식물로 착각하기 쉽지만 실제로는 겉씨식물이다. 그네툼은 겉씨식물 가운데 가장 진화된 종으로 속씨식물로 진화하는 과정을 보여 주기 때문에 중요한 의미를 지닌다. 어린잎은 채소로 이용하는데 수프를 끓이거나 달걀요리나 카레를 만드는 데 넣는다. 녹말이 많이 든 씨앗은 가루를 내어 과자 등을 만들어 먹는다. 목재는 물에 강하고 나무껍질에서 얻는 섬유로는 밧줄을 만든다.

자주색 꽃

붉은색 꽃

흰색 꽃

나무 모양

나무껍질

배롱나무(부처꽃과) *Lagerstroemia indica*

중국 원산으로 3~7m 높이로 자란다. 나무껍질은 벗겨지면 회백색~회갈색으로 매끈하다. 잎은 마주나거나 2장씩 어긋나고 타원형~거꿀달걀형이며 3~7㎝ 길이이고 잎자루가 거의 없다. 가지 끝의 커다란 꽃송이에 붉은색이나 자주색, 흰색 꽃이 피는데 6장의 꽃잎은 주름이 진다. 동그란 열매는 갈색으로 익으면 6갈래로 갈라지면서 날개가 달린 씨앗이 나온다. 우리나라 남부 지방에서도 관상수로 심으며 열대 지방에서도 관상수로 심고 있다.

꽃가지

어린 열매가지

꽃 모양

갈라진 열매

나무 모양

바나바(부처꽃과) *Lagerstroemia speciosa*

열대 아시아 원산으로 20~30m 높이로 자란다. 나무껍질은 노란색~연한 갈색으로 얇은 조각으로 벗겨져 나간다. 타원형 잎은 잎자루가 짧고 보통 마주난다. 가지 끝의 기다란 꽃송이에 보라색 꽃이 촘촘히 달린 모습이 아름답다. 원형~타원형 열매는 갈색으로 익으면 6개로 갈라져 벌어진다. 열대 지방에서 관상수나 가로수로 널리 심는다. 목재는 고급 가구재로, 뿌리는 위장병 치료제로 사용되며, 말린 잎으로 차를 끓여 마신다.

꽃가지

나무 모양　나무껍질

말레이배롱나무(부처꽃과)

Lagerstroemia floribunda

열대 아시아 원산으로 15~35m 높이로 자란다. 나무껍질은 회색~회갈색이다. 잎은 마주나고 타원형이며 뒷면은 연녹색이다. 가지 끝의 꽃송이에 흰색~연자주색 꽃이 촘촘히 모여 피며 꽃잎은 주름이 진다. 타원형 열매는 갈색으로 익는다. 열대 지방에서 관상수로 심는다.

잎가지

잎 모양

어린 나무

올스파이스(도금양과)

Pimenta dioica

중앙아메리카 원산으로 12m 정도 높이로 자란다. 잎은 마주나고 타원형이며 가죽질이다. 잎겨드랑이에 흰색 꽃이 모여 피고 동그란 열매가 모여 달린다. 덜 익은 열매를 말려 향신료로 사용하는데 후추와 육두구, 정향 등을 모두 합친 맛이 나서 '올스파이스(Allspice)'라고 한다.

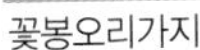

꽃봉오리가지 나무 모양

꽃가지

새로 돋는 잎

줄기

실론철목(물레나물과) *Mesua ferrea*

열대 아시아 원산으로 30m 정도 높이로 자란다. 잎은 마주나고 긴 타원형이며 7~15㎝ 길이이고 끝이 뾰족하며 광택이 있다. 빨간색 새순은 밑으로 늘어지며 점차 녹색으로 변한다. 흰색 꽃은 지름이 4~7.5㎝이며 가운데에 노란색 수술이 촘촘히 모여 있다. '철목(鐵木)'은 '쇠나무'란 뜻으로 무겁고 단단한 나무는 중요한 목재 자원이다. 스리랑카(실론)의 국목(國木)이다. 나뭇잎은 감기 치료에, 말린 꽃은 치질과 이질을 치료하는 약재로 쓴다.

꽃과 어린 열매가지

노니(꼭두서니과) *Morinda citrifolia*

열대 아시아 원산으로 5~9m 높이로 자란다. 잎은 마주나고 달걀형~타원형이며 20~45㎝ 길이이고 끝이 뾰족하며 광택이 있고 뒷면은 연녹색이다. 잎겨드랑이에서 나오는 둥근 꽃송이에 자잘한 흰색 꽃이 계속해서 피고 지면서 타원형~달걀형 열매로 자란다. 열매는 여러 개의 작은 열매가 모인 집합과로 10㎝ 정도 크기이며 겉이 울퉁불퉁하고 꽃이 진 자국이 무늬처럼 남아 있으며 황백색으로 익고 갈색 씨앗이 많이 들어 있다. 거의 1년 내내 꽃과 열매를 볼 수 있다. 열매는 썩은 치즈와 같은 고약한 냄

꽃가지

열매가지

잘 익은 열매

잎 뒷면

나무 모양

새를 풍기지만 비타민 B와 C가 풍부해 과일로 먹기도 하며 카레에 넣기도 하고 주스를 만들기도 한다. 어린잎은 채소로 먹고 꽃봉오리도 음식재료로 이용한다. 동남아시아에서는 아주 오래전부터 노니를 소화를 돕고 통증을 줄여 주며 혈압을 낮추는 등의 약재로 이용했다. 근래에 노니 열매에는 세포의 노화를 방지하는 '제로나인(Xeronine)'이라는 물질이 많이 함유되어 있는 것으로 밝혀지면서 건강식품이나 기능성 식품의 원료로 쓰고 있다.

어린 열매가지

잎 앞면과 뒷면

나무 모양

큰노니(꼭두서니과)
Morinda elliptica

동남아시아 원산으로 10~15m 높이로 자란다. 잎은 마주나고 긴 타원형이며 가장자리가 주름이 지고 뒷면은 연녹색이다. 잎겨드랑이에 흰색 꽃이 모여 피고 노니와 비슷한 열매는 긴 자루에 달린다. 열매와 잎, 뿌리는 약재로 쓴다. 뿌리는 붉은색 물감으로 사용하기도 한다.

꽃가지

꽃 모양

마드로뇨나무(물레나물과)
Rheedia magnifolia

열대 아메리카 원산으로 양지에서 잘 자란다. 잎은 마주나고 긴 타원형이며 30~40㎝ 길이이고 끝이 뾰족하며 가죽질이다. 잎겨드랑이에 모여 피는 흰색 꽃은 꽃잎이 뒤로 젖혀지고 꽃자루가 길다. 동그란 열매는 지름이 5~6㎝이고 노란색으로 익으며 과일로 먹는다.

꽃가지

열매가지

꽃봉오리

잎 앞면과 뒷면

나무 모양

방칼(꼭두서니과) *Nauclea orientalis*

호주 원산으로 15~20m 높이로 자란다. 잎은 마주나고 넓은 달걀형이며 23㎝ 정도 길이이고 끝이 뭉툭하며 밑부분은 심장저이고 진한 녹색이며 잎맥이 뚜렷하고 뒷면은 연녹색이다. 구슬꽃나무와 같은 동그란 꽃송이는 지름이 3㎝ 정도이며 향기가 있다. 동그란 열매는 갈색으로 익으며 먹을 수 있다. 원주민들은 독이 있는 잎과 가지를 찧어서 물에 풀어 물고기를 잡는다. 나무껍질은 노란색 물감의 원료이다. 목재로는 카누를 만든다.

열매가지

열매에서 자란 새싹

어린 열매

잎 앞면과 뒷면

지주근

바카우민약나무(리조포라과) *Rhizophora apiculata*

동남아시아와 미크로네시아의 바닷가 맹그로브 숲에서 20~30m 높이로 자란다. 줄기 밑부분에서 사방으로 비스듬히 벋은 가지는 개펄로 뿌리를 내려 나무가 쓰러지는 것을 방지하는데 '지주근(支柱根:버팀뿌리의 하나)'이라고 한다. 타원형 잎은 8~15㎝ 길이이며 끝이 뾰족하고 뒷면은 연녹색이다. 가지에 자잘한 연노란색 꽃이 모여 핀다. 기다란 바늘 모양의 열매는 30㎝ 정도 길이이며 윗부분은 단단한 갈색 포에 싸여 있다. 열매는 떨어지면 개펄에 박히고 뿌리를 내린다.

꽃가지

시든 꽃

잎 앞면과 뒷면

실버백나무(도금양과)

Rhodamnia cinerea

동남아시아 원산으로 37m 정도 높이까지 자란다. 잎은 마주나고 긴 타원형이며 끝이 뾰족하고 3개의 잎맥이 뚜렷하며 뒷면은 흰빛이 돈다. 잎겨드랑이에 자잘한 황백색 꽃이 모여 피고 동그란 열매는 붉게 익는다. 열매는 먹을 수 있고 나무껍질은 검은색 물감으로 이용한다.

잎가지

나무 모양

나무껍질

마전(마전과)

Strychnos nux-vomica

인도와 미얀마 원산으로 10~13m 높이로 자란다. 잎은 마주나고 달걀형이며 주맥은 3~5개이다. 가지 끝에 백록색 꽃이 모여 피고 동그란 열매는 지름이 6~13㎝이며 등적색으로 익는다. 씨앗을 위장약이나 신경 쇠약 치료에 사용하는데 극약이므로 쥐약을 만드는 원료로도 쓴다.

꽃봉오리와 시든 꽃

나무 모양

공기뿌리

줄기의 움돋이

해상나무(소네라티아과) *Sonneratia caseolaris*

동아프리카와 호주, 인도네시아의 바닷가 맹그로브 숲에서 5~15m 높이로 자란다. 뿌리에서 땅 위로 꼬챙이 모양의 기다란 공기뿌리가 많이 나온다. 어린 가지는 밑으로 처진다. 잎은 마주나고 긴 타원형이며 5~13㎝ 길이이고 끝이 뾰족하며 가죽질이다. 가지 끝에 달리는 붉은색 꽃은 밤에 피며 악취를 풍긴다. 감 모양의 열매는 지름이 4㎝ 정도이며 날로 먹거나 요리를 해 먹는다. 열매는 바닷물에 잘 떠서 퍼진다. 관상수로 심는다.

꽃가지

잎가지

어린 열매

시애플(도금양과)

Syzygium grande

열대 아시아 원산으로 45m 정도 높이로 자란다. 잎은 어긋나고 타원형이며 진한 녹색이고 뒷면은 연녹색이다. 가지 끝에 흰색 꽃송이가 달리는데 꽃에는 긴 수술이 많다. 동그란 열매는 지름이 35㎜ 정도이며 끝에 꽃받침자국이 남아 있다. 바닷가에서 자라며 관상수로 심는다.

가지에 핀 꽃

잎가지

나무 모양

말레이애플(도금양과)

Syzygium malaccense

말레이시아 원산으로 5~16m 높이로 자란다. 잎은 마주나고 타원형~거꿀피침형이며 진한 녹색이다. 가지에 붉은색 술 모양의 꽃이 모여 핀다. 타원형~거꿀달걀형 열매는 5~10㎝ 길이이고 붉은색으로 익으며 과일로 먹는다. 열매살을 씹으면 아삭거리며 달콤한 맛이 난다.

시드는 꽃

잎 앞면과 뒷면 정향 정향 상품

정향/클로브(도금양과) *Syzygium aromaticum / Eugenia aromatica*

인도네시아의 몰루카 제도 원산으로 8~12m 높이로 자란다. 잎은 마주나고 긴 타원형이며 10㎝ 정도 길이이고 끝이 뾰족하며 광택이 있고 뒷면은 연녹색이다. 새로 돋는 잎은 붉은빛이 돈다. 가지 끝에 모여 피는 흰색 꽃은 1~2㎝ 크기이며 원통형의 꽃받침 밖으로 많은 흰색 수술이 짧은 술처럼 퍼진다. 긴 타원형 열매는 2~3㎝ 길이이며 검붉은색으로 익고 보통 1개의 씨앗이 들어 있다. 꽃봉오리를 말린 것을 '정향(丁香)'이라고 하며 향신료로 쓰는데 말린 꽃봉오리의 모양이 고무래와 비슷하고 향기가 좋아

열매가지

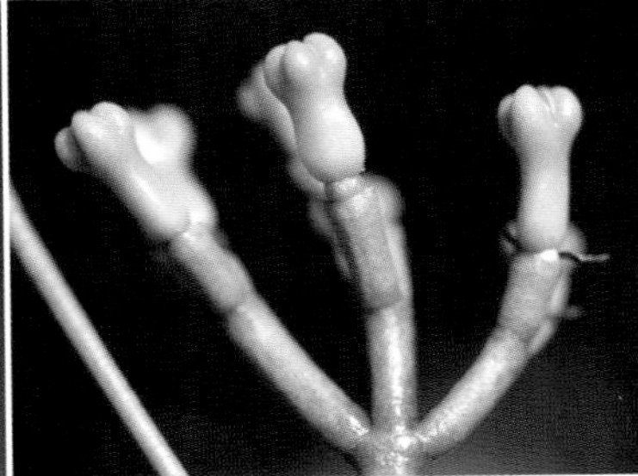
어린 꽃봉오리

떨어진 열매

서 붙여진 한자 이름이다. 그런데 우리나라에서는 '정향나무'란 이름이 물푸레나무과에 속하는 나무 이름으로 사용되고 있어 혼동하기가 쉽다. 정향을 영어로는 '클로브(Clove)'라고 하는데 말린 꽃봉오리의 생김새가 못을 닮아 붙여진 이름이며 'Clove'는 프랑스어의 '클루(Clou:못)'에서 유래되었다. 꽃봉오리는 녹색에서 붉은색으로 변할 때가 가장 향기로우며 이때를 맞춰 수확해야 하는 까다로움 때문에 귀하고 값이 비싸다. 달콤하면서도 톡 쏘는 맛과 상쾌한 향기를 지닌 정향은 음식에 넣는데 특히 고기의 누린내와 생선의 비린내를 없애 준다. 또한 살균력이 뛰어나 이집트에서는 미라의 방부제로 사용했다. 인도네시아에서는 정향을 혼합해 담배를 만드는데 향기가 좋아 인기가 높다.

나무 모양

나무껍질

꽃가지

시든 꽃가지

어린 열매가지

잎가지

나무 모양

로즈애플/자바애플(도금양과) *Syzygium jambos*

동남아시아 원산으로 12m 정도 높이까지 자란다. 잎은 마주나고 긴 타원형이며 끝이 뾰족하다. 가지 끝에 흰색 수술이 많은 꽃이 모여 핀다. 원형~타원형 열매는 25~50㎜ 길이이며 끝에 꽃받침자국이 크게 남아 있고 연노란색~황적색으로 익는다. 열매는 과일로 먹는데 새콤달콤한 맛이 나며 날로 먹거나 젤리나 술을 만드는 원료로 쓴다. 과일은 오래 보관하기가 어려우므로 빠른 시간 내에 먹거나 가공해야 한다. 열대 지방에서 재배한다.

꽃봉오리가지

열매

줄기의 버팀뿌리

살람나무(도금양과)
Syzygium polyanthum

동남아시아 원산으로 30m 정도 높이로 자라며 줄기 밑부분에 버팀뿌리(板根)가 발달한다. 잎은 마주나고 긴 타원형이며 5~16㎝ 길이이고 끝이 뾰족하다. 잎 밑부분이나 잎겨드랑이에서 자란 꽃송이에 자잘한 흰색 꽃이 모여 핀다. 동그란 열매는 12㎜ 정도 크기이며 끝에 꽃받침자국이 남아 있고 검붉은색으로 익으며 먹을 수 있다. 향긋한 냄새가 나는 잎은 향신료로 이용하는데 주로 생잎사귀를 쓰지만 월계수 잎처럼 말린 잎도 함께 사용한다. 살람 잎은 고기나 생선 요리에 채소처럼 넣고 카레 요리나 밥을 할 때도 넣는다. 원주민들은 잎과 나무껍질을 설사를 멈추게 하는 약으로 썼고 나무껍질은 그물을 염색하는 물감으로 썼다. 무겁고 단단한 목재는 건축재나 가구재로 이용한다. 관상수로도 심는다.

어린 열매

나무 모양

열매가지

꽃 모양

익은 열매

잎 앞면과 뒷면

왁스잠부/왁스애플(도금양과)

Syzygium samarangense

말레이시아 원산으로 5~15m 높이로 자란다. 잎은 마주나고 긴 타원형이며 5~12㎝ 길이이고 가죽질이다. 가지 끝의 꽃송이에 술 모양의 흰색 꽃이 핀다. 열매는 원뿔형으로 지름이 5㎝ 정도이며 붉은색으로 익지만 품종에 따라 분홍색이나 흰색으로 익는 것도 있으며 겉면은 광택이 있다. 열매는 과일로 먹는데 속살이 마치 양초 같아서 '왁스애플(Wax Apple)'이라는 영어 이름을 얻었다. 열매를 씹으면 아삭거리며 부드럽고 달콤한 맛이 난다. 대만에서는 꽃을 설사를 멈추는 약재로 이용한다.

꽃봉오리가지

꽃가지

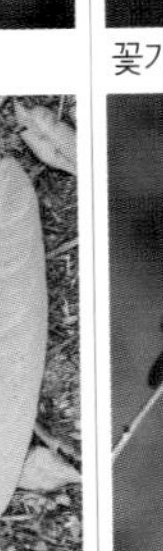
잎 앞면과 뒷면

야생로즈애플(도금양과)

Syzygium pycnanthum

태국과 말레이시아 원산으로 15m 정도 높이로 자란다. 잎은 마주나고 긴 타원형이며 끝이 뾰족하고 15~28㎝ 길이이며 뒷면은 연녹색이다. 가지 끝의 꽃송이에 술 모양의 흰색이나 연분홍색 꽃이 모여 핀다. 동그스름한 열매는 지름이 3~4㎝이며 붉게 익고 과일로 먹는다.

꽃가지

열매가지 나무 모양

흰포도송이나무(도금양과)

Syzygium zeylanicum

동남아시아 원산으로 12m 정도 높이로 자란다. 잎은 마주나고 타원형~달걀형이며 끝이 뾰족하고 가죽질이며 광택이 있다. 가지 끝의 꽃송이에 자잘한 술 모양의 황백색 꽃이 모여 핀다. 작고 동그란 열매는 5~7㎜ 크기이며 흰색으로 익는다. 열대 지방에서 관상수로 심는다.

꽃가지

열매가지

떨어진 열매

잎 모양

나무 모양

티크(마편초과) *Tectona grandis*

열대 아시아 원산으로 25~30m 높이로 자란다. 어린 가지는 네모진다. 잎은 마주나고 타원형~달걀형이며 끝이 뾰족하다. 가지 끝의 커다란 꽃송이에 자잘한 흰색 꽃이 핀다. 꽈리 모양의 열매는 속에 1~4개의 씨앗이 들어 있다. 무겁고 단단한 목재는 무늬가 아름다워 널리 쓰이는데 특히 건축재나 선박재 등으로 많이 사용한다. 목재 조직에 실리카와 오일을 함유하고 있어서 잘 썩지 않고 내구성이 강해 야외에서도 100년 이상을 견딘다고 한다.

꽃가지

나무 모양

백동수(대극과)

Claoxylon indicum

인도와 중국 남부, 동남아시아 원산으로 3~12m 높이로 자란다. 달걀형 잎은 10~22㎝ 크기이고 끝이 뾰족하며 잎자루는 5~15㎝ 길이이다. 암수딴그루로 꽃이삭이 10~30㎝ 길이로 벋으며 자잘한 연노란색 꽃이 모여 핀다. 동그란 열매는 3개의 골이 진다.

꽃가지

잎과 어린 열매

오바타비파아재비(비파아재비과)

Dillenia ovata

열대 아시아 원산으로 30m 정도 높이까지 자란다. 타원형 잎은 20㎝ 정도 길이이며 광택이 있고 양쪽으로 가지런한 잎맥이 도드라진다. 가지 끝에 피는 노란색 꽃은 지름이 16㎝ 정도로 큼직하며 꽃 가운데에 모여 있는 많은 수술도 노란색이다. 동그란 열매는 꽃받침에 싸여 있다.

꽃가지 열매가지
떨어진 열매 나무 모양 나무껍질

비파아재비(비파아재비과) *Dillenia indica*

인도와 동남아시아 원산으로 15m 정도 높이로 자란다. 긴 타원형 잎은 15~30㎝ 길이이며 비파나무처럼 잎맥이 뚜렷해서 '비파아재비'라고 한다. 가지 끝에 1개씩 피는 흰색 꽃은 지름이 15~20㎝로 매우 크다. 동그란 열매는 지름이 15㎝ 정도인데 육질화한 꽃받침조각은 즙액이 많고 신맛이 있어서 날것으로 먹기도 하며 잼이나 젤리, 청량음료 등을 만드는 데 쓴다. 열대 지방에서 관상수로 심고 목재는 가구 등을 만드는 데 쓴다.

꽃가지

어린 열매가지

잎 모양

떨어진 열매

나무 모양

필리핀비파아재비(비파아재비과) *Dillenia philippinensis*

필리핀 원산으로 6~15m 높이로 자란다. 잎은 어긋나고 타원형이며 12~25㎝ 길이이고 끝이 뾰족하며 가죽질이고 광택이 있으며 가장자리에 톱니가 큼직하다. 가지 끝에 피는 흰색 꽃은 지름이 15㎝ 정도로 큼직하고 꽃 가운데에 모여 있는 많은 수술은 자갈색이며 아침이면 시들기 시작한다. 동그란 열매는 지름이 5~6㎝이고 갈색으로 익는데 과일로 먹으며 열매살이 부드럽다. 열매는 소스나 잼을 만들어 먹기도 한다. 나무껍질에서 빨간색 물감을 얻는다.

꽃가지
열매 모양
꽃봉오리와 새잎
잎 뒷면
나무 모양

맹그로브비파아재비(비파아재비과) *Dillenia suffruticosa*

말레이시아 원산으로 5~7m 높이로 자란다. 타원형 잎은 35㎝ 정도 길이이며 톱니가 약간 있고 앞면은 진한 녹색이며 광택이 있고 뒷면은 연녹색이며 잎맥이 뚜렷하다. 가지 끝에 노란색 꽃이 하루 동안 피는데 꽃잎 가운데에 모여 있는 암수술은 흰색이다. 꽃받침이 붉은색으로 자란 열매도 꽃처럼 아름답다. 브루나이에서는 과즙으로 머리를 감는 데 이용한다. 바닷가의 맹그로브 숲에서 자라며, 열대 지방에서 관상수로 심는다.

잎가지

새로 돋는 잎 어린 나무

큰잎크루인(이엽시과)

Dipterocarpus cornutus

말레이시아와 인도네시아 원산으로 50m 정도 높이로 자란다. 잎은 긴 타원형이며 양쪽으로 가지런히 벋은 잎맥이 도드라진다. 바람개비 모양을 닮은 꽃은 연노란색과 붉은색이 섞여 있으며 2개의 기다란 날개 열매는 바람에 날려 퍼진다. 나왕속과 가까운 나무이며 목재로 쓴다.

잎가지

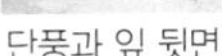

단풍과 잎 뒷면 나무 모양

올리브담팔수(담팔수과)

Elaeocarpus angustifolius

인도와 동남아시아, 호주 원산으로 20~30m 높이로 자란다. 잎은 어긋나고 긴 타원형~넓은 피침형이며 광택이 있다. 잎겨드랑이의 꽃송이에 흰색 꽃이 고개를 숙이고 피는데 꽃잎 끝 부분은 술처럼 잘게 갈라진다. 동그스름한 열매는 남색으로 익으며 과일로 먹는다.

꽃가지

잎 앞면과 뒷면

열매가지

비파나무(장미과)

Eriobotrya japonica

일본과 중국 원산으로 10m 정도 높이로 자란다. 잎은 어긋나고 피침형이며 가죽질이고 광택이 있으며 뒷면은 황갈색 털이 빽빽하다. 가지 끝의 꽃송이에 흰색 꽃이 모여 피는데 꽃받침은 황갈색 털로 덮여 있다. 동그란 열매는 지름이 3~4㎝이고 노란색으로 익으며 과일로 먹는다.

열매가지

어린 열매

나무 모양

로리로리(이나무과)

Flacourtia inermis

인도와 말레이시아 원산으로 과일나무로 재배하는 작은키나무이다. 잎은 어긋나고 긴 타원형이며 끝이 뾰족하고 가장자리에 톱니가 있다. 가지에 자잘한 황록색 꽃이 촘촘히 모여 피고 동그란 열매가 다닥다닥 열린다. 열매는 5개로 얕게 모가 지며 붉게 익고 과일로 먹는다.

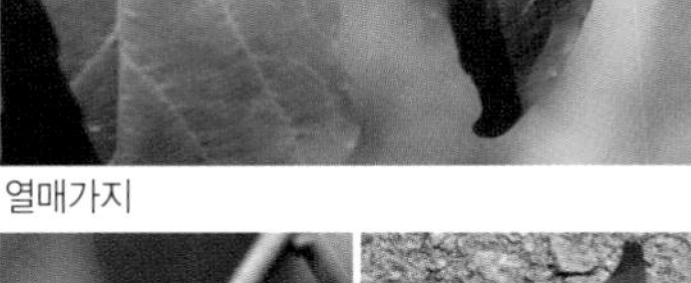
열매가지

열매 모양

잎 뒷면

인디안자두(이나무과)
Flacourtia rukam

말레이시아 원산으로 5~15m 높이로 자란다. 달걀형~긴 타원형 잎은 끝이 뾰족하고 가장자리에 톱니가 있으며 뒷면은 연녹색이다. 가지에 자잘한 황록색 꽃이 모여 피고 동그란 열매를 맺는다. 열매는 지름이 2~2.5㎝이며 4~7개로 얕게 모가 지고 붉은색으로 익으며 과일로 먹는다.

열매가지

암꽃

뽕나무(뽕나무과)
Morus alba

중국 원산으로 10~20m 높이로 자란다. 달걀형 잎은 끝이 뾰족하며 가장자리에 톱니가 있다. 암수딴그루로 잎겨드랑이에 황록색 꽃이 핀다. 열매송이는 타원형이며 1~2.5㎝ 길이이고 검은색으로 익으며 먹을 수 있다. 잎으로 누에를 길러 뽑은 명주실로 비단을 짠다.

꽃가지 열매가지

시든 꽃과 꽃봉오리 잎 뒷면 나무 모양

하늘연꽃나무(오예과) *Gustavia superba*

중앙아메리카 원산으로 6~15m 높이로 자란다. 잎은 어긋나고 긴 타원형이며 끝이 뾰족하고 광택이 있으며 뒷면은 연녹색이다. 연꽃을 닮은 흰색 꽃은 지름이 12㎝ 정도로 큼직하고 연분홍색이 돌며 꽃 가운데에 많은 수술이 있다. 동그스름한 열매는 지름이 7㎝ 정도이며 익으면 속살은 노란색~주황색으로 변한다. 원주민들은 열매를 날로 먹거나 삶아 먹으며 잎은 감기를 치료하는 데 쓴다. 열대 지방에서 관상수로 심는다.

꽃가지

꽃 모양 열매 모양 잎 모양

자메이카체리(담팔수과) *Muntingia calabura*

중앙아메리카 원산으로 7~12m 높이로 자란다. 잎은 어긋나고 긴 타원형이며 5~12㎝ 길이이고 끝이 뾰족하며 거센 털로 덮여 있고 가장자리에 톱니가 있다. 잎겨드랑이에 1~3개씩 모여 피는 흰색 꽃은 지름이 1~2㎝이고 5장의 흰색 꽃잎 가운데에 노란색 수술이 많다. 작고 동그란 열매는 지름이 1㎝ 조금 넘으며 자루가 길고 붉게 익는데 과즙이 많으며 과일로 먹는다. 또 파이를 만드는 데 넣거나 잼을 만들어 먹는다. 원산지에서는 나뭇잎으로 차를 끓여 마신다.

나무 모양

다이너마이트나무(대극과) *Hura crepitans*

열대 아메리카 원산으로 30~40m 높이로 자란다. 줄기에는 날카로운 가시가 있어 원숭이가 못 올라가는 나무라고 한다. 잎은 어긋나고 달걀형이며 12~25㎝ 길이이고 끝이 뾰족하며 광택이 있다. 암수한그루로 꽃잎이 없으며 붉은색 수꽃이삭은 밑으로 처지고 붉은색 암꽃은 1개씩 달린다. 동글납작한 열매는 지름이 7~8㎝, 두께가 3㎝ 정도이며 세로로 골이 진 모양이 전통 한과인 약과를 닮았다. 진한 갈색으로 익은 열매는 큰 소리를 내며 터지기 때문에 '다이너마이트나무'라고 불리며 씨앗이 14m까지

수꽃가지

암꽃가지

어린 열매

떨어진 열매

잎 뒷면

줄기의 가시

날아가기도 한다. 목재는 흔히 '후라우드'라고 하는데 가볍고 연하며 나뭇결이 곱다. 잎이나 가지를 자르면 나오는 흰색 유액은 독성이 강하므로 주의해야 한다. 원주민들은 유액의 독성을 이용해 물고기를 잡았고 화살에 바르는 독으로도 이용했다고 한다. 원주민들은 잎을 습진을 치료하는 데 쓴다. 예전에 익지 않은 열매를 반으로 자른 것을 잉크가 번지지 않게 하는 가루통(Sandbox)으로 써서 영어로 '샌드박스트리'라는 이름으로도 불린다.

꽃가지

열매가지

떨어진 열매

잎 뒷면

나무 모양

인도대추나무(갈매나무과) *Ziziphus mauritiana*

인도 원산으로 6~12m 높이로 자라며 가지는 밑으로 처진다. 잎은 어긋나고 넓은 달걀형이며 4~8㎝ 길이이고 광택이 있으며 뒷면은 회갈색 털로 덮여 있다. 잎겨드랑이에 자잘한 별 모양의 연노란색 꽃이 모여 핀다. 동그란 대추 열매는 지름이 1~2.5㎝이며 적갈색으로 익는다. 열매는 날로 먹거나 음식에 넣어 먹고 또는 말려서 먹기도 한다. 건조지에서도 잘 자라서 '사막대추'라고도 하며 과일나무로 재배하거나 관상수로 심는다.

꽃가지

열매가지

잎 앞면과 뒷면

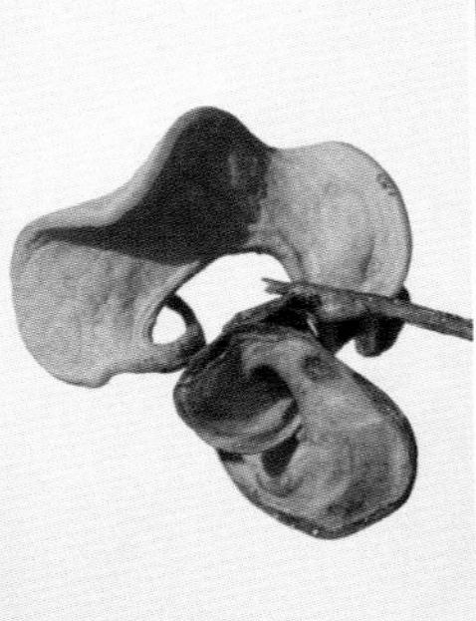

어린 열매 모양

나무 모양

아카시아 아우리쿠리포미스(콩과) *Acacia auriculiformis*

호주와 인도네시아 원산으로 20~30m 높이로 자란다. 길쭉한 잎은 약간 휘어진 모양이 낫과 비슷하게 생겼으며 광택이 있고 양면의 색깔과 모양이 비슷해서 구분이 어렵다. 잎겨드랑이의 기다란 꽃이삭에 자잘한 연노란색 꽃이 핀다. 납작한 꼬투리 열매는 나사처럼 꼬이며 갈색으로 익는다. 빨리 크는 나무로 거친 토양에서도 잘 자란다. 나무는 땔감이나 숯을 만드는 데 이용하며 펄프 원료로도 쓰고 관상용으로 심기도 한다.

꽃가지

어린 열매가지

익기 시작한 열매

나무 모양

비그나이(대극과) *Antidesma bunius*

동남아시아 원산으로 6m 정도 높이로 자란다. 잎은 어긋나고 긴 타원형이며 10~15㎝ 길이이고 끝이 뾰족하며 가장자리가 밋밋하다. 암수딴그루로 가지 끝이나 잎겨드랑이에 기다란 꽃이삭이 달린다. 기다란 열매이삭에 포도송이처럼 달리는 작고 동그란 열매는 1㎝ 정도 크기이며 붉은색으로 익는다. 신맛이 나는 열매는 날로 먹을 수 있지만 보통 잼이나 젤리를 만들어 먹거나 술을 담그기도 한다. 원산지에서는 잎을 채소로 먹는다.

열매가 달린 나무

잎가지

티읍티읍(차나무과)
Adinandra dumosa

말레이 반도와 수마트라, 자바와 보르네오 원산으로 30m 정도 높이까지 자란다. 잎은 어긋나고 긴 타원형이며 광택이 있다. 잎겨드랑이에 흰색 꽃이 피고 타원형 열매는 길이가 1㎝ 정도이며 암술대가 남아 있다. 가로수나 공원수로 심고 있으며, 나무는 땔감으로 이용한다.

열매가지

잎가지

쳄페닥(뽕나무과)
Artocarpus integer

인도와 동남아시아 원산으로 15m 정도 높이로 자란다. 잎은 타원형~거꿀달걀형이며 뒷면은 회녹색이다. 원통형 열매는 길이가 20~35㎝이며 바라밀이나 빵나무와 비슷한 맛으로 먹을 수 있다. 원주민들은 어린 열매를 신선한 채소로 이용하고 나무껍질로 밧줄을 만든다.

꽃과 열매가 달린 줄기

바라밀/잭후르트(뽕나무과) *Artocarpus heterophyllus*

인도와 말레이시아 원산으로 15~40m 높이로 자란다. 가지나 잎을 자르면 흰색 유액이 나온다. 잎은 어긋나고 타원형~긴 타원형이며 10~20㎝ 길이이고 끝이 뾰족하며 가죽질이고 광택이 있다. 암수한그루로 암꽃과 수꽃은 타원형이며 2.5~10㎝ 길이로 모양이 비슷하다. 수꽃이삭은 새 가지에 달리며 노란색 꽃가루로 덮이고 암꽃은 줄기나 가지에 직접 달린다. 빵나무와 아주 가까운 형제 나무로 타원형 열매는 길이가 25~90㎝로 빵나무 열매보다 훨씬 크며 보통은 무게가 10㎏ 남짓 되지만 큰 것은 40㎏

수꽃가지
열매 모양
열매가 달린 가지
잎 모양
잎 뒷면
나무 모양

에 달하는 것도 있다. 바라밀은 지구상에서 가장 큰 과일 열매를 맺는다. '잭후르트(Jackfruit)'는 '큰 열매'라는 뜻의 영어 이름이다. 황록색으로 익는 열매는 표면이 곰보처럼 우툴두툴하다. 어린 열매는 얇게 썰어서 잎과 함께 채소처럼 요리를 해 먹는다. 잘 익은 열매는 씨앗을 싸고 있는 열매살을 먹는데 파인애플이나 멜론처럼 단맛이 난다. 과일을 익혀서 요리를 해 먹기도 하고 씨앗은 밤처럼 쪄서 먹는다. 목재는 노란색이며 건축재나 가구재로 이용한다.

수꽃가지 열매가지

수꽃 암꽃 떨어진 열매

털빵나무(뽕나무과) *Artocarpus elasticus*

열대 아시아 원산으로 35~50m 높이로 자란다. 잎은 어긋나고 타원형이며 15~60㎝ 길이이고 가죽질이며 광택이 있다. 암수한그루로 가지 끝이나 잎겨드랑이에 꽃이 달린다. 타원형 열매는 지름이 17㎝ 정도이며 가시 같은 털로 덮여 있고 황갈색으로 익는다. 씨앗을 싸고 있는 속살은 달콤한 맛이 나며 먹을 수 있다. 원주민들은 나무의 속껍질로 옷을 만들어 입거나 바구니를 짜기도 한다. 목재는 가구를 만들거나 합판재로 쓴다.

꽃가지

열매가지

잎가지

나무 모양

나무껍질

노란구슬꽃나무(도금양과) *Asteromyrtus symphyocarpa*

호주 원산으로 10m 정도 높이로 자란다. 가늘고 긴 가지는 능수버들처럼 밑으로 처진다. 잎은 어긋나고 피침형이며 6~9㎝ 길이이고 광택이 있다. 잎을 으깨면 향기가 난다. 동그란 꽃송이는 오렌지색이며 밤송이를 닮았고 꽃자루가 없이 가지에 직접 달린다. 동그란 열매는 진한 갈색으로 익는다. 원주민들은 잎으로 만든 가루를 두통이나 코막힘을 치료하는 데 사용한다. 잎에서 채취한 아로마 오일은 마사지 오일로도 사용한다.

줄기에 핀 꽃

꽃 모양

잎가지

람바이(대극과)

Baccaurea motleyana

동남아시아 원산으로 15~25m 높이로 자란다. 긴 타원형~피침형 잎은 끝이 뾰족하다. 줄기와 가지에서 나온 기다란 꽃송이는 자잘한 황백색 꽃이 촘촘히 달리며 밑으로 늘어진다. 포도송이처럼 매달리는 열매는 주홍색이나 황갈색으로 익는다. 열매는 날로 먹거나 주스를 만든다.

새로 돋는 잎

꽃봉오리

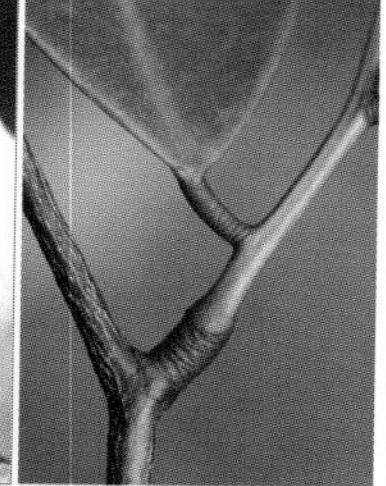
가지와 잎자루

니코바나무(콩과)

Baikiaea insignis

열대 아프리카 원산으로 20~30m 높이로 자란다. 새순은 붉은색으로 아름답다. 긴 타원형 잎은 끝이 뾰족하고 가장자리가 밋밋하며 앞면은 광택이 있고 뒷면은 회녹색이다. 흰색 꽃은 15~20㎝ 크기이며 나무 가득 핀 모습이 아름답다. 나무 속살은 옅은 노란빛과 분홍빛이 돌며 목재로 이용된다.

시든 꽃가지

어린 줄기

잎과 시든 꽃이삭

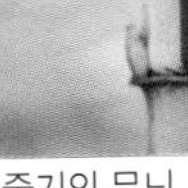
줄기의 무늬

바코드대나무(벼과) *Bambusa vulgaris* cv. *Vittata*

중국 남부와 동남아시아 원산의 원예종으로 10~15m 높이로 자란다. 노란색 줄기에 녹색의 세로 줄무늬가 있는 모습이 바코드를 닮아 '바코드대나무'란 이름으로 불린다. 줄기를 둘러싸고 있는 껍질은 일찍 떨어지는데 마디마다 말라서 벌어진 모양이 오징어 몸통을 닮았다. 잎은 피침형이고, 가늘고 긴 꽃가지에 연노란색 꽃이 핀다. 어린 죽순은 요리를 해 먹는다. 줄기의 모양이 보기 좋아 관상수로 심는다.

잎가지

잎 뒷면

나무 모양

브라질너트(오예과)
Bertholletia exelsa

열대 아메리카 원산으로 30~45m 높이로 자란다. 잎은 어긋나고 긴 타원형이며 끝이 뾰족하고 뒷면은 연녹색이다. 가지 끝의 꽃송이에 자잘한 연노란색 꽃이 모여 핀다. 동그스름한 열매는 지름이 15㎝ 정도이며 갈색으로 익는다. 속에 든 씨앗은 대표적인 견과류의 하나이다.

잎가지

떨어진 열매

나무 모양

말레이굴대나무(노박덩굴과)
Bhesa robusta

인도와 동남아시아 원산으로 10~40m 높이로 자란다. 잎은 어긋나고 타원형~좁은 달걀형이다. 꽃송이에 자잘한 황록색 꽃이 모여 핀다. 달걀형 열매는 3㎝ 정도 길이이며 세로로 갈라지면서 홍갈색 껍질에 싸인 씨앗이 드러난다. 목재는 주택 등을 짓는 데 쓴다.

꽃가지

흰색 꽃이 피는 품종

열매가지

나무 모양

나무껍질

수양병솔나무(도금양과) *Callistemon viminalis*

호주 원산으로 8m 정도 높이로 자란다. 가늘고 기다란 가지는 수양버들 가지처럼 아래로 축축 늘어진다. 가지에 촘촘히 달리는 선형~피침형 잎은 4~7㎝ 길이이며 끝이 뾰족하고 두꺼운 가죽질이다. 가지 끝에 매달려 늘어지는 붉은색 꽃송이는 4~15㎝ 길이이며 병을 닦는 솔을 닮았다. 흰색 꽃이 피는 품종도 있다. 가지에 바짝 붙는 술잔 모양의 열매는 5~6㎜ 크기로 작으며 오래 붙어 있다. 열대 지방에서 관상수로 널리 심고 있다.

꽃가지

일랑일랑(포포나무과) *Cananga odorata*

인도네시아 원산으로 10~15m 높이로 자라며 가지는 비스듬히 밑으로 처진다. 잎은 어긋나고 타원형~긴 타원형이며 20㎝ 정도 길이이고 끝이 길게 뾰족하며 뒷면은 연녹색이다. 가지 끝과 잎겨드랑이에 노란색 꽃이 모여 고개를 숙이고 피는데 6장의 선형 꽃잎은 8㎝ 정도 길이이다. 갓 핀 꽃은 연한 황록색이고 꽃잎이 꼬부라지며 차차 진한 노란색으로 변한다. 꽃은 1년 내내 볼 수 있지만 주로 우기에 많이 핀다. 꽃이 그리 아름답지는 않지만 감미로운 꽃향기는 최고로 친다. 타원형 열매는 1.5~2.5㎝ 길이

열매가지

나무 모양

열매송이

잎 앞면과 뒷면

나무껍질

이며 송이로 매달리고 검은색으로 익는다. '일랑일랑'은 말레이시아 말로 '꽃 중의 꽃'이란 뜻에서 유래된 이름이라고 한다. 원산지에서는 여인들이 꽃을 따서 머리를 장식하거나 코코넛 오일과 섞어서 머릿기름이나 피부에 바르는 로션으로 쓴다고 한다. 신혼부부의 방에 꽃을 뿌려 놓는 풍습도 있다. 근래에는 향기로운 꽃으로 향수를 만드는데 이른 아침에 향기를 머금은 꽃봉오리를 따서 만든 것을 최고로 친다. '샤넬 No. 5' 향수의 주요 성분이라고 한다.

꽃가지

열매가지

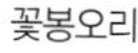

꽃봉오리

잎 앞면과 뒷면

호두야자(협죽도과) *Cerbera odollam*

인도와 동남아시아 원산으로 10~15m 높이로 자란다. 긴 타원형~피침형 잎은 12~30㎝ 길이이며 끝이 뾰족하고 광택이 있으며 뒷면은 연녹색이다. 가지 끝의 꽃송이에 모여 피는 흰색 꽃은 지름이 5~7㎝로 큼직하고 꽃부리는 좁은 대롱 모양이다. 5갈래로 갈라져 벌어진 꽃잎 한가운데에는 노란색 무늬가 있다. 꽃받침은 선형이며 5장이고 연한 황록색이며 뒤로 젖혀진다. 동그란 열매는 지름이 5~7㎝이며 광택이 있고 테니스공처럼 생겨서 '퐁퐁'이라고도 부른다. 얇은 겉껍질 속에는 호두처럼 보이는 속껍

나무 군락

열매 떨어진 열매 열매 단면

질이 있는데 섬유질 덩어리로 되어 있어서 가볍기 때문에 바닷물에 떠서 퍼진다. 열매 속에 씨가 든 모습이 호두나 야자와 비슷하기 때문에 '호두야자'라는 이름을 얻었다. 열매 속의 흰색 씨앗에는 '세르베린(Cerberin)'이라는 독성 물질이 있어서 먹으면 심장을 멈추게 하는 작용을 한다. 열매가 망고와 비슷해서 어린이들이 잘못 따 먹고 죽는 경우도 있다. 인도에서는 씨앗을 먹고 죽는 사람이 많아서 '자살나무(Indian Suicide Tree)'라는 별명을 갖고 있다.

꽃가지

꽃 모양

곤지꽃호두야자(협죽도과)

Cerbera manghas

동남아시아 원산으로 12m 정도 높이로 자란다. 잎은 어긋나고 긴 타원형이며 끝이 뾰족하다. 가지 끝의 꽃송이에 달리는 흰색 꽃은 중심부에 붉은색 무늬가 있다. 동그란 달걀형 열매는 5~10㎝ 크기이며 붉은색으로 익는다. 잎과 열매는 독성이 강해 절대 먹으면 안 된다.

어린 열매가지

꽃봉오리가지

나무 모양

스타애플(사포타과)

Chrysophyllum cainito

열대 아메리카 원산으로 22m 정도 높이로 자란다. 타원형 잎의 뒷면은 황갈색을 띠고 있기 때문에 '황금잎나무'라고도 한다. 잎겨드랑이에 자잘한 흰색 꽃이 모여 핀다. 동그란 열매는 열대 과일의 하나인데 가로로 자른 단면 속이 별 모양이라서 '스타애플'이라고 부른다.

꽃가지

열매가지

나무 모양

녹나무(녹나무과)

Cinnamomum camphora

한국, 중국, 일본, 동남아시아 원산으로 20m 정도 높이로 자란다. 잎은 어긋나고 타원형이며 끝이 뾰족하다. 자잘한 황백색 꽃이 모여 피고 동그란 열매는 검은색으로 익는다. 줄기, 가지, 잎, 뿌리를 수증기로 증류하여 얻은 기름은 '장뇌'라고 하며 향료나 방충제로 쓴다.

꽃가지

열매가지

새순

육계나무(녹나무과)

Cinnamomum loureiri

인도차이나와 중국 원산으로 8~10m 높이로 자란다. 잎은 마주나고 달걀형의 긴 타원형이며 뒷면은 흰빛이 돈다. 잎겨드랑이의 꽃송이에 자잘한 연노란색 꽃이 피고 타원형 열매는 흑자색으로 익는다. 나무껍질과 뿌리껍질은 '계피'라고 하며 향신료로 쓴다.

어린 열매가지

시그레이프(마디풀과) *Cocoloba uvifera*

중앙아메리카 원산으로 2~8m 높이로 자란다. 잎은 어긋나고 원형이며 20㎝ 정도 크기이고 가죽질이며 잎맥이 붉은색이다. 잎은 건기에 불그스름하게 단풍이 든다. 길게 늘어지는 꽃송이는 15~25㎝ 길이이며 자잘한 황백색 꽃이 촘촘히 달리는데 향기가 있으며 벌이 많이 모여 든다. 기다란 열매송이에 다닥다닥 열리는 동그스름한 열매는 지름이 2㎝ 정도로 포도알보다 훨씬 작으며 흑자색으로 익는다. 씨앗을 싸고 있는 열매살은 달콤새콤한 맛이 나며 날로 먹거나 젤리 등을 만드는 데 쓴다. 열매는 서양

꽃가지

나무 모양

잎가지

나무껍질

요리에서 향과 맛을 내기 위해 넣기도 한다. 야생하는 나무의 열매는 새들이 즐겨 먹는다. 바닷가에서 잘 자라며 포도송이 모양의 열매가 열려서 '시그레이프(Sea Grape)'라는 이름을 얻었다. 붉은색 잎맥을 가진 동그란 잎이 촘촘히 달린 사이사이로 포도송이 모양의 열매가 늘어진 나무 모습이 아름다워서 열대 지방에서 관상수나 가로수로 심고 있다. 특히 소금기에 강하기 때문에 원주민들이 바닷가의 조경수로 심은 광경을 흔하게 볼 수 있다.

꽃가지

콜라나무(벽오동과) *Cola nitida*

열대 아프리카 원산으로 10~20m 높이로 자란다. 잎은 어긋나고 긴 타원형~거꿀달걀형이며 15~20㎝ 길이이고 끝이 뾰족하며 가죽질이고 광택이 있으며 뒷면은 연녹색이다. 잎겨드랑이에서 자란 꽃송이에 황백색 꽃이 모여 피는데 종 모양의 꽃부리는 5~6갈래로 갈라져 벌어지고 안쪽에 자주색 줄무늬가 있는데 그루에 따라서 무늬가 진한 것도 있다. 타원형 열매는 8~15㎝ 길이이며 겉이 울퉁불퉁하고 꽃이 핀 후 7~8개월이 지나면 다갈색으로 익는다. 열매 속에 든 5~9개의 편구형 씨앗은 1.5㎝ 정도

떨어진 열매

열매 단면

씨앗

꽃 모양

잎 앞면과 뒷면

나무껍질

크기이고 흰색 열매살에 싸여 있다. 씨앗에는 각성제인 카페인과 심장의 흥분 작용을 일으키는 콜라닌이 들어 있어 날로 씹으면 흥분과 활기를 느끼기 때문에 원주민들은 옛날부터 콜라 씨앗을 씹으며 피로를 풀었다고 한다. 식사 전에 열매 조각을 씹으면 소화가 잘 된다고 한다. 씨앗은 콜라를 만드는 원료로 써서 '콜라나무'라는 이름을 얻었지만 생산량이 부족하기 때문에 지금은 향료를 합성해서 만든 재료를 쓴다. 씨앗은 의약품 원료로도 쓴다.

꽃가지 *오렌지코르디아

열매 모양 나무 모양 나무껍질

코르디아(지치과) *Cordia sebestena*

중앙아메리카 원산으로 3~7.5m 높이로 자란다. 둥근 달걀형 잎은 15~20㎝ 길이이며 끝이 뾰족하고 거친 느낌이 들며 잎맥이 뚜렷하고 뒷면이 연녹색이다. 가지 끝에 모여 피는 주황색 꽃은 지름이 3~5㎝이며 향기가 있다. 오렌지색 꽃이 피는 ***오렌지코르디아**(*C. s.* 'Aurea')도 있다. 동그스름한 열매는 2.5~5㎝ 크기이며 흰색으로 익는다. 꽃이 1년 내내 피서 열대 지방에서 공원수나 가로수로 널리 심고 있다.

줄기에 핀 꽃 줄기에 달린 열매

꽃 모양 잎가지 나무 모양

대포알나무(오예과) *Couroupita guianensis*

열대 아메리카 원산으로 15~25m 높이로 곧게 자란다. 긴 타원형 잎은 15㎝ 정도 길이이며 끝이 뾰족하고 가장자리가 밋밋하거나 잔톱니가 있다. 줄기의 아랫부분에서 직접 자라는 기다란 꽃가지에 적갈색 꽃이 모여 피는데 아름다운 향기가 난다. 동그란 열매는 지름이 20㎝ 정도로 대롱대롱 매달려 있는데 갈색으로 익은 모습이 녹슨 대포알을 닮아서 '대포알나무(Cannon Ball Tree)'라는 이름을 얻었다. 열대 지방에서 관상수로 널리 심고 있다.

꽃가지 *큰잎비파아재비

열매 잎 뒷면 나무 모양

호주비파아재비(비파아재비과) *Dillenia alata*

호주 원산으로 6~10m 높이로 자란다. 잎은 어긋나고 타원형이며 10~25㎝ 길이이고 광택이 있으며 뒷면은 연녹색이고 잎자루에는 날개가 있다. 밝은 노란색 꽃은 지름이 6~9㎝로 큼직하고 가운데의 암수술은 붉은색과 노란색이 돈다. 꽃받침이 자란 붉은색 열매도 아름답다. 열대 지방에서 관상수로 심는다. ***큰잎비파아재비**(*Dillenia ingens*)는 솔로몬제도 원산으로 양쪽으로 가지런히 잎맥이 돋은 큼직한 잎의 모양이 아름다워 함께 관상수로 심는다.

열매가지

나무 모양

떨어진 열매

열매 단면

새로 돋는 잎

벨벳애플(감나무과) *Diospyros blancoi*

필리핀 원산으로 15~30m 높이로 자란다. 긴 타원형 잎은 10~18㎝ 길이이며 끝이 뾰족하고 가죽질이며 뒷면은 연녹색이다. 잎겨드랑이에 자잘한 흰색 꽃이 피는데 암꽃이 수꽃보다 크다. 동그스름한 열매는 8~10㎝ 크기이며 적갈색 벨벳 모양의 털로 덮여 있다. 원산지에서는 과일로 먹거나 샐러드를 만드는 데 이용된다. 열매를 덮고 있는 털은 가려움증을 일으키므로 손을 잘 씻어야 한다. 열대 지방에서 과일나무나 관상수로 심는다.

잎가지

잎 모양

나무 모양

잔잎흑단(감나무과)

Diospyros buxifolia

인도네시아와 말레이시아 원산으로 30m 정도 높이로 자란다. 잎은 어긋나고 타원형이며 2~4㎝ 길이이고 끝이 뾰족하며 광택이 있다. 어린잎에는 털이 있다. 암수딴그루로 잎겨드랑이에 1~4개의 흰색 꽃이 핀다. 타원형 열매는 1.4㎝ 길이이다. 단단한 나무는 목재로 쓴다.

잎가지

새로 돋는 잎

나무 모양

말라바흑단(감나무과)

Diospyros malabarica

인도와 말레이시아 원산으로 37m 정도 높이로 자란다. 잎은 어긋나고 긴 타원형~넓은 피침형이며 끝이 뾰족하고 광택이 있다. 붉은빛이 도는 새순은 매우 아름답다. 잎겨드랑이에 감꽃을 닮은 연노란색 꽃이 핀다. 동그란 열매는 지름이 3.5㎝ 정도이며 황적색으로 익는다.

잎가지

새로 돋는 잎 나무 모양

크루인(이엽시과)

Dipterocarpus grandiflorus

동남아시아 원산으로 43m 정도 높이까지 자란다. 긴 달걀형~긴 타원형 잎은 끝이 뾰족하고 잎맥이 뚜렷하다. 새로 돋는 잎은 진한 적갈색으로 아름답다. 잎겨드랑이에 흰색이나 분홍색 꽃이 핀다. 씨앗은 2개의 기다란 날개가 달려 있다. 단단한 나무는 목재로 쓴다.

잎가지

잎 뒷면

나무껍질

정유크루인(이엽시과)

Dipterocarpus kerrii

인도와 동남아시아 원산으로 25~30m 높이로 자란다. 잎은 어긋나고 긴 타원형이며 끝이 뾰족하고 가죽질이며 광택이 있고 뒷면은 연녹색이다. 씨앗은 2개의 기다란 날개가 달려 있어 바람에 잘 날린다. 단단한 나무는 목재로 쓰고, 나무껍질에서 오일을 채취해 향료로 쓴다.

어린 열매가지

꽃봉오리 잎가지 열매의 가시

두리안(아욱과) *Durio zibethinus*

열대 아시아 원산으로 20~30m 높이로 자란다. 잎은 어긋나고 긴 타원형이며 6~20㎝ 길이이고 끝이 뾰족하며 광택이 있다. 원줄기와 큰 가지에 모여 피는 흰색~연한 황갈색 꽃은 5~7.5㎝ 크기이며 5장의 꽃잎 밖으로 많은 수술이 벋고 밤에 핀다. 원형~타원형 열매는 지름이 15~30㎝이고 겉은 굵은 가시로 덮여 있으며 보통 무게가 1~3㎏이지만 8㎏까지 나가는 것도 있다. '두리안'이란 이름은 말레이어로 '가시'를 뜻하는 '두리(Duri)'에서 유래되었다. 두리안은 대표적인 열대 과일로 '과일의 왕'으로 불린다.

누렇게 익은 열매

줄기

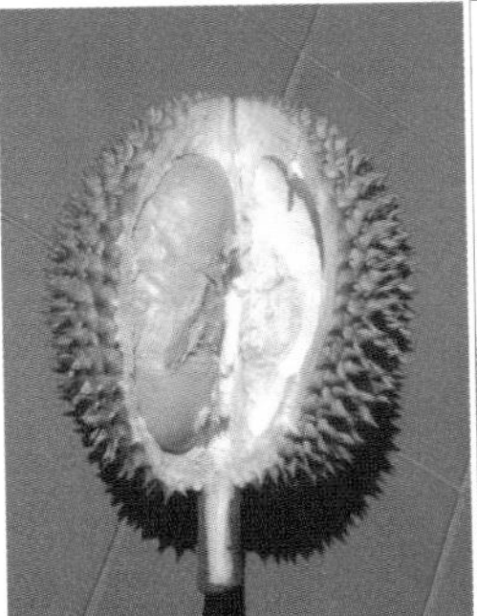
노란색 열매 속살

두리안을 파는 가게

씨앗을 싸고 있는 연노란색 속살은 달고 고소한 맛이 나며 썩는 듯한 냄새도 함께 난다. 그래서 맛은 '천국의 맛'이지만 냄새는 '지옥의 향기'라고 표현하기도 한다. 두리안은 과일로 먹거나 아이스크림, 캔디, 비스킷, 잼 등의 원료로 쓴다. 두리안과 함께 술을 마시면 호흡 곤란으로 생명을 잃을 수도 있으므로 주의해야 한다. 익지 않은 열매를 삶아 먹기도 하며 커다란 씨앗은 삶거나 구워서 먹는다. 목재는 가벼워서 건축재나 합판을 만드는 데 쓴다.

잎가지

잎 앞면과 뒷면

나무 모양

용뇌수(이엽시과)

Dryobalanops aromatica

말레이시아와 인도네시아 원산으로 50m 이상 높이로 자란다. 타원형 잎은 10㎝ 정도 길이이고 끝이 뾰족하다. 가지 끝에 피는 흰색 꽃은 향기가 있고 열매는 지름이 3㎝ 정도로 2개의 날개가 있다. 심재에 들어 있는 방향성 물질인 보르네올(Borneol)을 향료로 사용한다.

잎가지

나무 모양

나무껍질

긴잎용뇌수(이엽시과)

Dryobalanops oblongifolia

말레이시아와 인도네시아 원산으로 60m 이상 높이로 자란다. 잎은 어긋나고 긴 타원형~피침형이며 끝이 뾰족하고 광택이 있다. 가지 끝의 꽃송이에 황백색 꽃이 모여 피고 붉은색으로 익는 열매는 날개가 있어 바람에 잘 날린다. 무겁고 단단한 나무는 목재로 이용된다.

잎가지와 새순

새로 돋는 잎

나무 모양

타포스나무(대극과)

Elateriospermum tapos

동남아시아 원산으로 27~50m 높이로 자란다. 잎은 어긋나고 긴 타원형이며 끝이 뾰족하고 새잎은 붉은색으로 아름답다. 잎겨드랑이에서 자란 꽃송이에 자잘한 황백색 꽃이 모여 핀다. 타원형 열매는 세로로 3개의 골이 지고 흑갈색으로 익는다. 씨앗은 조리를 하거나 구워 먹는다.

꽃가지

나무 모양

나무껍질

붉은꽃유칼립투스(도금양과)

Corymbia ficifolia

호주 원산으로 10m 정도 높이로 자란다. 잎은 어긋나고 넓은 피침형이며 7~13㎝ 길이이다. 가지 끝의 커다란 꽃송이에 붉은색 술 모양의 꽃이 촘촘히 달린 모습은 매우 아름답다. 술잔 모양의 열매는 2~4㎝ 길이이다. 꽃이 핀 모습이 아름다워 열대 지방에서 관상수로 심고 있다.

잎가지

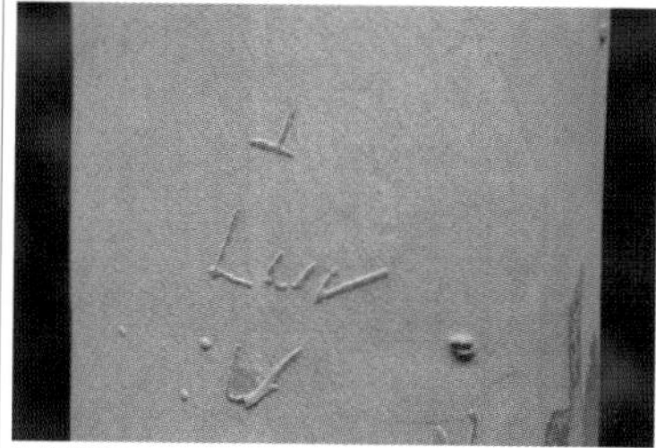
나무껍질

포플러유칼립투스(도금양과)

Eucalyptus alba

티모르와 뉴기니, 호주 원산으로 10~20m 높이로 자란다. 나무껍질이 벗겨진 줄기가 흰색인 것이 특징이다. 넓은 달걀형 잎의 뒷면은 연녹색이다. 잎겨드랑이에 흰색 꽃이 모여 피고 열매는 잔 모양의 꽃받침에 싸여 있다. 관상수로 심고 원산지에서는 잎을 태워 모기를 쫓는다.

꽃가지

꽃 모양

나무 모양

적목유칼립투스(도금양과)

Eucalyptus camaldulensis

호주 원산으로 30~40m 높이로 자란다. 나무껍질은 흰색~회색으로 벗겨진다. 잎은 어긋나고 피침형이며 가운데 잎맥이 뚜렷하고 뒷면은 회녹색이다. 가지에 흰색의 동그란 꽃송이가 모여 달린다. 달걀형의 열매는 6㎝ 정도 길이이며 씨앗이 가득 들어 있다. 목재는 붉은빛이 돈다.

잎가지

나무 모양

나무껍질

빌리안(녹나무과)

Eusideroxylon zwageri

보르네오 원산으로 30~40m 높이로 자란다. 잎은 어긋나고 긴 타원형이며 끝이 뾰족하다. 자잘한 흰색~연한 황록색 꽃이 모여 핀다. 크게 자란 나무줄기 밑부분은 버팀뿌리가 발달한다. 매우 단단한 목재는 바닷물에도 강하고 오래 가기 때문에 수상 가옥을 짓는 데 사용한다.

잎가지

나무 모양

나무껍질

무늬잎반얀아재비(뽕나무과)

Ficus altissima 'Variegata'

동남아시아 원산으로 10~25m 높이로 자란다. 잎은 어긋나고 달걀형이며 25㎝ 정도 길이이고 끝이 뾰족하며 연노란색 무늬가 있다. 잎의 생김새가 인도반얀나무 잎과 비슷하다. 잎겨드랑이에 달리는 동그란 열매는 지름이 1.5㎝ 정도이다. 무늬잎이 아름다워 관상수로 심는다.

나무 모양

열매가지

새로 돋는 잎

줄기의 열매

열매 단면

눈과 잎자국

큰잎고무나무(뽕나무과) *Ficus auriculata*

인도 원산으로 4~6m 높이로 자란다. 타원형~달걀형 잎은 30~40㎝ 길이이며 끝이 뾰족하고 새로 돋는 잎은 붉은빛이 돌아서 보기에 좋다. 줄기와 가지 끝에 꽃주머니가 모여 달리고 그대로 자라서 열매가 된다. 열매는 삼각뿔~마름모 모양이며 8㎝ 정도 크기이고 겉은 흰색 반점과 함께 부드러운 털로 덮여 있다. 원주민들은 다닥다닥 열린 열매를 가축 사료로 이용한다. 큼직한 잎이 달린 나무 모양이 보기 좋아 관상수로 심는다.

잎가지

나무 모양

3갈래로 갈라진 잎

눈과 잎자국

줄기의 공기뿌리

버터컵반얀나무(뽕나무과) *Ficus benghalensis* 'Krishnae'

인도반얀나무의 한 품종으로 30m 정도 높이로 자란다. 줄기와 가지에서 공기뿌리를 내려 새로운 줄기가 된다. 달걀형 잎은 진한 녹색으로 잎맥이 뚜렷하다. 잎몸은 아랫 부분의 절반 정도가 안쪽으로 접혀 있는 것이 컵이나 깔때기 모양을 닮았고 3갈래로 갈라지기도 한다. 버터를 좋아하는 인도의 크리슈나 신이 버터를 훔치다 어머니에게 들키자 이 나무 잎으로 싸서 감추는 바람에 잎이 말린 컵 모양이 되었다는 이야기가 전해진다.

가지에서 내린 줄기

인도반얀나무/벵갈고무나무(뽕나무과) *Ficus benghalensis*

인도와 방글라데시, 스리랑카 원산으로 30m 정도 높이로 자란다. 잎은 어긋나고 타원형~달걀형이며 10~30㎝ 길이이고 가죽질이며 잎맥이 뚜렷하고 뒷면은 연녹색이다. 가지와 잎겨드랑이에 동그란 꽃주머니가 달리고 그대로 자라서 열매가 된다. 열매는 지름이 1.5~2㎝이며 오렌지색으로 변했다가 적갈색으로 익으며 날로 먹을 수도 있다. 원주민들은 큼직한 잎을 접시 대용으로 쓰며 인도코끼리의 사료로도 쓴다. 줄기와 가지에서 실 같은 공기뿌리가 길게 늘어져 땅에 닿으면 뿌리를 내리고 새로운

열매가지

익은 열매

열매 단면

잎 뒷면

새로 돋는 잎

나무껍질

줄기가 되기 때문에 계속 옆으로 퍼지면서 넓은 면적을 차지하고 자라며, 멀리서 보면 마치 한 그루가 빽빽한 숲을 이룬 것처럼 보인다. 인도 캘커타 식물원에 있는 인도반얀나무는 나무줄기가 1,800여 개로 약 3,600평을 차지하고 자란다. 인도반얀나무처럼 새로운 줄기를 계속 늘려가면서 크게 자라는 나무를 통틀어 '반얀나무'라고 하는데 무화과속에 여러 종류가 있으며 열대 지방에서 자란다. 나무 모양이 특이하고 보기 좋아 공원의 관상수로 심는다.

나무 모양

열매가지

잎 앞면과 뒷면

버마반얀나무(뽕나무과) *Ficus kurzii*

열대 아시아 원산으로 20m 정도 높이로 자란다. 반얀나무의 한 종류로 줄기나 가지에서 늘어진 공기뿌리는 새로운 줄기가 되면서 크게 자란다. 잎은 어긋나고 긴 타원형이며 가죽질이고 앞면은 진한 녹색이며 광택이 있고 뒷면은 연녹색이다. 잎겨드랑이에 동그란 꽃주머니가 달리고 그대로 자란 열매는 지름이 0.9~1.3㎝이며 진한 붉은색으로 익는다. 열대 지방에서 인도반얀나무와 함께 공원 등지에서 관상수로 많이 심고 있다.

나무 모양

어린 열매가지

***황금잎말레이반얀나무**

분재

말레이반얀나무(뽕나무과) *Ficus macrocarpa*

인도, 중국 남부, 동남아시아, 호주 원산으로 20m 정도 높이로 자란다. 줄기나 가지에서 내린 공기뿌리가 새로운 줄기가 되면서 크게 자라는 반얀나무의 하나이다. 달걀형~타원형 잎은 가죽질이고 끝이 뾰족하다. 동그란 열매는 지름이 2.5㎝ 정도이며 옅은 반점이 있고 적갈색으로 익는다. 뿌리와 줄기가 얽혀 자라는 모양이 독특해서 분재로도 많이 기른다. 잎의 일부가 황금색인 ***황금잎말레이반얀나무**(*F. m.* 'Golden')도 함께 관상수로 심는다.

가지에서 내린 줄기

인도고무나무(뽕나무과) *Ficus elastica*

인도 원산으로 30m 정도 높이로 자란다. 줄기나 가지에서 공기뿌리가 늘어져 땅에 닿으면 뿌리를 내려 새로운 줄기가 되기도 하지만 보통 인도반얀나무만큼 줄기가 많이 내리지는 않는다. 잎과 가지를 자르면 흰색 유액이 나온다. 잎은 어긋나고 타원형~긴 타원형이며 20~30㎝ 길이이고 끝이 뾰족하며 두꺼운 가죽질이고 광택이 있으며 가운데 잎맥이 뚜렷하다. 잎겨드랑이에 타원형의 꽃주머니가 달리고 그대로 자란 열매는 1.3㎝ 정도 길이이며 노란빛을 띤 녹색으로 익는다. 줄기에 상처를 내면 나오는

열매 모양
열매가지
나무 모양
무늬잎 품종
무늬잎 품종
붉은 잎 품종

흰색 유액은 탄성 고무의 원료로 쓴다. 옛날에 고무를 얻기 위해 재배했기 때문에 '고무나무'라는 이름을 얻었지만 고무 생산량이 훨씬 많은 파라고무나무(Para Rubber Tree)가 발견되면서 가치를 잃고 이름만 고무나무가 되었다. 하지만 두껍고 윤이 나는 잎의 모양이 보기 좋아 전 세계적으로 관상수로 널리 기르고 있다. 특히 공기 정화 능력이 우수해 실내 관엽식물로 인기가 높다. 잎에 흰색이나 연노란색 무늬가 있거나 붉은빛이 도는 등의 여러 재배 품종이 있다.

열매가지

줄기의 공기뿌리

무늬잎 품종

벤자민고무나무(뽕나무과)

Ficus benjamina

인도 원산으로 20m 이상 높이로 자란다. 줄기나 가지에서 공기뿌리가 늘어져 땅에 닿으면 줄기가 되기도 한다. 타원형~달걀형 잎은 끝이 뾰족하며 광택이 있다. 동그란 열매는 지름이 8~12㎜ 크기이다. 열대 지방에서 관상수나 가로수로 심고 한국에서는 관엽식물로 기른다.

열매가지

떨어진 열매

나무 모양

능수고무나무(뽕나무과)

Ficus celebensis

인도네시아 원산으로 5~12m 높이로 자란다. 가지는 비스듬히 휘어져 밑으로 처지며 끝이 땅에 닿으면 뿌리를 내린다. 잎은 어긋나고 피침형이며 두꺼운 가죽질이고 광택이 있다. 잎겨드랑이에 작고 동그란 열매가 열리는데 노란색으로 익는다. 열대 지방에서 관상수로 심는다.

잎가지

턱잎

잎 뒷면

잠비아고무나무(뽕나무과)
Ficus cyathistipula

열대 아프리카 원산으로 8~15m 높이로 자란다. 타원형~거꿀달걀형 잎은 끝이 갑자기 뾰족해지고 광택이 있으며 뒷면은 연녹색이다. 턱잎은 갈색이고 오래 남아 있다. 동그란 꽃주머니가 자란 열매는 지름이 3㎝ 정도이며 황갈색으로 익는데 무화과처럼 먹을 수 있다.

열매가지

잎 뒷면

열매 모양

녹슨고무나무(뽕나무과)
Ficus destruens

호주 원산으로 30m 정도 높이로 자란다. 긴 타원형~피침형 잎은 9~18㎝ 길이이며 진한 녹색이고 가죽질이며 뒷면은 회갈색을 띤다. 암수딴그루이며 동그란 열매는 지름이 1~1.7㎝이고 오렌지색이나 황적색으로 익는다. 열매는 호주 원주민의 전통 음식인 '부시터커'의 재료로 쓴다.

열매가지

나무 모양

열매 모양

잎 뒷면

줄기

떡갈잎고무나무(뽕나무과) *Ficus lyrata*

열대 아프리카 원산으로 12~15m 높이로 자란다. 줄기에 공기뿌리가 발달하며 땅에 닿으면 새 줄기가 된다. 고무나무 종류로 잎의 생김새가 떡갈나무 잎을 닮아서 붙여진 이름이다. 거꿀달걀형 잎은 20~40㎝ 길이로 가죽질이며 광택이 있고 뒷면은 연녹색이며 잎맥이 뚜렷하다. 잎겨드랑이에 동그란 꽃주머니가 달리는데 그대로 자란 열매는 지름이 2.5~3㎝이다. 어찌 보면 바이올린과 비슷한 잎 모양이 특색이 있어 열대 지방에서 관상수로 심는다.

꽃가지

열매가지

다듬은 나무 모양

나무껍질과 잎

주걱잎고무나무(뽕나무과) *Ficus natalensis* ssp. *leprieurii*

열대 아프리카 원산으로 30m 정도 높이까지 자라는 원종에서 관상수로 개발된 품종이다. 거꿀삼각형 잎은 두꺼운 가죽질이고 모서리가 둥글며 광택이 있고 뒷면은 연녹색이다. 잎겨드랑이에 동그란 꽃주머니가 달리고 그대로 자란 열매는 노란색~황적색으로 익으며 새들의 먹이가 된다. 잎 모양이 특색이 있어 열대 지방에서 관상수로 심으며 가지를 다듬어도 잘 자라기 때문에 분재로도 많이 기른다. 잎에 흰색이나 연노란색 무늬가 있는 품종도 있다.

새잎이 돋기 시작한 나무

인도보리수/보리수고무나무(뽕나무과) *Ficus religiosa*

인도 원산으로 30m 정도 높이로 자란다. 줄기에 공기뿌리가 발달하고 잎이나 가지를 자르면 흰색 유액이 나온다. 잎은 어긋나고 넓은 달걀형이며 10~15㎝ 길이이고 끝이 꼬리처럼 길게 뾰족하며 광택이 있고 뒷면은 회녹색이며 잎자루가 길다. 건기에는 낙엽이 지는데 새로 돋는 잎은 붉은색으로 매우 아름답다. 잎겨드랑이에 동그스름한 꽃주머니가 달리고 그대로 자란 열매는 지름이 1㎝정도이며 흑자색으로 익고 먹을 수 있다. 석가모니가 이 나무 밑에서 도를 깨우쳤다는 이야기가 전해져서 불교에서는

어린 열매가지

나무 모양

열매 모양

새로 돋는 잎

잎 뒷면

'나무의 왕'으로 부르며 매우 신성한 나무로 여긴다. 불교에서는 이 나무 옆에 절을 짓거나 절 안에 이 나무를 심는 경우가 많다. 인도에서는 '보오' 또는 '피팔라'라고 부른다. 중국에서는 이 나무를 한자어로 '보리수(菩提樹)'라고 부르는데 우리나라에는 '보리수나무'로 불리는 나무가 있기 때문에 구분하기 위해 '인도보리수' 또는 '보리수고무나무'라는 이름으로 부른다. 건기에는 잎을 떨구고 생장이 느려지기 때문에 열대나무이면서도 목재에는 나이테가 생기며 합판재 등으로 쓴다.

잎가지

나무 모양

반잎룸피고무나무(뽕나무과)

Ficus rumphii (Variegated leaf)

열대 아시아 원산의 원예종으로 15m 정도 높이로 자란다. 넓은 달갈형 잎은 끝이 뾰족하고 가장자리에 연노란색 무늬가 있다. 잎겨드랑이에 달리는 꽃주머니가 자란 동그란 열매는 지름이 1~1.5㎝이며 진한 자주색으로 익는다. 열대 지방에서 관상수로 심고 있다.

줄기의 열매

잎가지

나무 모양

다닥다닥고무나무(뽕나무과)

Ficus variegata

열대 아시아 원산으로 30m 정도 높이로 자란다. 곧은 줄기에 열매가 다닥다닥 열리는 것이 특징이다. 동그란 열매는 어릴 때는 녹색이지만 적갈색으로 익으며 작은 반점이 있다. 긴 타원형 잎은 끝이 뾰족하며 광택이 있고 잎자루는 적갈색이다. 열대 지방에서 관상수로 심는다.

잎가지

나무 모양 줄기의 마디

리들리대나무(벼과)

Gigantochloa ridleyi

말레이시아 원산으로 9~12m 높이로 자라며 줄기가 뭉쳐나는 남방죽의 하나이다. 줄기를 둘러싸고 있는 껍질은 벗겨지지 않고 오래 남아 있으며 거센 털이 있다. 피침형 잎은 40㎝ 정도 길이이고 끝이 뾰족하며 털이 없고 잎집은 털이 많다. 열대 지방에서 관상수로 심는다.

시든 꽃가지

잎 앞면과 뒷면

어린 나무 모양

둥운나무(벽오동과)

Heritiera littoralis

동아프리카와 열대 아시아 원산으로 10~25m 높이로 자란다. 타원형 잎의 뒷면은 흰빛이 돈다. 가지의 꽃송이에 자잘한 종 모양의 자갈색 꽃이 촘촘히 모여 피고 동그스름한 열매가 열린다. 씨앗은 생선 요리에 넣으며 설사를 멈추는 약으로도 쓰고 목재로는 배를 만든다.

꽃가지

암술과 수술

시든 꽃

갯무궁화(아욱과) *Hibiscus tiliaceus / Talipariti tiliaceum*

열대 아시아와 오세아니아 원산으로 4~10m 높이로 자란다. 주로 바닷가에서 잘 자라고 맹그로브 숲에서도 발견된다. 둥근 하트형 잎은 어긋나고 큼직한 턱잎이 있다. 가지 끝이나 잎겨드랑이에 노란색 무궁화 꽃이 모여 피는데 중심부는 암자색이다. 수술대는 3㎝ 정도이며 꽃밥은 노란색이고 암술대는 적자색이다. 동그스름한 열매는 꽃받침에 싸여 있고 갈색으로 익는다. 잎에 흰색 무늬가 있는 ***무늬잎갯무궁화**(*H. t.* 'Tricolor')와 적황색 꽃이 피고 잎도 적자색이 도는 ****자주갯무궁화**(*H. t. purpurascens*)도 함께 관상수로 심는다.

열매가지

나무 모양

어린 열매

어린잎과 턱잎

나무껍질

***무늬잎갯무궁화**

****자주갯무궁화**

****자주갯무궁화** 잎 뒷면

꽃가지

어린 열매가지

열매 모양

게스트트리(벽오동과)
Kleinhovia hospita

열대 아시아와 동아프리카 원산으로 20m 정도 높이로 자란다. 잎은 어긋나고 넓은 달걀형이며 끝이 뾰족하다. 가지 끝의 커다란 꽃송이에 연한 홍자색 꽃이 모여 피고 열매는 5개의 깊은 골이 진다. 어린잎을 채소로 이용하고 질긴 나무껍질로 밧줄을 만든다.

꽃봉오리가지

열매가지

순다참나무(참나무과)
Lithocarpus elegans

인도와 인도차이나, 말레이시아 원산으로 25m 정도 높이로 자란다. 긴 타원형 잎은 끝이 뾰족하고 광택이 있다. 잎겨드랑이의 기다란 꽃이삭에 자잘한 황백색 꽃이 핀다. 열매송이에는 도토리가 다닥다닥 달린다. 도토리는 납작한 원뿔형이며 깍정이는 기와를 인 모양이다.

꽃가지

뚜껑이 열린 열매

잎 모양

열매가지

나무 모양

원숭이주전자나무(오예과) *Lecythis ollaria*

중앙아메리카 원산으로 5~15m 높이로 자란다. 타원형~긴 달걀형 잎은 끝이 뾰족하며 광택이 있다. 가지 끝에 연보라색 꽃이 피는데 질 때는 꽃이 통째로 떨어진다. 동그스름한 열매는 20㎝ 정도 크기이며 주전자와 비슷하게 생겼고 밑부분의 뚜껑이 열리면서 떨어지는 씨앗을 원숭이가 주워 먹기 때문에 '원숭이주전자나무'라는 이름을 얻었다. 기름기가 많은 밤색 씨앗은 날로 먹고 굽거나 쪄서 먹기도 한다. 열대 지방에서 관상수로 심는다.

꽃가지 나무 모양

꽃 모양 잎 뒷면 나무껍질

황금사슬나무(말피기아과) *Lophanthera lactescens*

브라질 원산으로 20m 정도 높이로 자란다. 타원형~달걀형 잎은 22㎝ 정도 길이이며 광택이 있고 잎맥이 뚜렷하다. 가지 끝에 기다란 노란색 꽃송이가 밑으로 늘어지는 모양을 보고 '황금사슬나무'라고 부른다. 꽃송이에 촘촘히 달리는 꽃은 노란색 꽃잎이 5장이다. 보통 3개씩 모여 있는 열매는 2㎝ 정도 길이이고 1개의 검은색 씨앗이 들어 있다. 잎의 모양이 단정하고 늘어진 꽃이 보기 좋아 열대 지방에서 가로수나 관상수로 심고 있다.

꽃봉오리가지

어린 열매

잎 앞면과 뒷면

넛맥월계수(녹나무과)
Litsea myristicaefolia

말레이시아 원산으로 27m 정도 높이로 자란다. 긴 타원형 잎은 끝이 뾰족하고 광택이 있으며 뒷면은 연녹색이다. 잎은 육두구의 잎과 닮았으며 잎을 비비면 좋은 냄새가 난다. 밑으로 처지는 꽃송이에 흰색 꽃이 모여 달린다. 열대 지방에서 관상수로 심는다.

꽃가지

잎 뒷면

나무 모양

태산목(목련과)
Magnolia grandiflora

북아메리카 원산으로 18~27m 높이로 자란다. 잎은 어긋나고 긴 타원형이며 가죽질이고 뒷면은 갈색 털로 덮여 있다. 가지 끝에 피는 큼직한 흰색 꽃은 향기가 진하다. 타원형 열매는 익으면 주홍색 씨앗이 드러난다. 우리나라 남부 지방에서부터 열대 지방까지 관상수로 심는다.

어린 열매가지

익은 열매

열매 단면

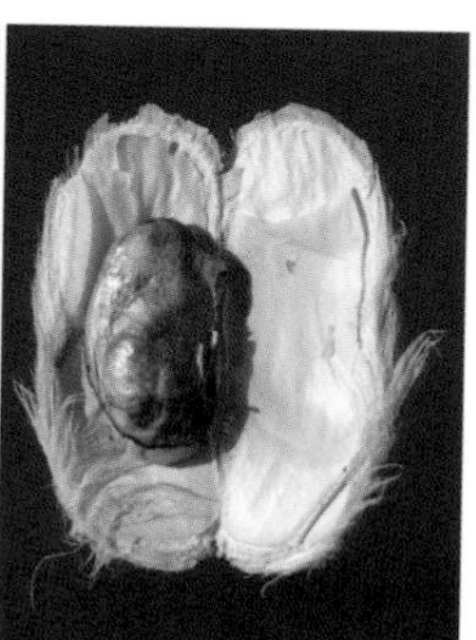
씨앗껍질과 속씨

망고나무(옻나무과) *Mangifera indica*

열대 아시아 원산으로 10~30m 높이로 자란다. 잎은 어긋나고 긴 타원형이며 10~15㎝ 길이이고 끝이 뾰족하다. 암수한그루로 가지 끝의 꽃송이는 10~40㎝ 크기이며 붉은빛을 띤 흰색 꽃이 다닥다닥 달린다. 달걀형의 열매는 5~22㎝ 길이이며 품종마다 모양이나 크기가 조금씩 다르고 황록색, 노란색, 황적색 등으로 익으며 과일로 먹는다. 열매살은 노란빛이고 즙이 많으며 향기롭고 달콤한 맛이 나며 부드럽다. 열매 속에는 납작한 타원형의 큼직한 씨앗이 1개가 들어 있는데 매우 단단하며 열매살과 잘

꽃가지
잎가지

꽃송이
아프리카 시골집 마당의 망고나무

떨어지지 않는다. 단단한 씨앗껍질을 쪼개면 납작한 타원형의 속씨가 들어 있다. 열매는 날로 먹거나 과자, 음료, 아이스크림 등을 만드는 재료로 쓰며 샐러드 등의 음식에도 넣어 먹는다. 원산지에서는 신맛이 강한 어린 열매를 절여서 반찬으로 하며 생선 요리나 카레 요리 등에 넣는다. 열매를 말린 가루는 각종 요리에 양념으로 넣는다. 망고는 소화를 도와주므로 후식으로 적당하다. 세계적으로 널리 재배하며 제주도에서도 온실에서 재배하고 있다.

잎가지

꽃가지

새로 돋는 잎

나무 모양

잎 앞면과 뒷면

나무 모양

말레이망고(옻나무과)

Mangifera caesia

말레이시아 원산으로 25~30m 높이로 자란다. 긴 타원형 잎은 잎맥이 뚜렷하다. 자잘한 꽃은 자주색~분홍색이고 달걀형 열매는 10~15㎝ 길이이며 진한 갈색으로 익는다. 열매살은 연노란색이며 새콤달콤한 맛이 나고 향기가 좋다. 말레이시아에서 많이 재배한다.

말망고(옻나무과)

Mangifera foetida

말레이시아 원산으로 30~35m 높이로 자란다. 긴 타원형 잎은 진한 녹색이며 잎맥이 뚜렷하고 뒷면은 연한 황록색이다. 가지 끝의 커다란 꽃송이에 자잘한 분홍색 꽃이 촘촘히 모여 핀다. 달걀형~원형 열매는 지름이 9~14㎝이며 황록색으로 익고 망고처럼 과일로 먹는다.

시든 꽃

열매가지

잎 뒷면

가지의 유액

나무 모양

발라타고무나무(사포타과) *Manilkara bidentata / Mimusops balata*

열대 아메리카 원산으로 30~45m 높이로 자란다. 잎은 어긋나고 타원형~긴 타원형이며 10~20㎝ 길이이고 가죽질이며 광택이 있다. 잎겨드랑이에 피는 흰색 꽃은 지름이 1㎝ 정도이고 꽃자루가 길다. 동그란 열매는 지름이 3~5㎝이고 황색으로 익으며 먹을 수 있다. 줄기에 상처를 내면 나오는 유액을 '발라타 고무(Balata Rubber)'라고 하며 골프공의 표면을 싸는 재료로 썼다. 연한 붉은색을 띠는 목재는 매우 단단하며 당구대나 철도 침목 등으로 사용한다.

꽃가지

흰샴푸나무(목련과) *Michelia alba*

동남아시아 원산으로 15~30m 높이로 자란다. 잎은 어긋나고 긴 타원형이며 15~25㎝ 길이이고 끝이 뾰족하며 광택이 있다. 잎겨드랑이에 피는 흰색 꽃은 꽃잎이 가늘고 활짝 벌어지지 않으며 향기가 좋은데 특히 밤에 진해진다. 열매는 여러 개의 작은 열매가 촘촘히 모인 모양이며 익으면 칸칸이 벌어지면서 씨앗이 드러난다. 흰샴푸나무는 샴푸나무(*Michelia champaca*)와 몬타나목련(*Magnolia montana*)을 교배해서 만든 품종으로 달콤한 꽃향기가 좋아 열대와 아열대 지방에서 관상수로 심고 있다. 꽃에서

열매가지

나무 모양

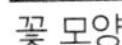

꽃 모양

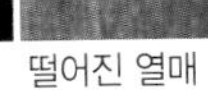

떨어진 열매

채취한 오일은 세계에서 가장 비싼 향수를 만드는 데 쓴다. 나뭇잎에서도 오일을 채취한다. 향기가 좋은 꽃을 따서 방 안에 장식을 하거나 꽃목걸이를 만들어 목에 걸기도 한다. 관상용으로 인기가 높으며 노란색이나 크림색 꽃이 피는 품종도 재배되고 있다. 흰샴푸나무에 꽃향기를 물려준 원종인 샴푸나무는 종속명인 샴파카(Champaca)에서 머리를 감는 '샴푸'라는 말이 유래되었으며 꽃에서 추출한 오일을 머릿기름이나 향수를 만드는 원료로 쓴다.

어린 열매가지

익은 열매

떨어진 열매

열매 단면

육두구(육두구과) *Myristica fragrans*

인도네시아 원산으로 5~20m 높이로 자란다. 잎은 어긋나고 타원형~긴 타원형이며 5~15㎝ 길이이고 끝이 뾰족하며 가죽질이고 광택이 있다. 암수딴그루로 가지에 단지 모양의 황백색 꽃이 피는데 5~10㎜ 크기로 작으며 향기가 있다. 동그란 열매는 지름이 4~6㎝로 살구와 비슷하게 생겼으며 노란색으로 익는다. 잘 익은 열매는 열매살이 세로로 갈라지면서 속에 든 씨앗이 드러나는데 흑갈색 씨앗은 붉은색 씨껍질(種依)에 싸여 있다. 이 씨앗을 '육두구'라고 하며 영어 이름은 '넛맥(Nutmeg)'인데 '사향 향기

꽃 모양

잎 앞면과 뒷면

나무 모양

씨앗

넛맥 가루 제품

나무껍질

가 나는 호두'란 뜻이다. 씨앗으로 만든 향신료는 고기의 누린내나 생선의 비린내를 없애 주기 때문에 음식에 널리 사용된다. 또 향수를 만드는 재료로 쓰며 비누를 만드는 데 넣기도 한다. 붉은색 씨껍질은 영어로 '메이스(Mace)'라고 하는데 씨앗과 같은 용도로 쓴다. 한방에서는 육두구를 방향성 건위제, 강장제 등으로 이용한다. 한때 유럽에서는 육두구가 같은 분량의 금과 거래될 정도로 귀한 향신료였고 몸에 지니고 다니면 질병에 걸리지 않는다고 믿기도 했다.

꽃가지

열매가지

잎가지

호주육두구(육두구과)

Myristica insipida

호주 원산으로 4~20m 높이로 자란다. 잎은 어긋나고 타원형~긴 타원형이며 끝이 뾰족하고 가죽질이며 광택이 있다. 가지에 작은 종 모양의 황백색 꽃이 핀다. 타원형 열매는 갈색으로 익으면 갈라지면서 씨앗과 씨앗을 싸고 있는 껍질이 드러나는데 육두구처럼 향신료로 이용한다.

잎가지

잎과 낙엽 뒷면

나무 모양

럭비공나무(이나무과)

Pangium edule

말레이시아 원산으로 40m 정도 높이로 자란다. 잎은 어긋나고 긴 하트형이며 광택이 있고 잎맥이 뚜렷하다. 암수딴그루로 잎겨드랑이에 꽃이 핀다. 공 모양의 열매는 15~30㎝ 크기이고 갈색으로 익는다. 두리안 맛이 나는 열매살은 먹을 수 있지만 씨앗에는 독이 있다.

꽃가지

열매가지

꽃 모양

어린 열매

잎 앞면과 뒷면

스페인체리(사포타과) *Mimusops elengi*

인도차이나와 말레이시아 원산으로 16m 정도 높이로 자란다. 잎은 어긋나고 타원형이며 5~10㎝ 길이이고 끝이 뾰족하며 가죽질이고 뒷면은 연녹색이다. 흰색 꽃은 지름이 2㎝ 정도이며 1개씩 피거나 여러 개가 모여 피는데 꽃이 시들 때까지 향기가 남아 있어서 장식용으로 쓴다. 열매는 2.5㎝ 정도 길이이며 붉게 익고 단맛이 나며 과일로 먹는다. 열매와 씨앗, 나무껍질과 꽃 등 나무의 여러 부분을 해열이나 두통 등에 약재로 쓰고 있다.

꽃가지
열매가지
어린 열매가지
나무 모양
나무껍질

자리공만두나무(자리공과) *Phytolacca dioica*

남아메리카 원산으로 10~15m 높이로 자란다. 나무껍질은 회갈색이다. 잎은 어긋나고 타원형이며 15㎝ 길이이고 끝이 뾰족하며 잎자루가 길다. 가지 끝에서 늘어지는 꽃송이에 자잘한 흰색 꽃이 촘촘히 돌려 가며 핀다. 꽃송이처럼 늘어지는 열매송이에 만두 모양의 열매가 다닥다닥 열리며 노랗게 변했다가 검은색으로 익는다. 빠르게 자라는 나무는 목재가 부드러우며 분재를 만드는 데도 인기가 있다. 가지를 자르면 나오는 흰색 유액에는 독이 있다.

잎가지

나무 모양

피소니아(분꽃과)

Pisonia grandis

필리핀과 스리랑카 원산으로 20m 정도 높이로 자란다. 넓은 달걀형 잎은 마주나지만 간혹 어긋나기도 하고 30㎝ 정도 길이이며 노란빛이 돈다. 가지 끝의 꽃송이에 자잘한 백록색 꽃이 핀다. 가느다란 원통형 열매는 갈색으로 익는다. 잎이 보기 좋아 관상수로 심고 있다.

열매가지

잎가지

나무 모양

돛대나무(포포나무과)

Polyalthia longifolia var. *pendula*

동남아시아 원산의 원예종으로 양버들처럼 곧고 좁게 자라는 모양이 특징이지만 촘촘히 달리는 가지가 위를 향하는 양버들과 달리 밑으로 늘어진다. 피침형 잎의 가장자리는 물결 모양으로 주름이 지며 광택이 있다. 열대 지방에서 가로수나 관상수로 심는다.

꽃가지

꽃 모양

나무 모양

케낭가나무(포포나무과)

Polyalthia rumphii

열대 아시아 원산으로 26m 정도 높이로 자란다. 잎은 어긋나고 타원형~달걀형이며 끝이 뾰족하다. 가지에 노란색 꽃이 피는데 꽃잎 안쪽에 붉은색 반점이 있다. 타원형~달걀형 열매는 여러 개가 모여 달린다. 줄기는 중요한 목재 자원이며, 열대 지방에서 관상수로 심는다.

열매가지

잎가지

나무껍질

나라티왓나무(포포나무과)

Polyalthia sclerophylla

말레이시아와 수마트라 원산으로 20~30m 높이로 자란다. 긴 타원형 잎은 끝이 뾰족하고 광택이 있다. 가지에 모여 피는 황록색 꽃은 꽃잎 밑부분부터 붉은빛으로 변하기 시작한다. 동그스름한 열매는 자루가 길며 붉은색으로 익는다. 목재는 건축재로도 이용한다.

꽃가지

열매가지

꽃 모양

열매 단면

나무 모양

카니스텔(사포타과) *Pouteria campechiana*

열대 아메리카 원산으로 6~12m 높이로 자란다. 가지를 자르면 나오는 흰색 유액은 고무질이다. 잎은 거꿀피침형으로 8~25㎝ 길이이며 끝이 뾰족하다. 잎겨드랑이에 자잘한 백록색 꽃이 피는데 꽃받침은 대롱 모양이다. 달걀형의 열매는 7㎝ 정도 길이이며 밝은 오렌지색으로 익는다. 열매는 과일로 먹는데 속살이 삶은 달걀노른자 같아서 '에그후르트(Egg Fruit)'라고도 하며 달콤한 구운 감자 맛이 난다. 파이나 아이스크림 원료로도 사용한다.

잎가지

움돋이 가지

청설모가 먹은 열매

아부아이(사포타과)

Pouteria gardneriana

열대 아메리카 원산으로 9~13m 높이로 자란다. 잎은 어긋나고 피침형이며 15~23㎝ 길이이고 광택이 있다. 가지에 자잘한 연녹색 꽃이 모여 핀다. 동그스름한 열매는 지름이 5㎝ 정도이며 황갈색으로 익는다. 말랑말랑한 열매살은 달콤한 맛이 나며 과일로 먹는다.

잎가지

나무 모양

나무껍질

부처님코코넛(벽오동과)

Pterygota alata

열대 아시아 원산으로 30m 정도 높이로 자란다. 달걀형 잎은 끝이 뾰족하며 심장저인 것도 있다. 적자색 꽃은 1~1.5㎝ 크기이다. 원형~타원형 열매는 7~12㎝ 길이이고 진한 갈색으로 익으면 조개처럼 벌어지며 날개가 있는 씨앗이 나온다. 관상수나 가로수로 심는다.

어린 나무 모양

나무 모양

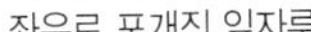

좌우로 포개진 잎자루

잎자루 단면

부채파초/여인목/여인초(파초과) *Ravenala madagascariensis*

마다가스카르 원산으로 10~25m 높이로 자란다. 긴 타원형 잎은 2.5m 정도 길이이고 잎자루가 길며 줄기 끝에서 좌우로 포개지면서 퍼진다. 파초 잎을 닮은 잎이 퍼진 모양이 부채와 비슷해서 '부채파초'라고 한다. 잎자루를 자르면 단면 구멍에서 수액이 나오기 때문에 지나가던 나그네가 목을 축일 수 있고, 부채처럼 퍼진 나무 모양으로 방향을 알 수 있었기 때문에 '여인목(여인초, 나그네나무)'이라고도 한다. 열대 지방에서 관상수로 많이 심는다.

꽃가지

어린 열매

롤리니아(포포나무과)
Rollinia deliciosa

브라질 원산으로 7~12m 높이로 자란다. 잎은 어긋나고 긴 타원형이며 끝이 뾰족하다. 가지에 흰색 꽃이 피고 둥근 달걀형 열매가 열리는데 열매 겉은 울퉁불퉁하다. 슈가애플과 모양과 맛이 비슷한 열매는 과일로 먹으며 음료나 아이스크림, 푸딩 등을 만드는 데 넣기도 한다.

꽃봉오리가지

꽃송이

사마데라(소태나무과)
Samadera indica

동남아시아 원산으로 11m 정도 높이로 자란다. 네모진 타원형 잎은 20㎝ 정도 길이이며 광택이 있다. 잎겨드랑이에서 늘어지는 붉은색 꽃자루 끝에 자잘한 노란색 꽃이 모여 핀다. 달걀형 열매는 6㎝ 정도 길이이고 약간 납작하며 긴 자루에 매달리고 속에 큰 갈색 씨가 들어 있다.

모여 나는줄기

잎집 죽순

큰황금죽(벼과)

schizostachyum brachycladum

열대 아시아 원산으로 9~12m 높이로 자란다. 여러 대의 줄기가 한 무더기로 촘촘히 모여 나는 남방죽의 하나로 노란빛을 띠는 줄기의 마디에는 갈색 껍질이 남아 있다. 칼 모양의 잎은 20~40㎝ 길이이며 잎집에는 비단털이 약간 있다. 열대 지방에서 관상수로 심는다.

꽃가지

꽃 모양

나무 모양

스위트쇼레아(이엽시과)

Shorea roxburghii

동남아시아 원산으로 30m 정도 높이로 자란다. 잎은 어긋나고 긴 타원형이며 끝이 뾰족하고 가죽질이며 광택이 있다. 가지에서 밑으로 늘어지는 꽃송이에 흰색 꽃이 모여 피는데 향기가 좋다. 4갈래로 갈라진 꽃잎은 바람개비 모양이다. 단단한 나무는 중요한 목재 자원이다.

잎가지

잎 뒷면

나무 모양

케펠애플(포포나무과)
Stelechocarpus burahol

동남아시아 원산으로 15~25m 높이로 자란다. 잎은 어긋나고 긴 타원형이며 끝이 뾰족하고 뒷면은 연녹색이다. 새로 돋는 잎은 붉은색으로 아름답다. 줄기나 가지에 황록색 꽃이 모여 핀다. 열매송이에 촘촘히 달리는 동그란 열매는 5~6㎝ 크기이며 황갈색으로 익고 과일로 먹는다.

꽃가지

열매가지

나무 모양

말레이핑퐁(벽오동과)
Sterculia parviflora

인도네시아와 말레이시아 원산으로 열대 지방에서 관상수나 가로수로 심는다. 커다란 타원형 잎은 끝이 뾰족하고 광택이 있다. 가지의 꽃송이에 자잘한 황백색 꽃이 피는데 밑부분은 연한 붉은색이다. 타원형 열매는 적갈색으로 익으면 갈라지면서 검은색 씨앗이 나온다.

꽃가지

열매가지

나무 모양

땅콩나무(벽오동과)

Sterculia quadrifida

호주 원산으로 10m 정도 높이까지 자란다. 타원형~달걀형 잎은 잎맥이 뚜렷하다. 잎겨드랑이에서 늘어지는 꽃송이에 자잘한 황록색 꽃이 모여 핀다. 오렌지색으로 익으면 벌어지는 열매살은 붉은색이고 검은색 씨앗은 땅콩 맛이 난다. 원주민들은 나무껍질로 바구니 등을 만든다.

꽃가지

암꽃

잎 뒷면

템피니스나무(뽕나무과)

Streblus elongatus

말레이시아와 인도네시아 원산으로 15m 이상 높이로 자란다. 잎은 어긋나고 긴 타원형이며 잎맥을 따라 주름이 지고 광택이 있다. 수꽃이삭은 꼬리처럼 길게 늘어지고 작은 암꽃은 잎겨드랑이에 달리며 동그란 열매가 열린다. 목재는 무겁고 단단하며 내구성이 강하다.

줄기의 꽃과 어린 열매

자라는 열매

새로 돋는 잎

잎 앞면과 뒷면

나무 모양

카카오(벽오동과) *Theobroma cacao*

중앙아메리카 원산으로 12m 정도 높이로 자란다. 잎은 어긋나고 긴 타원형이며 20~25㎝ 길이이고 끝이 뾰족하며 잎맥이 뚜렷하고 뒷면은 연녹색이다. 새로 돋는 잎은 붉은빛이 돈다. 줄기나 굵은 가지에 직접 달리는 흰색 꽃은 1~2㎝ 크기로 작다. 럭비공 모양의 열매는 10~30㎝ 길이로 세로로 가는 줄이 있고 품종에 따라 녹색, 황색, 적색, 자주색 등으로 익으며 속에는 40~60개의 씨앗이 들어 있다. 흰색 펄프에 싸인 씨앗을 나무로 만든 통에서 며칠 동안 발효시킨 다음 펄프를 씻어 내면 적갈색 씨

줄기의 열매

익은 열매

열매 단면

씨앗

앗이 남는데 이를 말린 것을 '카카오콩'이라고 하며 독특한 향기가 난다. 카카오콩을 볶아서 가루로 만든 것을 '카카오 페이스트(Cacao Paste)'라고 하는데 여기에 설탕과 우유, 향신료를 배합하여 만든 것이 초콜릿이다. 초콜릿은 19세기에 네덜란드의 반호텐이란 사람이 처음 만들었으며 기침을 멈추는 데도 효과가 있다고 한다. 또 카카오 페이스트를 압축시켜 지방을 뺀 것을 '코코아'라고 하고 지방은 '카카오 기름'이라고 하며 마가린이나 포마드를 만드는 재료로 쓴다. 마야인들은 기원전부터 카카오를 재배하였는데 카카오를 빻아서 죽처럼 만든 '초콜라틀(Chocolatl)'이라는 검은색 음료수를 마셨다.

열매가지

잎 모양

새로 돋는 잎

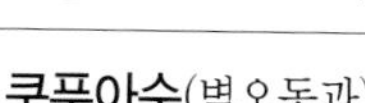

쿠푸아수(벽오동과)

Theobroma grandiflorum

브라질 원산으로 15~20m 높이로 자란다. 거꿀피침형 잎은 25~35㎝ 길이이며 새로 돋는 잎은 붉은빛이 돈다. 가지에 별 모양의 연홍색~연황색 꽃이 핀다. 타원형 열매는 20㎝ 정도 길이이며 갈색으로 익고 과일로 먹는다. 부드럽고 달콤한 열매살은 초콜릿과 파인애플 향이 난다.

꽃가지

잎 앞면과 뒷면

나무껍질

리버트리스타니아(도금양과)

Tristaniopsis whiteana

말레이시아 원산으로 25m 정도 높이이며 물가에서 잘 자란다. 나무껍질이 얇게 벗겨져 나가면서 드러나는 연한 회갈색 속살은 매끈하다. 긴 타원형 잎은 끝이 뾰족하고 뒷면은 연녹색이다. 가지 끝 부분의 잎겨드랑이에서 나온 꽃송이에 자잘한 흰색 꽃이 모여 핀다.

꽃가지

열매가지

떨어진 열매

턱잎

나무 모양

란탄나무(이엽시과) *Vatica rassak*

동남아시아 원산으로 15~30m 높이로 자란다. 잎은 어긋나고 긴 타원형이며 15~30㎝ 길이이고 끝이 뾰족하며 광택이 있다. 잎겨드랑이에서 나오는 꽃송이에 흰색이나 연노란색 꽃이 촘촘히 모여 핀다. 자잘한 꽃은 8~12㎜ 크기이며 꽃잎은 5장이다. 긴 자루에 달리는 달걀형의 열매는 4~5㎝ 길이이며 꽃받침이 남아 있고 진한 갈색으로 익으며 껍질이 단단하고 씨앗은 1㎝ 정도 크기이다. 단단한 줄기는 건축재나 가구재로 이용한다.

꽃가지

꽃송이 부분 꽃 모양 작은잎 뒷면

사가나무(콩과) *Adenanthera pavonina*

인도와 동남아시아 원산으로 6~30m 높이로 자란다. 둥근 나무 모양을 만들며 버팀뿌리가 발달한다. 잎은 2회깃꼴겹잎이고 작은잎은 타원형이며 2~2.5㎝ 길이이다. 가지 끝의 커다란 꽃송이에 별 모양의 연노란색 꽃이 촘촘히 달리는데 점차 연한 주황색으로 변한다. 기다란 꼬투리 열매는 15~22㎝ 길이이며 구부러지고 씨앗이 든 부분이 올록볼록 튀어 나온다. 꼬투리가 갈색으로 익으면 갈라지면서 동글납작한 빨간색 씨앗이 나온다. 고대 인도에서는 씨앗을 금의 무게를 재는 데 이용했는데 '사가

어린 열매가지

열매가지

씨앗

버팀뿌리

(Saga)'는 아랍어로 '금세공인'을 뜻한다. 사가나무 씨앗을 몸에 지니면 부와 행운이 따른다는 이야기가 전해지며 주운 씨앗을 지갑에 넣고 다니기도 한다. 원주민들은 씨앗을 실에 꿰어 목걸이나 염주를 만들며 씨앗을 볶아 먹기도 한다. 목재에서 얻는 붉은색 물감은 인도인들이 이마에 종교적인 표시를 하는데 쓰며 옷감에 연한 주홍색 물을 들인다.

나무 모양

잎가지

새잎이 돋는 나무 모양

세자룡(무환자나무과)

Amesiodendron chinense

중국과 동남아시아 원산으로 5~25m 높이로 자란다. 잎은 깃꼴겹잎이며 작은잎은 3~7쌍이다. 새로 돋는 잎은 붉은 오렌지색이 돌며 매우 아름답다. 가지 끝의 꽃송이에 흰색 꽃이 모여 피고 동그란 열매는 갈색이나 검은색으로 익는다. 단단한 나무는 가구를 만든다.

꽃가지

잎 모양　　새순

암헤르스티아 노빌리스(콩과)

Amherstia nobilis

미얀마 원산으로 9~12m 높이로 자란다. 깃꼴겹잎의 뒷면은 흰빛이 돌고, 새로 돋는 잎은 보라색을 띠며 밑으로 축 늘어진다. 붉은색 꽃송이는 밑으로 처지는데 5장의 붉은색 꽃잎에는 노란색 무늬가 있어서 더욱 아름답다. 꽃이 아름다워 열대 지방에서 관상수로 널리 심는다.

꽃가지

열매가지

떨어진 열매

잎 모양

나무 모양

안젤린(콩과) *Andira inermis*

열대 아메리카와 서아프리카 원산으로 35m 정도 높이로 자란다. 나무껍질은 얇은 조각으로 벗겨지며 불쾌한 양배추 냄새가 난다. 잎은 어긋나고 깃꼴겹잎이며 15~40㎝ 길이이고 작은잎은 7~17장이며 광택이 있다. 가지 끝에 달리는 커다란 꽃송이에 나비 모양의 붉은색 꽃이 촘촘히 달린다. 동그란 열매는 4~5㎝ 크기이며 갈색으로 익는다. 나무 모양이 웅장하고 그늘이 좋기 때문에 열대 지방에서 공원수나 가로수로 널리 심고 있다.

줄기의 꽃과 어린 열매

열매 모양

꽃송이

나무 모양

빌림비(괭이밥과) *Averrhoa bilimbi*

열대 아시아 원산으로 5~18m 높이로 자란다. 깃꼴겹잎은 어긋난다. 줄기나 단단한 가지에 직접 달리는 꽃송이에 자갈색~자홍색 꽃이 모여 핀다. 열매는 타원형~원기둥형으로 희미한 5개의 모가 지고 길이는 5~10㎝이며 열매껍질은 얇고 광택이 있다. 열매살은 물이 많고 녹색이며 신맛이 강하다. 열매를 날로 먹기도 하지만 피클, 잼 등을 만들고 인도에서는 카레에 넣어 먹는다. 동남아시아에서 재배하거나 야생 상태로 자란다.

꽃가지

열매가지

떨어진 열매

열매 단면

나무 모양

카람볼라(괭이밥과) *Averrhoea carambola*

말레이시아 원산으로 6~12m 높이로 자란다. 깃꼴겹잎은 밤에는 오므라든다. 가지나 줄기에 달리는 꽃송이에 작은 붉은색 꽃이 모여 핀다. 타원형 열매는 5개의 모와 깊은 골이 지며 가로로 자른 단면의 모양이 별 모양이기 때문에 '스타후르트(Star Fruit)'라고도 부른다. 옛날부터 재배한 열대 과일의 하나로 황록색으로 잘 익으면 새콤달콤한 맛이 나며 향기가 진하고 상큼한 기분이 든다. 주로 날로 먹고 피클이나 샐러드, 음료를 만들어 먹는다.

어린 열매가지

떨어진 열매

잎 뒷면

아무라나무(멀구슬나무과)
Aphanamixis polystachya

열대 아시아 원산으로 20~30m 높이로 자란다. 깃꼴겹잎은 30~60㎝ 길이이고 작은잎은 9~21장이며 뒷면은 연녹색이다. 잎겨드랑이에서 자란 기다란 꽃송이에 자잘한 꽃이 모여 피고 포도송이 모양의 열매는 노란색으로 익는다. 나무껍질은 원주민들이 약재로 이용한다.

꽃가지

꽃 모양

잎

주홍콩나무(콩과)
Archidendron lucyi

말레이시아와 호주 원산으로 20m 정도 높이로 자란다. 깃꼴겹잎은 작은잎이 2~3쌍이며 주름이 지고 앞면은 광택이 있다. 녹색 꽃받침 안에 흰색 수술이 촘촘히 담긴 꽃이 모여서 핀다. 열매는 붉게 익으면 갈라지면서 오렌지색 속살이 드러나고 진한 남색 씨앗이 나온다.

꽃봉오리가지

열매가지

아키(무환자나무과)

Blighia sapida

서아프리카 원산으로 10~12m 높이로 자란다. 깃꼴겹잎은 30㎝ 정도 길이이고 작은잎은 6~10장이다. 기다란 꽃송이에 자잘한 흰색 꽃이 촘촘히 달린다. 동그란 열매는 황적색으로 익으면 3갈래로 갈라진다. 열매살 안쪽에 있는 육질의 노란색 헛씨껍질을 기름에 튀겨 먹는다.

잎가지

나무 모양

나무껍질

베라우드(남가새과)

Bulnesia arborea

콜롬비아와 베네수엘라 원산으로 9~20m 높이로 자란다. 깃꼴겹잎은 마주나고 작은잎은 긴 타원형이다. 가지 끝에 노란색 꽃이 피는데 5장의 꽃잎은 간격이 벌어져서 서로 떨어져 있고 꼬투리열매가 열린다. 나뭇잎과 꽃의 모양이 보기 좋아 열대 지방에서 관상수로 심는다.

꽃가지

꽃 모양

잎 모양

랜턴브로네아(콩과)

Brownea coccinea

중남미 원산으로 6~9m 높이로 자란다. 잎은 깃꼴겹잎이며 작은잎은 타원형이고 6쌍이 달린다. 새로 돋는 잎은 홍갈색을 띠며 밑으로 축 늘어진다. 가지 끝에 붉은색 꽃송이가 매달린 모습이 아름다워 열대 지방에서 관상수로 많이 심는다. 꼬투리 열매는 15㎝ 정도 길이이다.

꽃가지

새순과 잎

열매가지

정글브로네아(콩과)

Brownea grandiceps

남아메리카 원산으로 3~8m 높이로 자란다. 잎은 깃꼴겹잎이며 작은잎은 긴 타원형이고 12~18쌍이 달린다. 새로 돋는 잎은 분홍색과 갈색, 연녹색이 뒤섞인 얼룩덜룩한 무늬가 있고 밑으로 축 늘어진다. 가지 끝에 붉은색 꽃송이가 매달린다. 열대 지방에서 관상수로 심는다.

꽃가지

새순

나무 모양

아리자브로네아(콩과)

Brownea rosa-de-monte

남아메리카 원산으로 3~10m 높이로 자란다. 잎은 깃꼴겹잎이며 작은잎은 긴 타원형이고 광택이 있으며 뒷면은 연녹색이다. 새로 돋는 잎은 연분홍색 무늬가 있고 밑으로 축 늘어진다. 가지 끝에 붉은색 꽃송이가 매달린 모습이 아름다워 열대 지방에서 관상수로 많이 심는다.

꽃가지

꽃 모양

나무 모양

디비디비나무(콩과)

Caesalpinia coriaria

열대 아메리카 원산으로 9~10m 높이로 자란다. 잎은 2회깃꼴겹잎이며 작은 겹잎은 5~10쌍이고 작은잎은 각각 15~25쌍이다. 가지 끝의 커다란 꽃송이에 자잘한 연노란색 꽃이 핀다. 꼬투리는 5㎝ 정도 길이이며 꽈배기처럼 꼬인다. 꼬투리는 검은색 잉크를 만드는 물감의 원료이다.

꽃가지

꽃 모양

벌레 먹은 나무껍질

잎가지

나무 모양

나무껍질

표범나무(콩과) *Caesalpinia ferrea*

브라질 원산으로 10~15m 높이로 자란다. 얼룩덜룩해지는 나무껍질의 모양이 표범의 무늬를 닮아서 '표범나무(Leopard Tree)'라고 한다. 또 목재가 쇠처럼 단단해서 '브라질쇠나무(Brazilian Ironwood)'라고도 한다. 잎은 어긋나고 2회깃꼴겹잎이며 15~19㎝ 길이이고 작은잎은 타원형이다. 가지 끝과 잎겨드랑이의 꽃송이에 노란색 꽃이 모여 핀다. 납작한 꼬투리 열매는 진한 갈색으로 익는다. 원주민들은 줄기로 만든 차를 당뇨병에 이용한다.

꽃가지 열매가지

꽃송이 열매와 씨앗 나무 모양

자주밀레티아(콩과) *Callerya atropurpurea*

미얀마, 태국, 말레이시아 원산으로 20m 정도 높이로 자란다. 잎은 깃꼴겹잎이고 작은잎은 긴 타원형이며 3~5쌍이다. 작은잎은 가죽질이고 뒷면은 연녹색이다. 가지 끝의 꽃송이에 자주색 꽃이 촘촘히 달리는데 밑에서부터 피어 올라간다. 꼬투리는 5㎝ 정도 길이이며 적갈색으로 익으면 세로로 쪼개지면서 1~3개의 씨앗이 나온다. 단단한 나무는 가구재나 건설재로 이용된다. 나무 모양이 단정하고 그늘이 좋아서 가로수나 관상수로 심는다.

꽃가지 열매가지

잎가지 꽃 모양 나무 모양

황금카시아(콩과) *Cassia fistula*

동남아시아와 인도 원산으로 10m 정도 높이로 자란다. 깃꼴겹잎은 어긋난다. 가지에 길이 40㎝ 정도의 밝은 노란색 꽃송이가 가득 매달린 모습은 매우 아름답다. 길고 가느다란 꼬투리는 25~50㎝ 길이이며 갈색으로 익는다. 열매는 변비약과 열을 내리는 약으로 이용한다. 꽃이 핀 나무 모양이 아름다워 열대 지방에서 널리 심는 관상수이다. 태국의 나라꽃으로 태국에서는 '라차프룩'이라고 부르며 영어 이름은 '골든샤워트리(Golden Shower Tree)'이다.

꽃가지

꽃 모양 열매가지

분홍카시아(콩과)

Cassia bakeriana

태국 원산으로 5~15m 높이로 자란다. 깃꼴겹잎은 15~40㎝ 길이이며 타원형의 작은잎은 5~8쌍이 마주 붙는다. 가지에 달리는 꽃송이에 분홍색 꽃이 모여 피는데 점차 색깔이 연해진다. 기다란 원통형 꼬투리는 30~40㎝ 길이이며 진한 갈색으로 익는다. 관상수로 심는다.

꽃가지

열매가지 잎가지

태국로즈우드(콩과)

Dalbergia cochinchinensis

동남아시아 원산으로 25~30m 높이로 자란다. 깃꼴겹잎은 작은잎이 7~9장이며 끝에 있는 작은잎이 가장 크다. 가지의 꽃송이에 자잘한 나비 모양의 흰색 꽃이 모여 피고 길고 납작한 꼬투리는 4~8㎝ 길이이다. 붉은빛이 도는 목재는 단단하고 내구성이 좋아서 고급 목재로 이용된다.

꽃가지

열매가지

잎 모양

인도로즈우드(콩과)
Dalbergia latifolia

인도 원산으로 20~40m 높이로 자란다. 깃꼴겹잎은 작은잎이 5~7쌍이며 앞면은 진한 녹색이고 뒷면은 회녹색이다. 가지 끝에 흰색 꽃송이가 달리고 꼬투리는 길고 납작하다. 줄무늬가 있는 목재는 단단하고 향기가 좋아 가구나 장식품을 만드는 고급 목재로 이용된다.

꽃가지

꽃송이

미얀마로즈우드(콩과)
Dalbergia oliveri

동남아시아 원산으로 20~25m 높이로 자란다. 깃꼴겹잎은 작은잎이 8~13장이다. 가지에 흰색 꽃송이가 달리는데 꽃받침은 자갈색이다. 길고 납작한 꼬투리 속에는 1~2개의 씨앗이 들어 있다. 줄무늬가 있는 목재는 단단하고 무거워서 고급 가구나 장식품을 만드는 데 이용된다.

새순이 나온 잎가지

어린잎

잎줄기

데이비슨플럼(쿠노니아과)
Davidsonia pruriens

호주 원산으로 10m 정도 높이로 자란다. 깃꼴겹잎은 80㎝ 정도 길이로 매우 크며 어린잎은 붉은빛이 돈다. 가지에 달리는 꽃송이에 적갈색 꽃이 모여 피고 열매송이는 자주색으로 익는데 열매는 자두를 닮았다. 과일로 먹기도 하지만 대부분 잼과 와인을 만드는 데 이용된다.

열매가지

잎 앞면과 뒷면

나무 모양

맹그로브트럼펫나무(능소화과)
Dolichandrone spathacea

동남아시아의 맹그로브 숲에서 5~20m 높이로 자란다. 깃꼴겹잎은 작은잎이 3쌍이고 뒷면은 연녹색이다. 트럼펫 모양의 커다란 흰색 꽃은 15~20㎝ 길이이며 2~10개씩 모여 피는데 좋은 향기가 난다. 가느다란 열매는 25~60㎝ 길이이고 갈색으로 익으면 세로로 갈라진다.

꽃가지

용안(무환자나무과) *Dimocarpus longan*

동남아시아 원산으로 10~15m 높이로 자란다. 깃꼴겹잎은 어긋나고 15~45㎝ 길이이며 작은잎은 3~6쌍이 달린다. 작은잎은 10㎝ 정도 길이이며 가죽질이고 광택이 있다. 가지 끝과 잎겨드랑이의 커다란 꽃송이에 달리는 황백색 꽃은 지름이 3~6㎜로 아주 작지만 향기가 좋다. 포도송이 모양으로 열리는 동그스름한 열매는 지름이 2~3㎝이고 황갈색으로 익으며 과일로 먹는다. 열매로는 과일 샐러드를 만들거나 즙을 짜서 음료수로 마시기도 한다. 열매껍질은 얇고 표면은 거칠며 약간 질기다. 안에는 헛씨

어린 열매가지

잎가지 열매송이 열매 단면

껍질로 이루어진 희고 투명한 열매살이 있는데 즙이 많고 쫀득하며 달콤한 향기가 난다. 열매살 가운데에 1개씩 들어 있는 진한 갈색 씨앗은 광택이 있으며 열매 속에 들어 있는 모습이 용의 눈과 비슷하다고 해서 '용안(龍眼)'이라는 이름을 얻었다. 열매살을 말리면 흑갈색이 되는데 흔히 '용안육(龍眼肉)'이라고 하며 한약재로 쓰는데 건망증이나 불면증 등에 처방한다. 용안육으로는 차를 만들어 마시거나 술을 담그기도 한다. 대표적인 열대 과일의 하나이다.

꽃가지

열매가지

꽃 모양

버팀뿌리

봉황목/플람보얀(콩과) *Delonix regia*

아프리카의 마다가스카르 원산으로 6~12m 높이로 자란다. 2회깃꼴겹잎은 어긋난다. 붉은색 꽃이 나무 가득 피어 있는 모습은 불이 붙은 듯 화려해서 열대 지방에서 관상수나 가로수로 널리 심고 있다. 화려한 붉은색 꽃이 핀 나무를 보고 '불꽃나무'나 '공작꽃'이라고도 한다. 기다란 꼬투리 열매는 길이가 40~60㎝이며 밑으로 처지고 흑갈색으로 익는다. 빨리 자라는 나무로 가지가 옆으로 넓게 퍼지며 오래된 줄기는 버팀뿌리가 발달한다.

잎가지

잎 뒷면

나무 모양

고사리잎나무(무환자나무과)

Filicium decipiens

인도와 스리랑카 원산으로 20m 정도 높이로 자란다. 잎은 깃꼴겹잎이고 작은잎은 6~8쌍이다. 길쭉한 작은잎은 주름이 지고 잎자루에 날개가 있는 것이 고사리 잎을 닮았다. 꽃송이에 자잘한 연노란색 꽃이 모여 핀다. 열대 지방에서 가로수나 관상수로 심는다.

잎가지

잎 뒷면

나무 모양

우의목(프로테아과)

Grevillea robusta

호주 원산으로 30m 정도 높이로 자란다. 가지는 수평으로 퍼지고 잔가지는 조금 처진다. 잎은 2회 깃꼴겹잎이며 앞면은 광택이 있고 뒷면은 은회색 털로 덮여 있다. 가지에 달리는 꽃송이에 등황색 꽃이 촘촘히 모여 핀다. 꽃송이와 잎의 모양이 아름다워 관상수로 심는다.

잎가지

잎 뒷면

나무껍질

로그우드(콩과)

Haematoxylon campechianum

중앙아메리카 원산으로 7~10m 높이로 자란다. 깃꼴겹잎은 작은 잎이 3~5쌍이고 잎겨드랑이에 잔가시가 있다. 잎겨드랑이의 꽃송이에 자잘한 노란색 꽃이 모여 피고 꼬투리 열매를 맺는다. 심재에서 천연물감을 얻는다. 목재는 무겁고 단단하며 장식 가구 등을 만드는 데 쓴다.

꽃가지

잎 모양

나무 모양

아이스크림콩(콩과)

Inga edulis

열대 아메리카 원산으로 30m 정도 높이로 자란다. 잎은 깃꼴겹잎이고 잎자루에는 좁은 날개가 있다. 가지 끝에 술이 많은 흰색 꽃이 모여 피고 기다란 꼬투리 열매를 맺는다. 씨앗을 싸고 있는 흰색 솜털이 아이스크림처럼 달콤해서 '아이스크림콩'이라고 하며 식용한다.

꽃가지

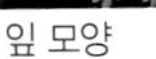
잎 모양 나무 모양

나무 모양

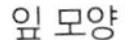
잎 모양

작은잎 뒷면

고사리잎자카란다(능소화과)

Jacaranda obtusifolia

남아메리카 원산으로 4~10m 높이로 자란다. 2회깃꼴겹잎은 고사리잎처럼 보여서 '고사리잎자카란다'라고 한다. 나무 가득 보라색 꽃이 가득 달린 모습이 아름답다. 타원형 열매는 갈색으로 익는다. 자카란다는 여러 종이 있으며 전 세계적으로 기후가 온화한 곳에서 널리 심고 있다.

아프리카마호가니(멀구슬나무과)

Khaya senegalensis

열대 아프리카 원산으로 30m 정도 높이로 자란다. 깃꼴겹잎은 어긋나고 작은잎은 긴 타원형이며 3~7쌍이 마주 붙는다. 작은잎은 광택이 있고 뒷면은 회녹색이다. 꽃송이에 자잘한 연노란색 꽃이 피고 동그스름한 열매가 열린다. 단단한 나무는 중요한 목재 자원이다.

열매가 늘어진 나무

소시지나무(능소화과) *Kigelia africana*

열대 아프리카 원산으로 6~17m 높이로 자란다. 잎은 깃꼴겹잎이고 작은 잎은 7~13장이며 광택이 있다. 아래로 늘어진 기다란 꽃송이에 적자색 꽃이 3개씩 돌려 가며 핀다. 꽃은 나팔 모양이며 해질녘에 꽃이 피고 아침이면 시들어 떨어진다. 타원형 열매는 길이가 40~60㎝이고 줄줄이 매달려 늘어진다. 매달린 열매가 소시지를 닮아서 '소시지나무'라고 한다. 원주민들은 열매를 피부 질환 치료에 썼으며 지금은 샴푸나 화장품 등을 만드는 데 넣는다.

꽃송이

나무 모양

찢겨 나간 꽃봉오리

떨어진 꽃

떨어진 열매

잎가지

나무껍질

열매가지

나무 모양

나무껍질

물뿌리나무(소태나무과)
Kirkia wilmsii

남아프리카 원산으로 8~10m 높이로 자란다. 깃꼴겹잎은 15㎝ 정도 길이이며 작은잎은 10~20쌍이다. 가지 끝의 꽃송이에 자잘한 황록색 꽃이 핀다. 긴 타원형 열매는 12㎜ 정도 길이이고 갈색으로 익는다. 원주민들은 가뭄이 들면 굵은 뿌리에 저장하고 있는 물을 뽑아 쓴다.

잎가지

잎 뒷면

나무껍질

투알랑나무(콩과)
Koompassia excelsa

말레이시아 원산으로 88m 정도 높이까지 자란 나무가 발견될 만큼 동남아시아에서 가장 높게 자라는 나무이다. 깃꼴겹잎은 어긋나고 자잘한 흰색 꽃이 피며 길고 납작한 꼬투리 열매가 열린다. 흔히 커다란 벌이 집을 짓고 산다. 단단한 목재는 철도 침목이나 가구를 만든다.

열매가지

나무 모양

열매송이

열매 단면

잎 모양

랑삿나무(멀구슬나무과) *Lansium domesticum*

말레이시아 원산으로 10~15m 높이로 자란다. 깃꼴겹잎은 어긋나고 20~50㎝ 길이이며 작은잎은 5~7장이고 타원형이며 끝이 뾰족하고 광택이 있다. 가지에 달리는 기다란 꽃송이에 자잘한 연노란색 꽃이 핀다. 포도송이 모양의 열매는 황갈색으로 익으며 동그란 열매는 2.5~5㎝ 크기이다. 맛있는 열대 과일의 하나로 열매껍질을 벗기면 포도처럼 과즙이 풍부한 속살이 나오는데 새콤달콤한 맛이 일품이다. 여러 재배 품종이 있다.

꽃가지

열매가지

꽃송이

나무 모양

나무껍질

점베이나무(콩과) *Leucaena leucocephala*

중앙아메리카 원산으로 18m 정도 높이로 자란다. 잎은 2회깃꼴겹잎으로 4~9쌍의 깃꼴겹잎이 달린 모습이 자귀나무 잎과 비슷하다. 꽃자루 끝에 달리는 지름이 2~5㎝인 동그란 흰색 꽃송이는 많은 수술이 밤송이처럼 촘촘히 돌려난 모습이 미모사 꽃송이와 비슷하다. 길고 납작한 꼬투리는 14~26㎝ 길이이며 18~22개의 씨앗이 들어 있고 갈색으로 익는다. 원주민들은 오래전부터 어린 꼬투리를 채소로 먹거나 약재로 사용했다.

꽃가지

열매가지

꽃 모양

잎 모양

나무 모양

트렝가누체리(무환자나무과) *Lepisanthes alata*

인도네시아와 필리핀 원산의 작은키나무이다. 잎은 깃꼴겹잎이며 30㎝ 정도 길이이고 작은잎은 피침형이며 잎자루에 좁은 날개가 있다. 새로 돋는 잎은 붉은빛이 돈다. 가지에서 길게 늘어지는 꽃송이에 느슨하게 달리는 홍자색 꽃은 지름이 1㎝ 정도 남짓 된다. 가지에 늘어지는 열매송이는 진한 붉은색으로 익은 모습이 포도송이와 비슷하다. 동그란 열매는 부드럽고 달콤한 맛이 난다. 열매와 잎이 달린 나무 모양이 보기 좋아 열대 지방에서 관상수로 심는다.

열매가지

나무 모양

나무껍질

소보체리(무환자나무과)

Lepisanthes amoena

말레이시아와 인도네시아 원산으로 10m 정도 높이로 자란다. 잎은 깃꼴겹잎이며 작은잎 가장자리에 주름이 지고 잎자루에 좁은 날개가 있다. 자잘한 연노란색 꽃이 꽃송이에 모여 피고 열매송이는 적갈색으로 익으며 먹을 수 있다. 나무껍질과 어린잎을 위장 치료에 쓴다.

잎 모양

떨어진 꽃

나무껍질과 새순

나무자스민(능소화과)

Millingtonia hortensis

미얀마 원산으로 25m 정도 높이로 자란다. 잎은 2회깃꼴겹잎이며 작은잎은 달걀형이다. 가늘고 긴 깔때기 모양의 흰색 꽃은 밤에 피었다가 아침이면 우수수 지며 향기가 진하다. 가늘고 긴 열매가 열린다. 나무껍질은 코르크가 발달하기 때문에 '코르크나무'라고도 한다.

꽃가지

새순이 달린 나무 모양

열매가지

새순

잎 모양

손수건나무(콩과) *Maniltoa browneoides*

뉴기니 원산으로 25m 정도 높이로 자란다. 잎은 깃꼴겹잎이며 앞면은 진한 녹색이고 광택이 있다. 새순이 자라면서 벌어질 때의 모습은 큼직한 흰색 손수건을 매달고 있는 모양이라서 '손수건나무'라는 이름을 얻었다. 흰색 꽃은 촘촘히 모여 한꺼번에 피었다 진다. 타원형 열매는 길이가 3㎝ 정도로 꼬투리 열매처럼 보이지 않으며 황갈색으로 익는다. 새순이 돋는 모습이 보기 좋아 열대 지방에서 관상수로 심는다.

꽃가지

꽃 모양 열매 모양 열매 속의 씨앗

고추냉이나무(모링가과) *Moringa oleifera*

인도 원산으로 5~15m 높이로 자란다. 나무껍질은 밋밋하며 가지는 다소 밑으로 처진다. 잎은 어긋나고 2~4회깃꼴겹잎이며 30~60㎝ 길이이다. 작은잎은 달걀형~타원형이며 1~2㎝ 길이이다. 잎겨드랑이에서 나오는 꽃송이는 10~25㎝ 길이이다. 촘촘히 달리는 나비 모양의 연노란색 꽃은 2.5㎝ 정도 크기이며 향기가 좋다. 기다란 끈 모양의 꼬투리는 길이가 30~120㎝이며 갈색으로 익는다. 꼬투리가 세로로 쪼개지면서 나오는 동그스름한 씨앗은 지름이 1㎝ 정도이다. 식물체의 대부분을 식용으로 하는

열매가지

시골집 마당에 심은 나무

어린잎가지

나무로 열대 지방에서는 집집마다 마당가에 1그루씩 심는 나무이다. 원산지인 인도에서는 잎을 삶아서 카레 요리에 넣어 먹으며 다른 나라에서도 잎을 채소로 이용한다. 연녹색을 띠는 어린 꼬투리는 삶아 먹는다. 뿌리는 고추냉이처럼 매운맛이 나기 때문에 껍질을 벗겨 낸 후에 향신료로 이용하며 약재로도 쓴다. 36~40%나 되는 많은 기름을 함유한 씨앗으로는 기름을 짜서 식용한다. 이 기름에는 불포화 지방산이 풍부해서 피부를 보호해 주므로 화장품 원료로 각광받고 있으며 머릿기름으로도 쓴다. 근래에 이 기름이 바이오 디젤 연료로도 관심을 받고 있다. 말레이시아에서는 씨앗을 땅콩처럼 먹고 수단에서는 씨앗을 갈아서 물을 정수하는 데 쓴다고 한다. 씨앗은 기관지 천식을 치료하는 약재로도 쓴다.

나무 모양

나무껍질

열매가지 나무 모양

익은 열매 열매 속의 씨앗 잎 모양

폰감나무(콩과) *Millettia pinnata / Pongamia pinnata*

열대 아시아 원산으로 15~25m 높이로 자란다. 깃꼴겹잎은 어긋나고 작은잎은 5~7장이다. 작은잎은 달걀형이고 끝이 뾰족하며 부드럽고 잎맥이 뚜렷하며 광택이 있다. 가지에 달리는 기다란 꽃송이에 나비 모양의 연자주색이나 흰색 꽃이 모여 핀다. 납작한 타원형 꼬투리는 3~6㎝ 길이이고 갈색으로 익는다. 꼬투리 속에 든 씨앗으로 짠 기름은 바이오디젤 연료로 각광받고 있고 비누를 만들기도 한다. 열대 지방에서 관상수로 심는다.

꽃가지 열매가지

붉은색 열매 노란색 열매 잎 모양

람부딴(무환자나무과) *Nephelium lappaceum*

말레이시아 원산으로 10~15m 높이로 자란다. 깃꼴겹잎은 어긋나고 10~30㎝ 길이이며 타원형의 작은잎은 3~11장이다. 가지 끝의 커다란 꽃송이에 자잘한 황록색 꽃이 모여 핀다. 타원형 열매는 3~6㎝ 크기이며 짧은 가시 모양의 털로 덮여 있다. 열매는 붉은색이나 노란색으로 익으며 겉껍질을 벗겨 내면 반투명한 열매살이 나오는데 과즙이 많고 달콤하다. 열매살 속에는 1개의 씨앗이 들어 있다. 대표적인 열대 과일의 하나로 널리 재배한다.

열매가지

익은 열매

열매 단면

람부딴아케(무환자나무과)

Nephelium ramboutan-ake

말레이시아 원산으로 9~14m 높이로 자란다. 깃꼴겹잎은 어긋나고 작은잎은 긴 타원형이다. 가지에 작은 녹색 꽃이 피고 달걀형 열매가 열린다. 열매는 단단한 육질의 돌기가 싸고 있고 붉은색이나 노란색으로 익는다. 열매살은 달콤한 과즙이 풍부하며 과일로 먹는다.

잎가지

줄기의 새순

나무껍질

나링기 크레누라타(운향과)

Naringi crenulata

열대 아시아 원산으로 8~10m 높이로 자란다. 나무껍질은 불규칙하게 갈라지고 가지에 가시가 있다. 깃꼴겹잎은 어긋나고 15㎝ 정도 길이이며 작은잎은 5~7장이고 잎자루에 넓은 날개가 있다. 잎겨드랑이에 향기로운 흰색 꽃이 피고, 동그란 열매는 검은색으로 익는다.

꽃가지

나무 모양

꽃 모양

열매가지

나무껍질

알바지아(콩과) *Paraserianthes falcataria*

인도네시아와 솔로몬 제도 원산으로 30~40m 높이로 자란다. 매우 빨리 자라는 나무로 1년에 7m 정도까지 자라기도 하며 조림을 하면 다른 나무보다 빨리 높게 자라면서 공간을 차지해 버린다. 2회깃꼴겹잎은 어긋나고 23~30㎝ 길이이며 자귀나무 잎과 비슷하다. 가지 끝의 커다란 꽃송이에 술 모양의 흰색 꽃이 촘촘히 달린다. 납작한 꼬투리는 10~13㎝ 길이이며 갈색으로 익는다. 열대 지방에서 관상수로 기르며 목재는 펄프용재로 이용한다.

꽃가지

열매가지

꽃 모양

묵은 열매와 잎

나무 모양

황금플람보얀(콩과) *Peltophorum pterocarpum*

열대 아시아 원산으로 15~25m 높이로 자란다. 잎은 2회깃꼴겹잎이며 작은잎은 끝이 둥글다. 가지 끝의 커다란 꽃송이에 달리는 노란색 꽃은 지름이 2.5~4㎝이며 꽃잎에는 주름이 진다. 길고 납작한 꼬투리는 5~10㎝ 길이이며 어릴 때는 붉은색이라서 눈에 잘 띈다. 꼬투리에는 1~4개의 씨앗이 들어 있으며 갈색으로 익는다. 가지가 넓게 퍼지는 나무의 모양이 보기 좋아서 관상수나 가로수로 많이 심고 줄기는 쓸모가 많은 목재이다.

잎가지

나무 모양

나무껍질

슝까이나무(꿀풀과)

Peronema canescens

말레이시아와 인도네시아 원산으로 20~40m 높이로 자란다. 큼직한 깃꼴겹잎은 마주나고 잎자루에 날개가 있으며 잎맥이 뚜렷하고 뒷면은 흰빛이 돈다. 커다란 꽃송이에 자잘한 백자색 꽃이 모여 피고, 열매는 황록색으로 익는다. 목재는 건축재나 가구재로 쓰고 있다.

열매가지

떨어진 열매

나무 모양

멜라카나무(대극과)

Phyllanthus pectinatus

인도 원산의 작은키나무이다. 잎은 어긋나고 피침형이며 4~7㎜ 길이이고 잔가지에 좌우로 달린 모양이 깃꼴겹잎처럼 보인다. 잔가지는 밑으로 처진다. 잔가지에 자잘한 황록색 꽃이 촘촘히 달린다. 동그란 열매는 지름이 1.5~1.7㎝ 크기이고 황록색으로 익으며 신맛이 강하다.

잎가지와 새순

잎 모양

나무 모양

피지용안(무환자나무과)

Pometia pinnata

열대 아시아 원산으로 20~30m 높이로 자란다. 잎은 깃꼴겹잎이며 30~90㎝ 길이이고 새로 돋는 잎은 붉은색으로 아름답다. 가지 끝에 자잘한 백록색 꽃송이가 달린다. 동그란 열매의 속살은 달콤한 맛이 나며 과일로 먹는다. 무겁고 광택이 있는 목재는 가구재 등으로 이용한다.

잎가지

열매 모양

필리핀자단(콩과)

Pterocarpus indicus

동남아시아 원산으로 30~40m 높이로 자라며 버팀뿌리가 발달한다. 깃꼴겹잎은 어긋나며 작은 잎은 5~11장이다. 노란색 꽃이 모여 피고 동글납작한 날개 열매가 열린다. 단단한 나무는 가구재 등으로 사용하며, 원주민들은 잎을 우려내어 샴푸로 쓴다. 필리핀의 국목(國木)이다.

꽃이 핀 줄기

잎 모양

나무 모양

깔때기자스민나무(능소화과)

Radermachera ignea

동남아시아 원산으로 20m 정도 높이로 자란다. 잎은 마주나고 2~3회깃꼴겹잎이며 작은잎은 광택이 있다. 가지에 좁고 긴 깔때기 모양의 주황색 꽃이 모여 피는데 자스민처럼 달콤한 향기가 난다. 가늘고 긴 끈 모양의 열매는 45㎝ 정도 길이이며 씨앗은 날개가 있다.

줄기에 달린 잎

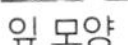
잎 모양

나무 모양

브라질고사리나무(콩과)

Schizolobium parahyba

열대 아메리카 원산으로 40m 정도 높이로 자란다. 매우 빨리 자라는 나무로 1년에 5m 정도 자란다. 잎은 2회깃꼴겹잎이며 줄기 윗부분에 빙 둘러 가며 달린 모양이 고사리나무와 비슷하다고 해서 '브라질고사리나무'라고 하고, 곧게 자라는 나무를 보고 '타워트리(Tower Tree)'라고도 한다.

꽃가지

나무 모양

꽃 모양

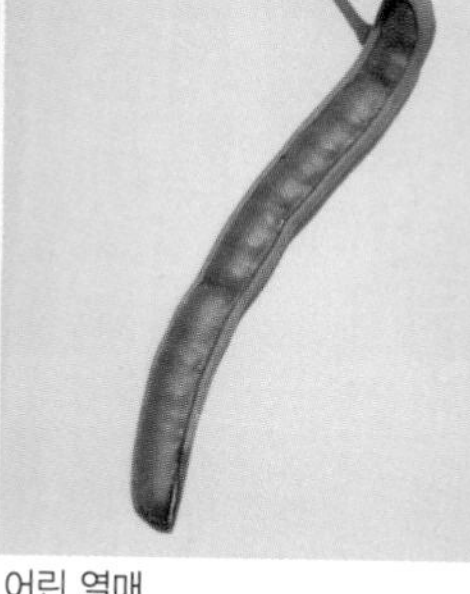

어린 열매

***노랑레인트리**

레인트리/멍키포드(콩과) *Samanea saman*

열대 아메리카 원산으로 25m 정도 높이로 자란다. 잎은 2회깃꼴겹잎이다. 가지 끝에 술 모양의 붉은색 꽃이 핀 모습은 자귀나무와 비슷하다. 기다란 꼬투리 속의 열매살은 달콤한 맛이 나기 때문에 원숭이의 먹이가 되어서 '멍키포드(Monkey Pod)'라는 이름을 얻었다. 꼬투리로 음료를 만들어 먹고 사료로 쓰거나 알코올을 뽑기도 한다. 열대 지방에서 가로수나 관상수로 많이 심으며 잎이 노란빛을 띠는 ***노랑레인트리**(*S. s.* 'Yellow')도 있다.

열매가지

나무 모양

어린 나무껍질

페루후추나무(옻나무과)
Schinus molle

열대 아메리카 원산으로 3~15m 높이로 자라며 가는 가지는 비스듬히 처진다. 잎은 어긋나고 깃꼴겹잎이며 8~25㎝ 길이이고 작은잎이 19~41장이다. 밑으로 늘어지는 꽃송이는 30㎝ 정도 길이이며 자잘한 연노란색 꽃이 모여 핀다. 길게 늘어지는 열매송이에 달리는 동그란 열매는 5~7㎜ 크기이며 붉은색으로 변했다가 흑자색으로 익는다. 원산지에서는 열매를 말린 후 갈아서 후추 대신 사용한다. 또 식초나 음료, 술을 만드는 데 향신료로 넣는다. 씨앗으로 짠 기름은 향수 원료 등으로 쓴다.

나무껍질의 움돋이

꽃가지

줄기에 핀 꽃

줄기의 열매

새로 돋는 잎

나무 모양

노랑사라카(콩과) *Saraca cauliflora*

열대 아시아 원산으로 5~9m 높이로 자란다. 잎은 커다란 깃꼴겹잎이다. 새로 돋는 잎이 늘어진 모양은 손수건을 매달아 놓은 것처럼 보인다. 줄기나 가지에 달리는 커다란 꽃송이에 자잘한 노란색 꽃이 모여 피는데 밤에는 향기가 더욱 진해지며 시간이 지나면 꽃잎은 점차 붉은빛이 돈다. 길고 납작한 꼬투리는 약간 휘어지며 붉은빛이 돈다. 큼직한 노란색 꽃송이와 분홍빛 새순이 늘어진 나무 모양이 아름다워 관상수로 심고 있다.

꽃가지

잎 모양

꽃이 핀 나무

붉은사라카(콩과)

Saraca declinata

태국, 말레이시아, 인도네시아 원산으로 10~15m 높이로 자란다. 잎은 깃꼴겹잎이며 새로 돋는 잎은 손수건을 매달아 놓은 것처럼 보인다. 가지 끝의 커다란 꽃송이에 붉은색과 주황색이 섞인 꽃이 모여 피고 납작한 꼬투리 열매가 열린다. 열대 지방에서 관상수로 심는다.

꽃가지

새로 돋는 잎

꽃송이

무우수/아쇼카나무(콩과)

Saraca indica

인도 남부와 스리랑카 원산으로 10m 정도 높이로 자란다. 잎은 깃꼴겹잎이며 새로 돋는 잎은 손수건을 매달아 놓은 모양이다. 가지 끝의 커다란 꽃송이에 피는 노란색 꽃은 붉은색으로 변하고 납작한 꼬투리 열매가 열린다. 석가모니가 이 나무 아래에서 태어났다고 전해진다.

꽃가지

열매가지

새로 돋는 잎

쿠숨나무(무환자나무과)

Schleichera oleosa

열대 아시아 원산으로 40m 정도 높이로 자란다. 잎은 깃꼴겹잎이며 작은잎은 보통 3쌍이고 어린 잎은 붉은색으로 아름답다. 가지나 잎겨드랑이에 달리는 꽃송이에 자잘한 황록색 꽃이 피고 넓은 타원형 열매가 열린다. 열매가 황갈색으로 익으면 날것으로 먹기도 한다.

잎가지

떨어진 열매

나무 모양

카시아데샴(콩과)

Senna siamea

동남아시아 원산으로 20m 정도 높이로 자란다. 잎은 깃꼴겹잎이며 작은잎은 7~10쌍이다. 가지 끝의 커다란 꽃송이에 나비 모양의 노란색 꽃이 모여 핀다. 길고 납작한 꼬투리 열매는 15~25㎝ 길이이며 갈색으로 익는다. 목재는 무겁고 단단하며 가구재 등으로 쓴다.

꽃가지

*흰벌새나무 꽃가지

꽃봉오리

움돋이

나무 모양

벌새나무(콩과) *Sesbania grandiflora*

열대 아시아 원산으로 8~10m 높이로 자란다. 잎은 깃꼴겹잎으로 30㎝ 정도 길이이며 작은잎은 3~4㎝ 길이이고 12~20쌍이 달린다. 가지 끝의 잎겨드랑이에 나비 모양의 붉은색~분홍색 꽃이 2~4개 핀다. 흰색 꽃이 피는 것을 ***흰벌새나무**(*S. g.* 'Alba')라고 한다. 가늘고 긴 꼬투리는 30~50㎝ 길이이다. 부드러운 잎과 어린 꼬투리, 꽃을 채소로 이용하거나 카레에 넣고 샐러드를 만들어 먹는다. 꽃은 튀김옷을 묻혀 버터에 튀겨 먹는다.

꽃가지

나무 모양

꽃 모양

꽃봉오리가지

열매가지

아프리카튤립나무/화염목(능소화과) *Spathodea campanulata*

아프리카 원산으로 20~25m 높이로 자란다. 깃꼴겹잎은 마주나고 30~50㎝ 길이이며 작은잎은 달걀형이고 7~11장이다. 가지 끝의 꽃송이에 큼직한 붉은색 꽃이 촘촘히 모여 핀다. 꽃부리는 10㎝ 정도 길이이며 한쪽으로 치우친 종 모양이다. 길고 납작한 열매는 20~60㎝ 길이이며 진한 갈색으로 익는다. 열대 지방에서 가로수나 관상수로 심는데 매우 빨리 자란다. 나무는 번식력이 강해 저절로 퍼져 나가 자라므로 흔히 볼 수 있다.

잎가지

새로 돋는 잎

턱잎

수파나무(콩과)

Sindora wallichii

동남아시아 원산으로 20~30m 높이로 자란다. 깃꼴겹잎은 어긋나고 타원형의 작은잎은 3쌍이 달리며 턱잎은 15㎜ 정도 크기이다. 가지 끝이나 잎겨드랑이에서 자라는 꽃송이에 자잘한 황갈색 꽃이 핀다. 타원형 열매는 5㎝ 정도 길이이고 가시가 있다. 목재는 건축재나 가구재로 이용한다.

열매가지

떨어진 꽃

나무 모양

뱀나무(능소화과)

Stereospermum fimbriatum

인도차이나와 말레이시아 원산으로 15~25m 높이로 자란다. 잎은 깃꼴겹잎이며 마주난다. 깔때기 모양의 꽃은 4~5.5㎝ 길이이고 꽃잎 가장자리가 술처럼 잘게 갈라지며 밤에 피었다가 아침에 진다. 기다란 열매는 60㎝ 정도 길이이며 뱀처럼 구불거려서 '스네이크트리(Snake Tree)'라고 한다.

열매가지

타마린드(콩과) *Tamarindu indica*

북아프리카 원산으로 15~25m 높이로 자란다. 잎은 어긋나고 깃꼴겹잎이며 25㎝ 정도 길이이다. 작은잎은 2.5㎝ 정도 길이이고 10~18쌍이며 밤에는 마주보는 작은잎끼리 포개지는 수면 운동을 한다. 가지 끝의 꽃송이에 촘촘히 모여 피는 나비 모양의 노란색 꽃은 2.5㎝ 정도 크기이며 꽃잎에는 자갈색 무늬가 있고 몇 개만이 열매가 된다. 꼬투리 열매는 10~20㎝ 길이이며 염주처럼 마디가 있고 적갈색으로 익는다. 열매살을 과일로 먹는데 새콤달콤한 맛이 나며 곶감과 느낌이 비슷하다. 열매는 요

꽃가지

염주 모양의 열매

꽃송이

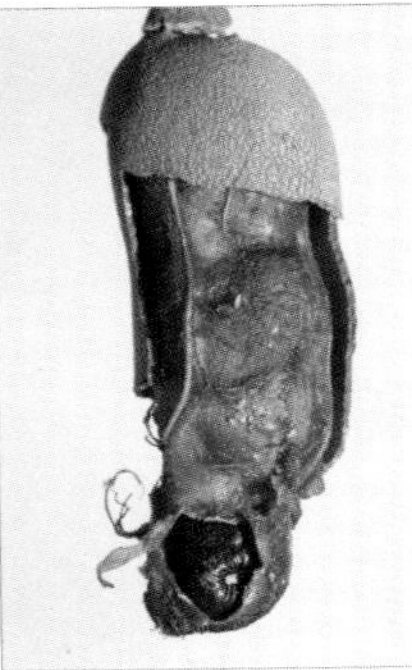
열매살

나무 모양

리에 신맛이 필요할 때 소스로 쓰며 카레에도 들어가고 음료를 만들어 마시기도 한다. 어린잎과 꼬투리는 채소로 이용된다. 오래 전에 북아프리카에서 중동, 인도 등으로 퍼져 널리 재배되었으며 지금은 인도, 푸에르토리코, 태국 등에서 상업적으로 많이 재배된다. '타마린드(Tamarind)'는 아랍어 '타마르(Tamar: 대추야자)'와 '힌디(Hindi: 인도)'에서 유래된 말로 '인도 대추야자'란 뜻이며 열매가 대추야자처럼 달콤한 맛이 나서 붙여진 이름이다.

열매가지
나무 모양
잎 모양
잎 뒷면
나무껍질

마호가니(멀구슬나무과) *Swietenia mahogani*

열대 아메리카 원산으로 30~35m 높이로 자란다. 회갈색 나무껍질은 세로로 불규칙하게 갈라져 벗겨진다. 깃꼴겹잎은 어긋나고 작은잎은 3~5쌍이며 찌그러진 달걀형이고 뒷면은 연녹색이다. 가지의 꽃송이에 자잘한 흰색 꽃이 모여 핀다. 달걀형의 열매는 10㎝ 정도 길이이며 단단하고 회갈색으로 익는다. 적갈색이 나는 목재는 단단하고 윤기가 있으며 고급 가구재나 장식재로 이용하는데 더디 자라기 때문에 귀하게 여긴다.

잎가지

꽃가지

새로 돋는 잎

나무 모양

꽃 모양

열매가지

티크아재비(콩과)

Butea monosperma

인도, 미얀마, 스리랑카 원산으로 12~15m 높이로 자란다. 세겹잎은 칡 잎과 생김새가 비슷하며 앞면은 광택이 있고 뒷면은 회녹색이다. 붉은색 꽃이 꽃송이에 촘촘히 달린 모양은 매우 화려하다. 꽃이 핀 나무 모양이 아름다워 열대 지방에서 관상수로 심는다.

난초나무(콩과)

Clitoria fairchildiana

브라질 원산으로 10~15m 높이로 자란다. 잎은 세겹잎이며 작은잎은 긴 타원형이다. 밑으로 늘어지는 꽃송이에 나비 모양의 보라색이나 흰색, 분홍색 꽃이 촘촘히 핀다. 기다란 꼬투리 열매는 납작하며 갈색으로 익는다. 꽃이 핀 나무 모양이 아름다워 관상수로 심는다.

아프리카 짐바브웨의 바오밥나무

잎가지 건기의 나무 모양 익은 열매

바오밥나무(아욱과) *Adansonia digitata*

아프리카와 호주 원산으로 20m 정도 높이로 자라며 5,000년까지 사는 나무도 있다. 나무줄기가 크게 발달하며 건조한 곳에서는 줄기 속에 물을 저장해 술통처럼 부풀어 올라 '병나무(Bottle Tree)'란 이름으로도 불린다. 건기에 목이 마른 코끼리들이 상아로 줄기에 상처를 내고 물을 빨아 마시기 때문에 말라 죽는 나무도 있다. 손꼴겹잎은 5~7장의 작은잎이 모여 달리며 건기에는 잎이 떨어진다. 가지 끝에 달리는 흰색 꽃은 지름이 10~20㎝로 크고 밤에 피며 박쥐가 꽃가루받이를 도와준다. 긴 타원형 열

열매가지

1,500년생 줄기

부풀은 줄기

코끼리가 상처를 낸 줄기

매는 20~50㎝ 길이이며 매달린 모양이 쥐가 매달린 모양과 비슷하다고 해서 '죽은쥐나무'라고 부르기도 한다. 또 열매를 원숭이가 잘 먹는다고 해서 '멍키브레드트리(Monkey Bread Tree)'라고도 한다. 약간 달면서도 상쾌한 신맛이 나는 열매살을 날로 먹거나 말려서 가루를 내어 먹는다. 씨앗은 볶아 먹거나 가루를 내서 죽으로 끓여 먹고 잎은 채소로 먹는다. 씨앗으로 짠 '바오밥오일'은 비누를 만드는 원료로 쓴다. 나무껍질에서 얻는 섬유로는 밧줄이나 옷감을 짜기도 한다. 아프리카에서는 신성한 나무로 여기기 때문에 오래된 큰 나무가 많으며 속이 빈 줄기는 창고 등으로 이용한다. 생텍쥐페리가 지은 《어린 왕자》에 나와 더욱 유명해진 나무이다.

줄기의 버팀뿌리

잎가지 나무 모양 어린 나무껍질

케이폭나무(아욱과) *Ceiba pentandra*

열대 아메리카 원산으로 17~30m 높이로 자란다. 줄기 밑부분에 버팀뿌리가 발달하기 때문에 원산지에서는 허리케인의 강풍에도 나무가 넘어지지 않는다고 한다. 버팀뿌리는 속이 비어 있어 두들기면 북소리가 난다. 잎은 손꼴겹잎이고 작은잎은 피침형이며 6~15㎝ 길이이고 끝이 뾰족하며 5~8장이 모여 달리고 뒷면은 연녹색이며 가운데 잎맥이 뚜렷하다. 잎겨드랑이에 모여 피는 노란색 꽃은 3㎝ 정도 크기이며 꽃받침은 녹색이다. 열매는 긴 타원형이며 15㎝ 정도 길이로 주렁주렁 매달리며 열매 속

꽃가지

열매가지

어린 열매가지

땅에 떨어진 열매

열매와 씨앗

은 5개의 방으로 나뉘어져 있고 갈색으로 익는다. 잘 익은 열매는 5갈래로 갈라지며 솜털에 싸인 씨앗이 100~150개 정도가 들어 있다. 솜털은 '케이폭'이라고 하는데 가벼우면서도 탄력성이 있어 이불이나 쿠션 등에 넣는 충전재로 사용한다. 또 비중이 낮아 물에 잘 뜨기 때문에 구명대나 구명 방석을 만들고 전기 절연제나 방음 장치 등에도 이용한다. 씨앗으로 짠 기름은 '케이폭유'라고 하며 식용 기름으로 사용하고 비누를 만드는 데도 쓴다.

배불뚝이 줄기

미인수(아욱과) *Ceiba speciosa / Chorisia speciosa*

남아메리카 원산으로 12~25m 높이로 자란다. 어린 줄기는 녹색이며 큰 가시가 많고 건기를 대비해 물을 저장해서 배불뚝이처럼 부푼다. 녹색 줄기는 건기에 낙엽이 졌을 때도 광합성을 할 수 있으며 노목이 되면 회색으로 변한다. 잎은 손꼴겹잎이고 잎자루가 길며 작은잎은 10~12㎝ 길이이고 긴 타원형이며 끝이 뾰족하고 광택이 있으며 5~7장이 빙 둘러난다. 붉은색 꽃은 10~15㎝ 크기이며 5장의 꽃잎 중심부는 흰빛이 돌고 꽃받침은 녹색이다. 가지 가득 붉은색 꽃이 핀 모습이 아름다워 관상수로 심는

꽃가지

꽃받침

꽃이 핀 나무

다. 가지에 매달리는 타원형 열매는 20㎝ 정도 길이이다. 열매 속의 씨앗을 싸고 있는 흰색 솜털은 물에 잘 젖지 않아 케이폭나무처럼 구명대를 만드는 데 쓰고 카페트를 짜거나 질긴 밧줄을 만든다. 씨앗으로는 기름을 짜서 식용이나 공업용으로 쓴다. 부드럽고 가벼운 목재는 카누를 만들거나 펄프 용재 등으로 쓰고 있다.

줄기 윗부분의 가시

꽃가지

열매가 달린 나무

잎가지

나무 모양

나무껍질

알로에염주나무(콩과) *Erythrina livingstoniana*

열대 아프리카 원산으로 5~25m 높이로 자란다. 줄기와 가지에는 날카로운 가시가 많다. 잎은 세겹잎이며 작은잎은 3갈래로 갈라진다. 알로에처럼 붉은색 꽃이 촘촘히 달린 꽃송이는 밑에서부터 차례대로 피어 올라간다. 꽃가지는 굵고 비스듬히 퍼져 새들이 앉아서 꿀을 빨아 먹기에 좋게 되어 있다. 염주처럼 올록볼록한 열매는 11~39㎝ 길이이며 단단하고 황갈색으로 익는다. 콩팥 모양의 씨앗은 1.2~1.5㎝ 길이이며 붉은색이다.

꽃가지

꽃 모양 잎 모양 나무 모양

푸스카황금목(콩과) *Erythrina fusca*

열대 아시아 원산으로 10~15m 높이로 자란다. 잎은 어긋나고 세겹잎이다. 작은잎은 달걀형이고 8~14㎝ 길이이며 광택이 있고 뒷면은 연녹색이다. 가지 끝의 기다란 꽃송이에 나비 모양의 붉은색 꽃이 모여 핀다. 기다란 꼬투리 열매는 15~20㎝ 길이이며 편평하고 부드러운 갈색 털로 덮여 있다. 붉은색 꽃이 핀 모습이 아름다워 열대 지방에서 관상수로 심는다. 어린잎은 채소로 이용한다. 원주민들은 나무껍질을 치통이나 말라리아 등에 약재로 쓴다.

꽃가지

나무 모양

황금목(콩과)

Erythrina crista-galli

남아메리카 원산으로 8m 정도 높이까지 자란다. 줄기에 드물게 가시가 있다. 잎은 어긋나고 세겹잎이며 작은잎은 달걀형이고 끝이 뾰족하다. 기다란 꽃송이에 나비 모양의 붉은색 꽃이 핀다. 아르헨티나와 우루과이의 나라꽃이다. 우리나라의 제주도에서도 관상수로 심는다.

나무 모양

잎 모양

떨어진 열매

발가락나무(콩과)

Hymenaea courbaril

열대 아메리카 원산으로 20~30m 높이로 자란다. 겹잎은 작은잎이 2장이고 가지 끝에 흰색 꽃이 모여 핀다. 발가락 모양을 닮은 열매는 고약한 냄새가 난다. 과육이 달콤한 열매는 과일로 먹거나 음료를 만들어 마신다. 단단한 목재는 '자토바'라고 하며 중요한 목재이다.

꽃가지

열매가지

떨어진 꽃

잎 뒷면

열매 단면

파키라/물밤나무(아욱과) *Pachira aquatica*

열대 아메리카 원산으로 18m 정도 높이로 자란다. 어릴 때 푸른빛이 도는 줄기는 벽오동과 비슷하다. 가지 끝에 손꼴겹잎이 모여 달린다. 가지 끝에 피는 노란색 꽃은 수많은 수술의 윗부분이 붉은색이다. 타원형 열매 속의 씨앗은 땅콩이나 밤처럼 고소하며 구워 먹거나 튀겨 먹는다. 어린잎과 꽃은 채소로 이용한다. 우리나라에서 관엽식물로 많이 기르는데 줄기를 자르면 나오는 여러 개의 새 줄기를 엮어서 보기 좋게 만들기도 한다.

열매가지

잎 모양

나무 모양

기아나물밤나무(아욱과)

Pachira insignis

중앙아메리카 원산으로 10~20m 높이로 자란다. 잎은 손꼴겹잎이고 작은잎은 5~7장이다. 가지 끝이나 잎겨드랑이에 흰색이나 분홍색 꽃이 피는데 수많은 수술의 윗부분이 붉은색으로 매우 화려하다. 흑갈색으로 익는 열매 속의 씨앗은 고소하며 구워 먹거나 튀겨 먹는다.

잎과 새순

나무 모양

나무껍질

면도솔나무(아욱과)

Pseudobombax ellipticum

중앙아메리카 원산으로 9~18m 높이로 자란다. 잎은 손꼴겹잎이며 5장의 작은잎은 타원형이고 잎맥이 뚜렷하다. 새로 돋는 잎은 붉은색으로 아름답다. 흰색~분홍색 꽃이 피는데 기다란 수술이 잔뜩 모여 있는 모습이 면도할 때 비누 거품을 묻히는 솔을 닮았으며 향기가 좋다.

열매가지

잎 모양

어린 나무

산톨(멀구슬나무과)

Sandoricum koetjape

동남아시아 원산으로 50m 정도 높이까지 자란다. 세겹잎은 어긋나고, 꽃가지에 자잘한 연노란색 꽃이 모여 핀다. 동그란 열매는 4~7.5㎝ 크기이며 과일로 먹는다. 씨앗에 단단히 붙어 있는 하얀 속살은 아이스크림처럼 부드럽고 새콤달콤한 맛이 나지만 씨앗에는 독이 있다.

꽃가지

어린 열매

잎 앞면과 뒷면

말레이티크(마편초과)

Vitex pinnata

동남아시아 원산으로 15m 정도 높이로 자란다. 손꼴겹잎은 마주나고 끝의 작은잎이 가장 크며 광택이 있고 뒷면은 연녹색이다. 가지 끝의 꽃송이에는 자잘한 흰색~연보라색 꽃이 모여 핀다. 동그란 열매는 지름이 6㎜ 정도이다. 단단한 목재는 건축재로 이용한다.

파라고무나무 농장

어린 열매가지

익은 열매가지

파라고무나무(대극과) *Hevea brasiliensis*

남아메리카 아마존 원산으로 20~47m 높이로 자란다. 나무껍질은 매끄럽고 회갈색이다. 줄기나 가지를 자르면 우유 같은 흰색 유액이 나온다. 잎은 세겹잎으로 잎자루가 길며 작은잎은 좁은 타원형이고 끝이 뾰족하다. 암수한그루로 가지 끝의 꽃송이에 자잘한 황백색 꽃이 피는데 향기가 있으며 암꽃은 꽃이삭 윗부분에, 수꽃은 아랫부분에 달린다. 열매는 세로로 3개의 골이 지며 3개의 씨앗이 들어 있는데 열매가 익으면 마른 껍질이 점점 팽창하면서 터지는 힘으로 씨앗을 날려 보낸다. 씨앗은 적갈색

유액 채취

꽃가지

열매 모양

씨앗

나무 모양

바탕에 회색 무늬가 있으며 기름을 짜고 남은 찌꺼기는 가축 사료로 쓴다. 나무껍질에 비스듬히 상처를 낸 다음 흘러나오는 흰색 유액을 채취해서 탄성 고무의 원료로 쓴다. 아마존 강 유역이 원산지이지만 19세기에 영국이 씨앗을 채취하여 동남아시아에서 재배하였기 때문에 지금도 이곳에서 생고무가 가장 많이 생산된다. 목재는 나뭇결이 고르며 가구를 만드는 데 쓰고 가지는 숯을 만든다. 파라고무나무의 '파라'는 원산지인 브라질의 주(州) 이름이다.

꽃줄기

나무 모양

잎 모양 줄기의 공기뿌리 분재

쉐프레라 악티노필라(두릅나무과) *Schefflera actinophylla*

오세아니아와 인도네시아 원산으로 10~30m 높이로 자란다. 가지 끝에서 잎이 돌려난 모습이 우산과 비슷해서 영어 이름은 '우산나무(Umbrella Tree)'이다. 손꼴겹잎은 60㎝ 정도 길이이고 작은잎이 7~16장이며 광택이 있다. 가지 끝에서 비스듬히 돌려나는 기다란 꽃이삭은 2m에 달하며 자잘한 붉은색 꽃이 피는데 꽃 피는 기간이 길다. 동그란 열매는 지름이 7㎜이며 흑자색으로 익는다. 열대 지방에서 관상수로 심으며 분재로도 많이 기른다.

꽃가지

열매가지

꽃 모양

잎 뒷면

나무 모양

털타베비아(능소화과) *Tabebuia chrysantha*

열대 아메리카 원산으로 10~24m 높이로 자란다. 손꼴겹잎은 5장의 작은잎이 모여 달리며 잎자루와 잎몸에 털이 많다. 작은잎은 거꿀달걀형이며 뒷면은 연녹색이고 잎맥이 뚜렷하다. 트럼펫 모양의 노란색 꽃은 5㎝ 정도 길이이며 꽃받침은 갈색 털로 덮여 있다. 가느다란 열매는 25㎝ 정도 길이이며 구부러지고 갈색 털로 덮여 있다. 꽃이 아름다워 관상수로 심는데 소금기에 강해서 바닷가에서도 잘 자란다. 베네수엘라의 나라꽃이다.

꽃가지

잎가지

나무 모양

노랑타베비아(능소화과)
Tabebuia aurea

남아메리카 원산으로 8m 정도 높이로 자란다. 손꼴겹잎은 5~7장의 작은잎이 모여 달리며 진한 녹색이다. 트럼펫 모양의 노란색 꽃은 9㎝ 정도 길이로 가지 끝에 모여 핀다. 가느다란 열매는 10㎝ 정도 길이이다. 꽃이 아름다워 열대 지방에서 관상수로 심는다.

꽃가지

열매가지

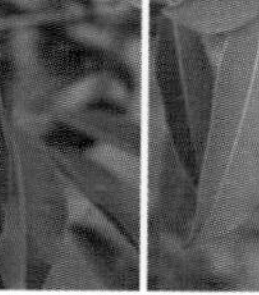
잎가지

분홍타베비아(능소화과)
Tabebuia heterophylla

열대 아메리카 원산으로 18m 정도 높이까지 자란다. 손꼴겹잎은 마주나고 작은잎은 3~5장이며 가죽질이다. 트럼펫 모양의 분홍색 꽃은 6~8㎝ 길이이고 가지 끝에 모여 피는데 매우 아름답다. 가느다란 열매는 8~20㎝ 길이이며 갈색으로 익는다. 열대 지방에서 관상수로 심는다.

꽃가지 *흰장미타베비아

열매가지 꽃이 핀 나무 *흰장미타베비아 나무 모양

장미타베비아(능소화과) *Tabebuia rosea*

열대 아메리카 원산으로 25~30m 높이로 자란다. 손꼴겹잎은 마주나고 5장의 작은잎은 타원형~긴 타원형이며 끝이 뾰족하고 광택이 있다. 가지 끝에 모여 피는 트럼펫 모양의 분홍색 꽃은 8㎝ 정도 길이이며 목구멍 부분은 노란색을 띤다. 흰색 꽃이 피는 ***흰장미타베비아**(*T. roseo-alba*)도 있다. 가느다란 열매 속에는 양쪽에 날개가 달린 씨앗이 들어 있다. 보통은 낙엽이 진 후에 꽃이 피기 때문에 나무 전체가 꽃으로 덮인 모습이 매우 아름답다.

노랑종꽃

키가 작은 넓은잎나무

Type ❽
넓은잎나무 〉 키가 작은 넓은잎나무 〉 홑잎 〉 갈래잎 242

Type ❾
넓은잎나무 〉 키가 작은 넓은잎나무 〉 홑잎 〉 안갈래잎 〉 모여나기 260

Type ❿
넓은잎나무 〉 키가 작은 넓은잎나무 〉 홑잎 〉 안갈래잎 〉 마주나기 〉 톱니잎 290

Type ⓫
넓은잎나무 〉 키가 작은 넓은잎나무 〉 홑잎 〉 안갈래잎 〉 마주나기 〉 밋밋한잎 303

Type ⓬
넓은잎나무 〉 키가 작은 넓은잎나무 〉 홑잎 〉 안갈래잎 〉 어긋나기 〉 톱니잎 358

Type ⓭
넓은잎나무 〉 키가 작은 넓은잎나무 〉 홑잎 〉 안갈래잎 〉 어긋나기 〉 밋밋한잎 371

Type ⓮
넓은잎나무 〉 키가 작은 넓은잎나무 〉 겹잎 〉 깃꼴겹잎 411

Type ⓯
넓은잎나무 〉 키가 작은 넓은잎나무 〉 겹잎 〉 손꼴겹잎/세겹잎 442

꽃가지

열매가지

벌어진 열매

잎 뒷면

나무 모양

악마의솜(벽오동과) *Abroma augusta*

열대 아시아와 호주 원산으로 3~4m 높이로 자란다. 달걀형~넓은 달걀형 잎은 20㎝ 정도 길이이고 보통 3~5갈래로 얕게 갈라지지만 갈라지지 않는 잎도 있다. 잎과 줄기를 덮고 있는 털은 만지면 염증을 일으킨다. 잎겨드랑이에서 나오는 붉은색 꽃은 밑을 향해 핀다. 5개의 날개가 있는 열매는 갈색으로 익으면 5갈래로 벌어지면서 씨앗이 나온다. 줄기껍질로 만든 섬유는 어망 등을 만드는 데 쓴다. 나무껍질과 뿌리는 부인병 치료에 사용된다.

꽃가지

꽃 모양　잎 모양

브라질아부틸론(아욱과)

Abutilon megapotamicum

브라질 원산으로 2m 정도 높이로 자란다. 줄기에서 갈라진 가지는 아래로 처진다. 잎은 어긋나고 달걀형이며 3~7갈래로 갈라지고 심장저이다. 잎겨드랑이에 꽃이 1개씩 매달리는데 자루가 길고 꽃받침은 붉은색이며 꽃잎은 노란색이다. 1년 내내 꽃이 피며 관상수로 기른다.

꽃가지

열매

나무 모양

바우히니아 아쿠미나타(콩과)

Bauhinia acuminata

말레이시아 원산으로 6m 정도 높이로 자란다. 동그스름한 잎은 2갈래로 갈라진 모습이 나비가 날개를 편 모양이다. 가지에 흰색 꽃이 가득 핀 모습은 눈이 내려앉은 것 같아 영어로 '스노위오키드트리(Snowy Orchid Tree)'라고도 한다. 기다란 꼬투리 열매는 납작하다. 관상수로 심는다.

꽃가지

어린 열매

잎 모양

노랑난초나무(콩과)

Bauhinia tomentosa

동남아시아 원산으로 4m 정도 높이로 자란다. 둥그스름한 잎은 2갈래로 갈라진 모습이 나비가 날개를 편 모양이다. 종 모양의 노란색 꽃은 고개를 숙이고 피는데 꽃잎 안쪽에는 검은색 반점이 있다. 기다란 꼬투리 열매는 납작하다. 열대 지방에서 관상수로 심는다.

꽃가지

잎 모양

꽃과 어린 열매

차야나무(대극과)

Cnidoscolus sp.

중앙아메리카 원산으로 2~3m 높이로 자란다. 잎은 어긋나고 손바닥 모양으로 깊게 갈라지며 진한 녹색이고 잎맥이 뚜렷하다. 가지 끝에서 길게 자란 꽃송이 끝에 자잘한 흰색 꽃이 촘촘히 모여 피며 타원형 열매가 열린다. 잎을 채소로 먹으며 관상수로 심는다.

꽃가지

어린 열매가지

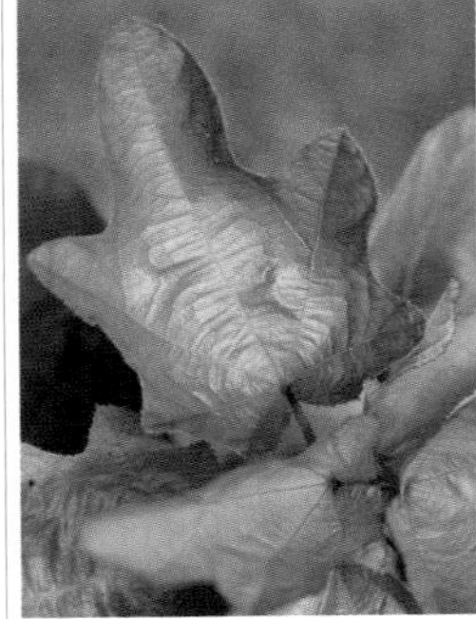
잎 모양

꽃봉오리와 익은 열매

볼로볼로(피나무과) *Clappertonia ficifolia*

열대 아프리카 원산으로 1~3m 높이로 자라며 어린 가지는 붉은빛이 돈다. 타원형~달걀형 잎은 15㎝ 정도 길이이며 3~7갈래로 얕게 갈라지고 광택이 있다. 가지 끝에서 피는 자주색 꽃은 지름이 5㎝ 정도이며 노란색 수술이 많다. 흰색 꽃이 피는 품종도 있다. 타원형 열매는 5㎝ 정도 길이이며 가시 같은 털로 촘촘히 덮여 있는데 어릴 때는 녹색이지만 붉은색으로 변했다가 나중에는 흑갈색으로 익는다. 열대 지방에서 관상수로 심는다.

마당가의 파파야

파파야(파파야과) *Carica papaya*

열대 아메리카 원산으로 6m 정도 높이로 자란다. 곧게 자라는 줄기는 가지가 갈라지지 않으며 잎자국이 남아 있다. 줄기 윗부분에 모여 달리는 잎은 어긋나고 잎자루가 길며 손바닥처럼 7~9갈래로 갈라진다. 암수딴그루로 연노란색 꽃은 밤에 피는데 향기가 난다. 암꽃은 잎겨드랑이에 1~3개가 달리고 수꽃은 이삭 모양으로 모여 달린다. 타원형~달걀형 열매는 18~40㎝ 크기이며 황적색으로 익고 열매살 가운데의 빈 공간에 검은색 씨앗이 다닥다닥 달린다. 파파야는 대표적인 열대 과일의 하나로 열

꽃과 어린 열매

익은 열매

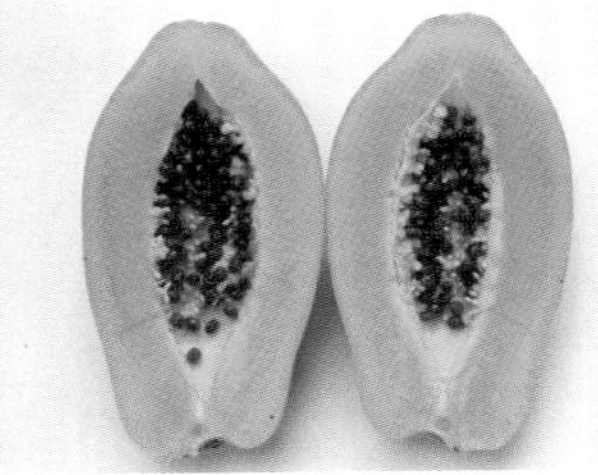

열매 단면

열매가 달린 줄기

잎

나무껍질

대나 아열대 지방에서 널리 재배하며 여러 재배 품종이 있고 제주도에서는 온실에서 기른다. 열매는 날로 먹거나 과일 주스와 잼, 과자 등을 만들며 말려서 먹기도 한다. 씨앗은 독특한 맛이 있어서 향신료로 쓴다. 동남아시아에서는 어린 열매와 잎을 샐러드에 넣거나 채소로 이용한다. 열매에는 단백질을 분해하는 '파파인(Papain)'이라는 효소가 들어 있어 고기를 연하게 만드는 연육제로 쓰고 있으며 육식을 한 뒤에 과일을 먹으면 소화가 잘 된다.

꽃가지 *흰용선화

꽃 모양 오래된 꽃송이

용선화(마편초과) *Clerodendrum paniculatum*

동남아시아 원산으로 1~2m 높이로 자란다. 잎은 마주나고 둥근 잎몸은 7~20㎝ 크기이며 여러 갈래로 갈라지고 심장저이며 광택이 있고 잎맥이 뚜렷하다. 가지 끝의 커다란 꽃송이는 오래되면 불탑과 비슷한 모양으로 높아지기 때문에 영어로는 '파고다플라워(Pagoda Flower)'라고 한다. 작은 꽃은 깔때기 모양이며 주황색 꽃잎 밖으로 꽃술이 길게 벋는다. 흰색 꽃이 피는 ***흰용선화**(*C. p.* 'Alba')도 있다. 열대 지방에서 관상수로 심는다.

꽃가지

열매가지

열매송이

나무 모양

팔손이(두릅나무과) *Fatsia japonica*

한국, 일본, 중국 원산으로 2~3m 높이로 자란다. 모여 나는 줄기는 곧게 서고 가지가 갈라지지 않는다. 어릴 때는 잎 뒷면과 꽃송이에 진한 황적색 털이 있지만 점차 없어진다. 잎은 어긋나고 둥글며 잎몸은 손바닥처럼 7~9갈래로 갈라지고 광택이 있으며 가장자리에 톱니가 있다. 가지 끝에 자잘한 흰색 꽃이 공처럼 둥글게 모여 피고 꽃송이 모양대로 열리는 열매송이는 검게 익는다. 큼직한 잎의 모양이 보기 좋아 관상수로 널리 심는다.

꽃가지

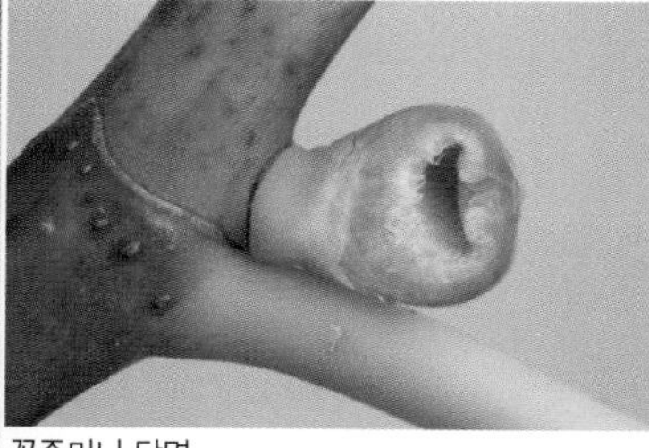
꽃주머니 단면

말린 열매

열매가지

열매 단면

나무 모양

무화과(뽕나무과) *Ficus carica*

서아시아와 지중해 연안 원산으로 3~6m 높이로 자란다. 잎은 어긋나고 넓은 달걀형이며 잎몸이 3~5갈래로 깊게 갈라지는데 갈래조각은 끝이 둔하다. 암수딴그루로 잎겨드랑이에 달리는 열매 같은 꽃주머니 속에서 꽃이 피는데 꽃이 겉으로 보이지 않아 '무화과(無花果)'라는 이름을 얻었다. 거꿀달걀형 열매는 5㎝ 정도 길이이며 흑자색으로 익고 날로 먹거나 통조림으로 만든다. 여러 재배 품종이 있으며 전 세계적으로 널리 재배한다.

분홍색 겹꽃

흰색 겹꽃

꽃봉오리

잎 뒷면

나무껍질

부용(아욱과) *Hibiscus mutabilis*

중국 원산으로 1~3m 높이로 자란다. 제주도에서 열대 지방까지 심어 기른다. 잎은 어긋나고 둥근 잎몸은 3~7갈래로 갈라지지만 갈라지지 않는 잎도 있으며 둔한 톱니가 있다. 윗부분의 잎겨드랑이에 큼직한 분홍색 꽃이 피는데 지름이 10~13㎝이고 꽃받침은 5갈래로 갈라지며 녹색이다. 관상수로 심는데 겹꽃이 피는 품종도 있으며 흰색이나 붉은색 꽃이 피는 품종도 있다. 둥근 열매는 지름이 2.5㎝ 정도이며 퍼진 털이 있고 씨앗은 지름이 2㎜ 정도이다.

꽃가지

***분홍마타피아**

꽃 모양

새로 돋는 잎

마타피아(대극과) *Jatropha integerrima*

서인도 제도 원산으로 4m 정도 높이로 자라며 가지가 많이 나와 넓게 퍼진다. 잎은 어긋나고 타원형, 달걀형, 바이올린 모양 등이며 보통 3갈래로 깊게 갈라지지만 갈라지지 않는 잎도 있고 끝이 길게 뾰족하며 뒷면은 연녹색이다. 기다란 꽃송이 끝에 모여 피는 붉은색 꽃은 지름이 2.5㎝ 정도이며 꽃잎은 5장이고 가운데 꽃술은 노란색 꽃밥이 두드러진다. 타원형 열매는 1~2.5㎝ 길이이다. 꽃은 1년 내내 계속해서 피기 때문에 열대 지방에서 관상수로 많이 심는다. 분홍색 꽃이 피는 ***분홍마타피아**(*J. i.* 'Pink')

나무 모양

잎 잎 뒷면 나무껍질

도 있다. 씨앗을 비롯한 식물체 전체에 독이 있으며 특히 잎이나 가지를 자르면 나오는 흰색 유액은 피부에 염증을 일으키기도 하므로 주의해야 한다. 씨앗에서 짠 기름은 비누를 만드는 재료로 쓰거나 등불을 밝히는 데 쓴다. 근래에는 환경 오염을 줄이기 위해 석유와 같은 화석 연료 대신에 식물성 기름을 원료로 한 바이오 연료의 사용이 늘어나는 추세인데 마타피아는 단위 면적당 기름 생산량이 많아서 바이오 연료로도 각광받고 있다.

꽃가지

꽃 모양 어린 열매 잎가지

복통나무(대극과) *Jatropha gossypifolia*

열대 아메리카 원산으로 2~4m 높이로 자란다. 잎은 마주나고 3~19㎝ 길이이며 잎몸은 3~5갈래로 깊게 갈라진다. 어린잎은 자줏빛이 돌고 잎몸과 잎자루에 끈적거리는 털이 있다. 가지 끝에 촘촘히 모여 피는 붉은색 꽃은 1~1.5㎝ 크기이다. 네모진 원통형 열매는 세로로 골이 지며 암갈색으로 익고 3~4개의 씨앗이 들어 있다. 열매에는 독이 있다. 씨앗으로 짠 기름은 바이오 디젤 연료로 사용한다. 원주민들이 복통 치료에 써서 '복통나무'라고 한다.

꽃가지

어린 열매

꽃 모양

잎 모양

줄기 밑부분

산호유동/과테말라대황(대극과) *Jatropha podagrica*

중앙아메리카 원산으로 1.5m 정도 높이로 자란다. 다육식물로 줄기 밑부분이 비대해지는 특징이 있다. 손바닥처럼 5갈래지는 잎은 너비가 10~20㎝이며 잎맥이 뚜렷하고 광택이 있다. 꽃줄기 끝에 자잘한 주홍색 꽃이 모여 달린 모습이 산호를 연상케 한다. 작은 꽃은 하늘을 보고 피는데 꽃잎은 5장이다. 꽃이 지면 타원형 열매가 열린다. 열대 지방에서 관상용으로 심으며 우리나라에서는 온실에서 기르거나 화분에 심어 기른다.

꽃가지

나무 모양

꽃봉오리와 어린 열매

잎 뒷면

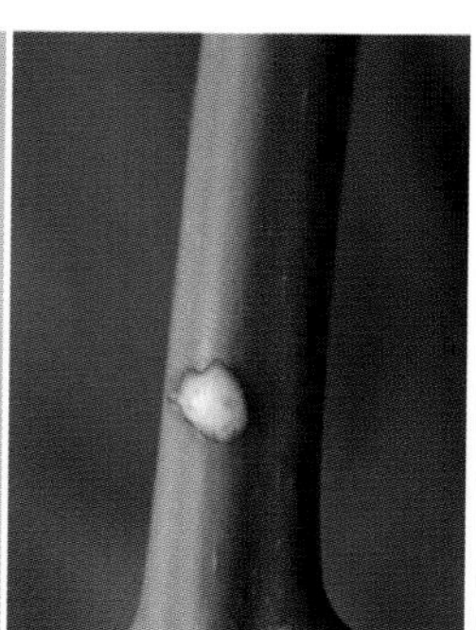

가지의 유액

마니홋고무나무(대극과) *Manihot glaziovii*

브라질 원산으로 10~14m 높이로 자란다. 잎은 어긋나고 잎몸은 손바닥처럼 3~7갈래로 깊게 갈라진다. 암수한그루로 잎겨드랑이에서 나오는 꽃송이에 흰색 꽃이 피는데 위쪽에 수꽃이 달리고 아래쪽에 암꽃이 달린다. 둥근 달걀형 열매는 2㎝ 정도 길이이며 씨앗이 3개씩 들어 있다. 줄기에 상처를 내면 나오는 흰색 유액을 모아서 고무 원료로 쓴다. 이 고무는 파라고무나무처럼 품질이 좋기 때문에 열대 아시아와 아프리카에서 재배한다.

꽃가지

꽃송이

꽃 모양

열매가지

잎 모양

나무 모양

그린아랄리아(두릅나무과) *Osmoxylon lineare*

동남아시아 원산으로 2~5m 높이로 자란다. 잎은 어긋나고 손바닥처럼 5갈래로 깊게 갈라지며 갈래조각은 기다란 선형이고 끝이 뾰족하며 약간 두꺼운 가죽질이다. 잎은 끝 부분이 비스듬히 처지며 늘어지는 모습이 보기 좋다. 가지 끝의 커다란 꽃송이에 흰색 꽃이 촘촘히 모여 핀다. 꽃은 계속 피어나면서 한쪽에서는 열매가 검게 익으므로 꽃과 열매를 동시에 볼 수 있다. 열대 지방에서 관상수로 심으며 실내 관엽식물로도 기른다.

꽃가지

꽃이 핀 줄기

잎 모양

말바비스커스(아욱과)

Malvaviscus arboreus

멕시코와 중앙아메리카 원산으로 1~3m 높이로 자란다. 달걀형~둥근 달걀형 잎은 보통 잎몸이 갈라지지만 갈라지지 않는 잎도 있다. 잎겨드랑이에서 나오는 붉은색 꽃은 3~6㎝ 길이이며 꽃잎이 벌어지지 않은 채로 매달린다. 여러 품종이 있으며 열대 지방에서 관상수로 심는다.

꽃가지

어린 열매가지

터키베리(가지과)

Solanum torvum

서인도 제도 원산으로 2~4m 높이로 자란다. 까마중과 비슷한 떨기나무로 잎은 마주나고 넓은 달걀형이며 가장자리가 얕게 갈라진다. 흰색 꽃은 1~2㎝ 크기이며 꽃부리는 5갈래로 벌어진다. 동그란 열매는 지름이 1~1.5㎝이며 노란색으로 익는다. 어린 열매는 조리해 먹는다.

꽃가지

어린 열매가지

익은 열매

나무 모양

나무껍질

큰감자꽃나무(가지과) *Solanum wrightii*

브라질 원산으로 5~10m 높이로 자란다. 커다란 달걀형 잎은 30㎝ 정도 길이이며 깃꼴로 깊게 갈라지고 뒷면에 가시가 있다. 잎겨드랑이에 피는 자주색 꽃은 지름이 5㎝ 정도이며 5갈래로 얕게 갈라지고 연자주색에서 분홍색으로 색깔이 변하며 향기가 좋다. 꽃은 1년 내내 핀다. 가지에 매달리는 동그란 열매는 지름이 3~4㎝이며 꽃받침이 남아 있다. 열매는 보통 붉은색으로 익지만 녹색인 채로 남아 있는 것도 있다. 열대지방에서 관상수로 심는다.

꽃가지 열매가지

잎가지 모여 난 줄기

흑법사(돌나물과) *Aeonium arboreum* var. *atropurpureum*

카나리아 제도 원산으로 60~100㎝ 높이로 자란다. 다육식물로 회색 줄기는 곧게 자라고 가지 끝에 잎이 빙 둘러 가며 촘촘히 달린 모습은 장미꽃과 비슷하다. 긴 주걱 모양의 잎은 광택이 있고 진한 붉은 보라색인데 품종에 따라 잎의 모양이나 색깔이 조금씩 다르다. 가지 끝의 커다란 꽃송이에 자잘한 노란색 꽃이 촘촘히 모여 핀다. 원종은 잎의 색깔이 초록색이며 함께 관상수로 심는다. 온대 지방에서는 실내 식물로 기른다.

줄기

가시

마치지오(용수과)

Alluaudia ascendens

마다가스카르 원산으로 15m 정도 높이로 자란다. 장대처럼 곧게 자라는 줄기에는 날카로운 가시와 잎이 촘촘히 돌려 가며 붙는다. 보통 2개씩 나오는 잎은 하트형이며 두껍고 광택이 있다. 줄기 끝에 흰색이나 연붉은색 꽃송이가 달린다. 관상수로 심고 우리나라에서는 온실에서 기른다.

꽃이 핀 줄기

나무 모양

줄기 밑부분

덕구리란/놀리나(백합과)

Beaucarnea recurvata

멕시코 원산으로 10m 정도 높이로 자란다. 줄기 밑부분은 항아리처럼 굵게 부푼다. 가지 끝에 모여 나는 잎은 길이가 50~200㎝, 폭은 1.8㎝ 정도로 좁고 길며 비스듬히 밑으로 처진다. 줄기 끝의 커다란 꽃송이에 자잘한 황백색 꽃이 모여 핀다. 열대 지방에서 관상수로 심는다.

꽃가지

품종

품종

품종

품종

크로톤(대극과) *Codiaeum variegatum*

열대 아시아 원산으로 관상수로 널리 심고 있으며 온대에서는 관엽식물로 많이 기르고 있다. 줄기 윗부분에 촘촘히 어긋나는 잎은 두꺼우며 달걀형 잎을 가진 품종부터 선형 잎을 가진 품종까지 변이가 많고 색깔과 무늬도 다양하기 때문에 아름답고 독특하다. 윗부분의 잎겨드랑이에서 자란 꽃송이는 8~30㎝ 길이이며 자잘한 흰색 꽃이 촘촘히 달리는데 5장의 꽃잎 밖으로 20~30개의 수술이 촘촘히 벋는다. 동그란 열매는 9㎜ 정도 크기이다.

품종

품종

품종

품종

품종

품종

품종

품종

품종

품종

품종

품종

코르딜리네 푸르티코사(백합과) *Cordyline fruticosa*

열대 아시아 원산으로 3~4m 높이로 자란다. 땅속의 뿌리줄기가 벋으며 퍼지고 땅 위의 줄기는 곧게 서며 가지가 잘 갈라지지 않는다. 많은 재배 품종이 있으며 줄기 윗부분에 촘촘히 달리는 잎은 길이가 30~50㎝, 폭이 10~15㎝ 정도로 녹색, 보라색, 붉은색, 노란색 등 다양한 색깔에 무늬가 들어 있어 매우 아름답다. 줄기 끝의 꽃가지에서 자잘한 꽃이 핀다. 열대 지방에서 관상수로 널리 심고 있으며 우리나라에서는 관엽식물로 재배한다.

품종

품종

품종

품종

품종

품종

품종

품종

꽃가지

촘촘히 벋는 가지

둥글게 다듬은 나무 모양

분재

필리핀차나무(지치과) *Carmona retusa / Ehretia microphylla*

필리핀 원산으로 4m 정도 높이로 자란다. 타원형~거꿀달걀형 잎은 1~6㎝ 길이이고 두꺼운 가죽질이다. 잎겨드랑이에 피는 흰색 꽃은 5㎜ 정도 크기로 작다. 동그란 열매는 지름이 4~5㎜이며 오렌지색으로 익는다. 열대 지방에서 관상수로 심는데 분재로도 많이 이용한다. 필리핀 원산으로 잎으로 차를 끓여 마시기 때문에 '필리핀차나무'라고 한다. 원주민들은 잎으로 끓인 차를 위를 튼튼하게 하거나 설사를 멈추고 기침을 치료하는 약재로 이용한다.

꽃가지

나무 모양

코르딜리네 인디비사(백합과)

Cordyline indivisa

뉴질랜드 원산으로 3~10m 높이로 자란다. 줄기 끝에 촘촘히 모여 나는 잎은 길이가 90~120㎝, 폭이 6~8㎝이며 가죽질이고 광택이 있다. 가지 끝의 커다란 꽃송이에 자잘한 흰색 꽃이 모여 피는데 향기가 진하다. 열대~난대 지방에서 관상수로 기르며 제주도에서도 심는다.

꽃가지

나무 모양

줄기

크라술라 오바타(돌나물과)

Crassula ovata

남아프리카 원산으로 1~2m 높이로 자란다. 가지 끝 부분에 촘촘히 마주나는 달걀형~타원형 잎은 3~9㎝ 길이이고 통통한 육질이며 햇빛을 받고 자라면 가장자리가 붉은빛이 돈다. 가지 끝의 꽃송이에 자잘한 별 모양의 흰색이나 연분홍색 꽃이 핀다. 관상수로 많이 기른다.

열매가 달린 나무 모양

용혈수(백합과) *Dracaena draco*

아프리카 카나리 제도 원산으로 12~20m 높이로 자란다. 굵은 줄기는 회색~회갈색이고 지름이 5m에 달하는 것도 있으며 외떡잎식물로 나이테가 없는 것이 특징이다. 줄기는 윗부분에서 가지가 많이 갈라진다. 가지 끝에 모여 달리는 긴 칼 모양의 잎은 50㎝ 정도 길이이며 폭은 3㎝ 정도로 단단하고 잎자루가 거의 없으며 회녹색이다. 가지 끝에서 자라는 꽃송이는 20~35㎝ 길이이며 가지가 많이 갈라지고 1㎝ 정도 크기의 자잘한 연녹색 꽃이 촘촘히 모여 핀다. 동그란 열매는 주황색으로 익고 1~3개의

열매 줄기

잎이 모여 달린 줄기

열매 모양

갈라진 줄기

나무 모양

씨앗이 들어 있다. 매우 느리게 자라기 때문에 주변의 관상수는 대부분이 떨기나무처럼 보인다. 줄기에 상처를 내면 나오는 붉은색 유액이 용의 피를 닮아서 '용혈수(龍血樹)'라는 이름을 얻었다. 옛날에는 용혈을 채취해 화장품으로 사용하거나 미라를 만드는 데 썼다. 오늘날에는 바이올린 등에 니스처럼 광을 내는 광택제로 이용하거나 부식을 막는 재료로 쓴다. 오래 사는 나무의 하나로 알려져 있으며 태평양의 섬에서는 이 나무를 묘지에 심는다고 한다.

잎이 달린 줄기

무늬잎 품종

D. f. 'Lemon Lime'

행운목(백합과)

Dracaena fragrans

서아프리카 원산으로 6m 정도 높이로 자란다. 줄기에 나선형으로 촘촘히 달리는 칼 모양의 잎은 가죽질이고 광택이 있으며 비스듬히 처진다. 줄기 끝에서 나오는 꽃송이에 자잘한 연노란색 꽃이 밤에 피는데 향기가 매우 강하다. 잎에 무늬가 있는 여러 재배 품종이 있다.

화분에 모아 심은 줄기

모여 난 줄기 잎

개운죽(백합과)

Dracaena sanderiana

서아프리카 원산으로 3m 정도 높이로 곧게 자라며 대나무와 비슷하게 생겼다. 줄기에 엉성하게 돌려 가며 붙는 기다란 잎은 끝 부분이 좁아지면서 뾰족하며 비스듬히 처진다. 관상수로 심거나 화분에 기르는데 탄력성이 있는 줄기를 모아 심거나 바구니를 짜듯 만들기도 한다.

꽃가지

나무 모양

드라세나 로우레이리(백합과)

Dracaena loureiri

열대 아시아 원산으로 열대 지방에서 관상수로 심고 있다. 굵은 가지 끝마다 길고 좁은 칼 모양의 잎이 촘촘히 돌려 가며 붙는다. 줄기 끝에서 나오는 커다란 꽃송이에 자잘한 흰색 꽃이 피고 동그란 열매를 맺는다. 뿌리는 심장의 기능을 강화하는 약재로 쓴다.

D. m. 'Colorama'

D. m. 'Bicolor'

드라세나 마르지나타(백합과)

Dracaena marginata

마다가스카르 원산으로 5m 정도 높이로 자란다. 줄기 윗부분에 촘촘히 돌려나는 선형 잎은 끝 부분이 밑으로 처진다. 줄기 끝의 꽃송이에 자잘한 크림색 꽃이 핀다. 열대에서 관상수로 우리나라에서는 관엽식물로 기른다. 잎에 다양한 색깔의 줄무늬가 있는 품종들이 있다.

D. r. 'Aurea Variegata' 꽃가지 *D. r.* 'Song of India'

D. r. 'Aurea Variegata' 잎가지 나무껍질 *D. r.* 'Song of India' 나무 모양

드라세나 리플렉사(백합과) *Dracaena reflexa*

인도 남부와 실론 원산으로 4~6m 높이로 자라며 가지가 많이 갈라진다. 줄기에 촘촘히 돌려나는 칼 모양의 잎은 5~20㎝ 길이이며 가죽질이고 광택이 있다. 가지 끝의 꽃송이에 자잘한 흰색 꽃이 무더기로 모여 핀다. 열대 지방에서 관상수로 심으며 우리나라에서 관엽식물로 재배한다. 잎의 중심선을 따라 노란색 무늬가 있는 품종(*D. r.* 'Aurea Variegata'), 잎 가장자리에 노란색 무늬가 있는 품종(*D. r.* 'Song of India')등 여러 재배 품종이 있다.

잎이 달린 줄기

잎 모양

나무 모양

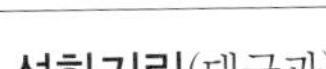

석화기린(대극과)

Euphorbia neriifolia

인도 원산으로 5m 정도 높이로 자라며 가지가 많이 갈라진다. 가지에는 단단한 가시가 촘촘히 난다. 가지 윗부분에 주걱 모양의 잎이 촘촘히 돌려 가며 달린다. 잎겨드랑이에서 붉은색 꽃이 핀다. 줄기나 잎을 자르면 흰색 유액이 나온다. 관상용으로 널리 심고 있다.

꽃가지

시든 꽃

나무 모양

메디닐라(멜라스토마과)

Medinilla astronoides

필리핀 원산으로 3~5m 높이로 자란다. 가지 끝에 모여 달리는 잎은 긴 타원형이고 끝이 뾰족하며 잎맥이 뚜렷하게 패이고 두꺼우며 광택이 있다. 가지 끝에서 늘어지는 꽃송이에 자잘한 적자색 꽃이 모여 핀다. 잎 사이에서 늘어지는 꽃송이의 모양이 보기 좋아 관상수로 심는다.

열매가지

사포딜라(사포타과) *Manilkara zapota / Achras zapota*

멕시코와 중앙아메리카 원산으로 20m 정도 높이까지 자란다. 잎은 어긋나고 긴 타원형이며 4~15㎝ 길이이고 끝이 뾰족하며 가죽질이고 광택이 있다. 잎겨드랑이에 모여 피는 흰색 꽃은 1㎝ 정도 크기로 작으며 밤에 진한 향기가 난다. 달걀형의 열매는 8~10㎝ 크기이고 갈색~적갈색으로 익는다. 열매 속에는 동글납작한 검은색 씨앗이 2~5개가 들어 있다. 열대 과일의 하나로 감이나 배처럼 달면서도 향기가 좋아 날로 먹거나 통조림 등을 만든다. 나무껍질에 상처를 내어 나오는 흰색 유액은 '치클(Chicle)'

꽃봉오리가지

시든 꽃

열매 단면

어린 열매 단면의 흰 즙

잎 뒷면

동그란 열매

이라고 하는데 콜럼버스가 신대륙을 발견하기 이전부터 마야인이 씹으며 즐기는 습관이 있었다. 후에 치클을 껌을 만드는 원료로 썼기 때문에 '추잉껌나무'라는 이름으로도 불린다. 현재는 치클의 생산량이 제한적이기 때문에 대신 밀랍이나 플라스틱, 합성 고무 등이 많이 쓰이고 있다. 그동안 우리나라 껌 시장은 자작나무에서 추출한 자일리톨 성분이 든 껌이 강세였는데 한 제과 회사에서 사포딜라의 천연 치클로 만든 껌을 내놓으면서 인기를 끌고 있다.

잎이 달린 줄기

잎 모양

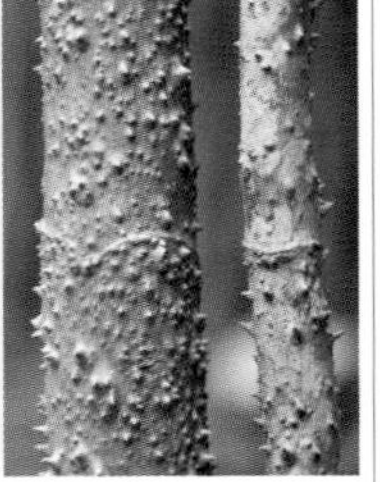
나무껍질

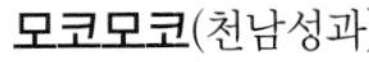

모코모코(천남성과)

Montrichardia arborescens

남아메리카 가이아나 원산으로 2~3m 높이로 물가를 따라 모여서 자란다. 줄기는 잔가시로 덮여 있다. 긴 자루에 달리는 잎은 화살촉 모양이며 10~30㎝ 길이이고 광택이 있다. 둥근 막대 모양의 꽃이삭은 꽃잎처럼 보이는 흰색 포에 싸여 있다. 열매송이는 요리에 이용한다.

잎이 달린 줄기

잎 뒷면 묵은 줄기

라메리/비주패왕수(협죽도과)

Pachypodium lamierei

마다가스카르 원산으로 7m 정도 높이로 자란다. 굵은 원통형 줄기는 길고 단단한 가시가 촘촘히 난다. 줄기 끝 부분에 모여 나는 잎은 사방으로 우산처럼 퍼진다. 피침형 잎은 광택이 있고 가운데 잎맥이 뚜렷하다. 흰색 꽃은 지름이 2~3㎝이며 향기가 있다. 관상용으로 심는다.

잎이 달린 줄기

잎 모양

줄기의 가시

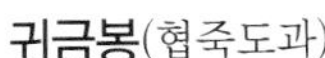

귀금봉(협죽도과)

Pachypodium rutebergianum

마다가스카르 원산으로 8m 정도 높이로 자란다. 원통형 줄기에 길고 단단한 가시가 달린다. 줄기 윗부분에 촘촘히 돌려 가며 잎이 달린다. 피침형 잎은 비주패왕수보다 폭이 더 좁고 광택이 있다. 깔때기 모양의 흰색 꽃은 끝이 5갈래로 갈라져 벌어진다. 관상용으로 심는다.

꽃가지

잎가지

나무 모양

푸르메리아 푸디카(협죽도과)

Plumeria pudica

열대 아메리카 원산으로 2~5m 높이로 자란다. 푸르메리아의 한 종류로 기다란 잎은 끝 부분이 갑자기 넓어지고 잎맥이 뚜렷한 것이 특징이다. 가지를 자르면 흰색 유액이 나온다. 가지 끝의 꽃송이에 흰색 꽃이 모여 피는데 향기가 좋다. 하와이에서는 화환을 만드는 데 쓴다.

꽃가지

열매

잎 앞면과 뒷면

푸르메리아 루브라(협죽도과) *Plumeria rubra*

열대 아메리카 원산으로 7~8m 높이로 자란다. 굵은 가지에는 잎자국이 뚜렷하게 남아 있고 가지를 자르면 나오는 우유 같은 흰색 유액은 독이 있다. 긴 타원형 잎은 30~50㎝ 길이이며 끝이 뾰족하고 가죽질이며 뒷면은 연녹색이다. 가지 끝의 꽃송이에 모여 피는 깔때기 모양의 꽃은 지름이 5~7.5㎝이며 재배 품종에 따라 붉은색, 분홍색, 노란색, 흰색 등 여러 가지 색깔의 꽃이 피고 꽃잎에 무늬가 있는 품종도 있다. 꽃은 1년 내내 피며 열대 지방의 대표적인 관상수이다. 기다란 열매는 17.5㎝ 정도 길이이다.

분홍색 꽃이 피는 품종

황적색 꽃이 피는 품종

황적색 꽃이 피는 품종

연분홍색 꽃이 피는 품종

노란색 꽃이 피는 품종

황백색 꽃이 피는 품종

황백색 꽃이 피는 품종

흰색 꽃이 피는 품종

꽃가지

열매

피기 시작한 꽃

잎 앞면과 뒷면

나무 모양

푸르메리아 옵투사(협죽도과) *Plumeria obtusa*

열대 아메리카 원산으로 5m 정도 높이로 자란다. 잎은 주걱 모양으로 윗부분이 넓고 끝이 무디며 진한 녹색으로 가죽질이고 뒷면은 연녹색이다. 꽃송이에 모여 피는 깔때기 모양의 흰색 꽃은 중심부에 노란색 무늬가 있다. 꽃이 지면 기다란 원통형 열매가 열린다. 잎이나 가지를 자르면 나오는 흰색 유액은 독성이 강하므로 살에 닿지 않도록 해야 한다. 열대 지방의 대표적인 꽃나무로 널리 심고 있다. 꽃으로 화환을 만들기도 한다.

꽃가지 열매가지

나무 모양 나무껍질

돈나무(돈나무과) *Pittosporum tobira*

한국, 중국, 일본, 대만 원산으로 2~4m 높이로 자란다. 뿌리와 나무껍질에서 역겨운 냄새가 난다. 거꿀달걀형 잎은 어긋나지만 가지 끝에서는 모여 난다. 잎은 광택이 있고 가장자리는 뒤로 말린다. 가지 끝에 모여 피는 흰색 꽃은 향기가 있으며 점차 누런색으로 변한다. 동그란 열매는 지름이 1.2㎝ 정도이고 노랗게 익으면 3갈래로 벌어지면서 붉은색 씨앗이 드러난다. 우리나라 남쪽 섬에서부터 열대 지방까지 관상수로 심는다.

어린 열매 나무 모양

익은 열매 *P. t.* 'Sanderi' 버팀뿌리

대만판다누스(판다누스과) *Pandanus tectorius*

서태평양 원산으로 6~9m 높이로 자란다. 줄기 밑부분에서 버팀뿌리가 방사상으로 나와 뿌리를 박는다. 줄기 끝에 1m 정도 길이의 선형 잎이 나선 모양으로 포개진다. 잎 가장자리와 뒷면 주맥에는 흰색의 짧은 가시가 있다. 잎에 흰색 줄무늬가 있는 품종도 있다. 가지 끝에 파인애플 모양의 동그란 열매가 열리는데 주황색으로 익는다. 잎으로는 모자, 매트, 바구니 등을 짜고 뿌리에서는 물감을 얻는다. 열대 지방에서 관상수로 심는다.

잎가지

나무 모양

버팀뿌리

판다누스 유틸리스(판다누스과)

Pandanus utilis

마다가스카르 원산으로 20m 정도 높이로 자란다. 줄기 밑부분에서 버팀뿌리가 방사상으로 나와 뿌리를 박는다. 줄기 끝에 1m 정도 길이의 선형 잎이 나선 모양으로 포개진다. 잎 가장자리와 뒷면 주맥에는 연한 적갈색의 가시가 있다. 열대 지방에서 관상수로 심는다.

잎에 흰색 무늬가 있는 품종

나무 모양

버팀뿌리

무늬잎판다누스(판다누스과)

Pandanus sp.

판다누스 종류는 줄기의 버팀뿌리와 나선상으로 퍼지는 잎의 모양이 특색이 있어 열대 지방에서 관상수로 인기가 있다. 따라서 여러 재배 품종이 개발되어 심어지고 있다. 특히 잎에 흰색이나 노란색 무늬가 있는 품종이 많이 개발되어 심어지고 있다.

꽃가지

꽃받침

나무 모양

운남월광화(아마과)

Reinwardtia indica

인도 북부와 중국 남부 원산으로 1m 정도 높이로 자라며 가지는 잘 휘어진다. 긴 타원형 잎은 3~5㎝ 길이이고 끝이 뾰족하며 뒷면은 연녹색이다. 가지 끝에 피는 노란색 꽃은 수명이 하루이며 계속해서 피고 진다. 동그란 열매는 진한 갈색으로 익으며 꽃받침이 남아 있다.

꽃가지

꽃 모양

열매송이

해변상추(구데니아과)

Scaevola sericea

태평양과 인도양의 열대 바닷가 원산으로 3m 정도 높이로 자란다. 거꿀달걀형~긴 타원형 잎은 가지 끝에 모여 달린다. 잎겨드랑이의 흰색 꽃은 수염가래꽃처럼 5갈래로 갈라져 한쪽으로 치우친다. 타원형 열매는 흰색으로 익는다. 열대 지방의 바닷가에 관상수로 심는다.

꽃가지

꽃 모양

잎가지

천룡(국화과)
Senecio kleinia

수단과 탄자니아, 에티오피아 원산으로 1.5m 정도 높이로 자란다. 줄기와 가지는 두툼한 육질이다. 가느다란 선형 잎은 20㎝ 정도 길이이며 회녹색이고 잎자루가 없이 가지에 촘촘히 돌려난다. 잎겨드랑이에서 나오는 꽃송이에는 자잘한 흰색 꽃이 촘촘히 모여 핀다.

나무 모양

꽃 모양

큰극락조화(파초과)
Strelitzia nicolai

남아프리카 원산으로 5m 정도 높이로 자란다. 줄기는 보통 여러 대가 함께 나와 자란다. 줄기 끝에서 잎이 좌우로 마주난다. 큼직한 긴 달걀형 잎은 가죽질이며 가장자리가 안으로 굽는다. 잎자루 틈에서 피는 꽃은 새가 날개를 편 모양이다. 열대 지방에서 관상수로 심는다.

열매가지

미라클후르트(사포타과) *Synsepalum dulcificum*

서아프리카 원산으로 5~6m 높이로 자란다. 긴 타원형~거꿀달걀형 잎은 끝이 뾰족하며 가지 끝에 3~5장씩 모여 달리고 광택이 있다. 잎겨드랑이에 피는 자잘한 흰색 꽃은 6~7㎜ 크기이며 황갈색 꽃받침에 싸여 있다. 타원형 열매는 2~3㎝ 길이이고 붉은색으로 익으며 속에는 1개의 씨앗이 들어 있다. 열매 자체는 단맛이 없지만 이 열매를 먹으면 쓰거나 신 음식을 먹어도 단맛을 느끼기 때문에 '미라클후르트(Miracle Fruit:기적의 과일)'라는 이름으로 불리며 이런 효과는 30분 정도 지속된다고 한다. 이런 현

꽃가지

나무 모양

어린 열매

열매 모양

잎 앞면과 뒷면

상이 나타나는 것은 열매에 들어 있는 '미라쿨린(Miraculin)'이라는 천연 성분이 혀의 촉각을 변형시켜 모든 신맛과 쓴맛을 단맛으로 느끼게 해 주기 때문이다. 하지만 단맛이 나는 음식을 더 달게 느끼게 하지는 않는다. 미라클후르트 열매는 입에 넣고 1~2분간 천천히 녹여 먹는다. 원산지에서는 식사를 하기 전에 이 열매를 먹는다고 한다. 작은 정제를 만들어 과자처럼 팔기도 한다. 근래에는 화학 요법으로 미각이 둔해진 암환자들에게 도움이 되는지를 연구하고 있다.

꽃가지

어린 열매가지

시든 꽃

나무 모양

노란꽃티베티아(협죽도과) *Thevetia peruviana*

열대 아메리카 원산으로 2~6m 높이로 자란다. 잎은 어긋나고 선형이며 광택이 있다. 가지나 잎을 자르면 나오는 흰색 유액은 독성이 강하다. 가지에 노란색 종 모양의 꽃이 고개를 숙이고 피며 시들 때는 연한 주홍빛이 돈다. 열매는 2~3㎝ 크기이며 4개의 골이 지고 단단하며 아래로 늘어지고 검은색으로 익는다. 열대 지방에서 관상수로 심는데 꽃이 계속해서 피기 때문에 보기에 좋다. 독이 있는 흰색 유액을 피부 상처를 치료하는 등의 약재로도 쓴다.

꽃이삭

꽃가지

잎

나무 모양

나무 모양

***무늬잎천수란**

그래스트리(크산트로이아과)

Xanthorrhoea sp.

호주 원산으로 4m 정도 높이로 자라며 생장 속도가 매우 느리다. 줄기 끝에 가는 실 모양의 잎들이 촘촘히 나서 방사상으로 퍼진 모습이 풀을 닮아서 '그래스트리(Grass Tree)'란 이름을 얻었다. 잎 사이에서 나온 원통형 꽃송이는 3m 정도 길이이며 자잘한 연노란색 꽃이 핀다.

천수란(용설란과)

Yucca aloifolia

미국과 멕시코 원산으로 4~6m 높이로 자란다. 곧게 자라는 줄기 끝에 칼 모양의 잎이 촘촘히 둘러난다. 잎은 30~45㎝ 길이이며 끝이 뾰족하고 빳빳하다. 줄기 끝의 꽃송이에 흰색 꽃이 모여 핀다. 잎에 무늬가 있는 ***무늬잎천수란**(*Y. a. variegate*)도 함께 관상수로 심는다.

꽃가지

처진 꽃가지

편도덤불(마편초과)

Aloysia virgata

아르헨티나 원산으로 5m 정도 높이로 자란다. 잎은 마주나고 타원형~달걀형이며 주름이 지고 광택이 있으며 가장자리에 톱니가 있다. 잎겨드랑이에서 나오는 기다란 꽃송이에 자잘한 흰색 꽃이 촘촘히 모여 핀 모습은 꼬리풀을 닮았다. 열대 지방에서 관상용으로 심는다.

꽃가지

열매가지

***금식나무**

식나무(층층나무과)

Aucuba japonica

한국 남부와 일본, 대만 원산으로 2~3m 높이로 자란다. 잎은 마주나고 긴 타원형이며 가죽질이고 가장자리에 톱니가 있다. 암수딴그루로 가지 끝의 꽃송이에 흑자색 꽃이 핀다. 타원형 열매는 붉은색으로 익는다. 잎에 노란색 반점이 있는 품종은 ***금식나무**라고 한다.

꽃가지

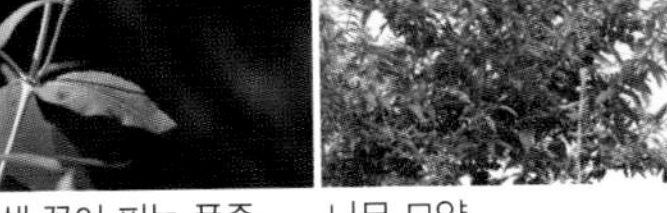
흰색 꽃이 피는 품종　　나무 모양

부들레야/브델리아(마전과)

Buddleja davidii

중국 원산으로 1~3m 높이로 자란다. 잎은 마주나고 피침형이며 뒷면은 회백색의 짧은 털이 빽빽이 난다. 가지 끝의 기다란 꽃송이에 연한 자주색, 자주색, 홍색, 노란색, 흰색 등의 꽃이 핀다. 열매는 진한 갈색으로 익는다. 온대와 열대 지방에서 관상수로 많이 심는다.

꽃가지

꽃 모양

붉은누리장나무(마편초과)

Clerodendrum buchananii

인도네시아와 말레이시아 원산으로 4m 정도 높이로 자란다. 넓은 달걀형 잎은 마주나고 7~20㎝ 길이이다. 가지 끝에 달리는 커다란 꽃송이에 밝은 적색 꽃이 촘촘히 모여 피며 꽃받침도 붉은색이다. 꽃잎 밖으로 기다란 암수술이 벋는다. 열대 지방에서 관상수로 널리 심고 있다.

꽃가지

꽃 모양

잎 뒷면

꽃누리장나무(마편초과)

Clerodendrum bungei

중국과 인도 북부가 원산으로 1~2m 높이로 자란다. 잎은 마주나고 넓은 달걀형이며 끝이 뾰족하고 뒷면은 회녹색이다. 잎과 가지에서 누리장나무처럼 냄새가 난다. 가지 끝에 달리는 커다란 꽃송이는 지름이 20㎝ 정도이며 자잘한 붉은색 꽃이 모여 핀다. 관상수로 널리 심고 있다.

꽃가지

열매가지

잎 뒷면

흰꽃누리장나무(마편초과)

Clerodendrum calamitosum

자바 원산으로 2~3m 높이로 자란다. 잎은 마주나고 타원형이며 불규칙한 톱니가 있고 주름이 많이 진다. 잎겨드랑이에서 자라는 꽃송이에 흰색 꽃이 모여 피는데 암술과 수술이 꽃잎 밖으로 길게 벋는다. 열매는 붉은색 꽃받침에 싸여 있다. 관상수로 널리 심고 있다.

꽃가지

꽃봉오리

잎가지

도레미꽃(마편초과)

Clerodendrum macrosiphon

뉴기니와 필리핀 원산으로 1~1.5m 높이로 자란다. 피침형 잎은 가장자리가 밋밋하거나 잔톱니가 있다. 가느다란 대롱 끝에 달린 흰색 꽃봉오리의 모양이 콩나물이나 음표를 닮았다. 봉오리는 조개가 벌어지듯이 좌우로 벌어지면서 암술과 수술이 길게 벋는다. 관상수로 심는다.

꽃가지

꽃 모양

잎 앞면과 뒷면

아프리카누린내나무(마편초과)

Clerodendrum myricoides

열대 아프리카 원산으로 2~4m 높이로 자란다. 거꿀달걀형~긴타원형 잎은 잎맥이 뚜렷하고 뒷면은 연녹색이다. 가지 끝의 꽃송이에 연한 푸른색 꽃이 옆을 보고 피는데 암수술이 활 모양으로 휘어지는 것이 누린내풀의 꽃과 닮았다. 열대 지방에서 관상수로 심는다.

꽃가지

꽃 모양

캐시미어누리장(마편초과)

Clerodendrum philippinum

중국과 일본 원산으로 1.5~2.5m 높이로 자란다. 넓은 달걀형 잎은 8~15㎝ 길이이며 끝이 뾰족하고 불규칙한 톱니가 있다. 가지 끝의 꽃송이에 흰색이나 분홍빛이 도는 꽃이 모여 핀 모습은 꽃다발처럼 보이며 아름다운 향기가 난다. 열대 지방에서 관상수로 심는다.

꽃가지

열매 모양

나무 모양

클리데미아(멜라스토마과)

Clidemia hirta

열대 아메리카 원산으로 3m 정도 높이로 자란다. 달걀형 잎은 끝이 뾰족하고 털이 많으며 잎맥이 뚜렷하다. 가지 끝이나 잎겨드랑이에 자잘한 흰색 꽃이 모여 피고 달걀형 열매가 열린다. 열매 겉은 털로 덮여 있으며 검푸른색으로 익고 먹을 수 있다. 관상수로 심는다.

꽃가지

*노랑크로산드라

꽃송이

잎 앞면과 뒷면

나무 모양

크로산드라(쥐꼬리망초과) *Crossandra infundibuliformis*

인도 원산으로 60~90㎝ 높이로 자란다. 잎은 마주나고 긴 타원형~긴 달걀형이며 5~12㎝ 길이이고 끝이 뾰족하며 진한 녹색이고 뒷면은 회녹색이다. 가지 끝의 꽃송이에 촘촘히 달리는 꽃은 가느다란 대롱 모양이며 끝에서 넓게 벌어지는 주황색 꽃잎은 3~5갈래로 갈라진다. 노란색 꽃이 피는 ***노랑크로산드라**(*C. i.* 'Lutea') 등 여러 색깔의 재배 품종이 있다. 열대 지방에서 관상수로 널리 심고 있다. 인도에서는 여자들이 머리에 장식으로 꽂는다.

꽃가지

열매가지

D. e. 'Dark purple'

D. e. 'Alba'

D. e. 'Variegata'

두란타 에렉타(마편초과) *Duranta erecta*

열대 아메리카 원산으로 5~6m 높이로 자란다. 가느다란 가지는 비스듬히 처진다. 잎은 마주나거나 3장씩 돌려나며 타원형~달걀형으로 2.5~7.5㎝ 길이이고 끝이 뾰족하다. 잎과 가지 사이에서 자란 꽃송이에 진한 자주색 꽃이 촘촘히 피는데 꽃잎 가장자리에 연한 색의 무늬가 있으며 1년 내내 핀다. 진한 보라색이나 흰색 꽃이 피는 품종도 있고 잎에 무늬가 있는 품종도 있다. 동그스름한 열매는 주황색으로 익는다. 관상수로 심는데 생울타리를 만들기도 한다.

꽃가지

무늬잎 품종

잎가지와 뒷면

새순이 돋는 나무

중국크로톤(대극과) *Excoecaria cochinchinensis*

인도네시아, 베트남, 중국 남부 원산으로 1m 정도 높이로 자란다. 잎은 마주나고 6~14㎝ 길이이며 끝이 뾰족하고 광택이 있으며 뒷면은 진한 적자색이다. 암수딴그루로 잎겨드랑이에 1~2㎝의 작은 꽃송이가 달리며 꽃은 1년 내내 핀다. 동그란 열매는 8㎜ 정도 크기이다. 새로 돋는 잎은 붉은색으로 아름답고 잎 뒷면도 붉은색이 돌기 때문에 관상수로 심는데 흔히 생울타리를 만들며 무늬잎 품종도 있다. 식물체는 홍역 등을 치료하는 한약재로 쓴다.

꽃가지　어린 열매가지

익고 있는 열매　씨앗　나무 모양

란타나/칠변화(마편초과) *Lantana camara*

열대 아메리카 원산으로 2~3m 높이로 자란다. 잎은 마주나고 달걀형~타원형이며 끝이 뾰족하고 주름이 진다. 잎겨드랑이에서 자란 꽃송이에 자잘한 꽃이 둥글게 모여 피는데 꽃 색깔이 여러 가지이고 계속 변하기 때문에 '칠변화'라고도 부른다. 동그란 열매는 5㎜ 정도 크기이며 뭉쳐 달리고 보라색에서 푸른색으로 변했다가 검게 익는다. 열매를 비롯해 꽃, 잎, 줄기에 강한 독이 있으므로 조심해야 한다. 열대 지방에서 관상수로 심는다.

흰색 꽃이 피는 품종

노란색 꽃이 피는 품종

노란색 꽃이 피는 품종

붉은색 꽃이 피는 품종

오렌지색 꽃이 피는 품종

분홍색 꽃이 피는 품종

꽃가지 흰색 꽃이 피는 품종

붉은색 꽃이 피는 품종 나무 모양

수국(범의귀과) *Hydrangea macrophylla*

동아시아 원산의 원예종으로 1m 정도 높이로 자란다. 줄기는 가지가 많이 갈라지고 어린 가지는 녹색이며 굵다. 잎은 마주나고 타원형이며 8~15㎝ 길이이고 끝이 뾰족하며 가장자리에 톱니가 있다. 가지 끝에 지름이 10~15㎝의 둥근 꽃송이가 달리며 꽃 색깔은 연한 자주색에서 하늘색이나 분홍색으로 변한다. 수국 꽃은 열매를 맺지 못하는 장식꽃으로만 이루어져 있다. 많은 재배 품종이 있으며 품종에 따라 흰색이나 붉은색 꽃이 피기도 한다.

꽃가지

열매가지 나무 모양

나도호랑가시(말피기아과)
Malpighia coccigera

서인도 제도 원산으로 1m 정도 높이로 자란다. 잎은 마주나고 타원형이며 2㎝ 정도 길이로 작지만 모가 진 가장자리에 가시가 있는 것이 호랑가시나무 잎을 닮았다. 잎겨드랑이에 피는 흰색 꽃은 꽃잎에 자루가 있다. 동그란 열매는 붉게 익는다. 열대 지방에서 관상수로 심는다.

꽃가지

열매 모양

***금목서**

목서(물푸레나무과)
Osmanthus fragrans

중국 원산으로 3~6m 높이로 자란다. 잎은 마주나고 긴 타원형이며 끝이 뾰족하고 가죽질이다. 암수딴그루로 잎겨드랑이에 자잘한 흰색 꽃이 모여 핀다. 열매는 타원형이며 검은색으로 익는다. 주황색 꽃이 피는 품종은 ***금목서**(*O. f.* var. *aurantiacus*)라고 하며 함께 관상수로 심는다.

꽃가지 나무 모양

마디 무늬잎 품종

산케지아(쥐꼬리망초과) *Sanchezia speciosa / Sanchezia speciosa nobilis*

에콰도르와 페루 북부 원산으로 1~2.5m 높이로 자란다. 네모진 줄기에 마주나는 잎은 잎자루 밑부분이 부푼다. 잎몸은 긴 타원형이며 끝이 뾰족하고 잎맥은 노란색이나 연녹색으로 줄무늬가 생겨서 아름답게 보인다. 가지 끝이나 잎겨드랑이에서 자라는 기다란 꽃송이에 촘촘히 달리는 좁은 대롱 모양의 노란색 꽃은 붉은색 포에 싸여 있다. 꽃과 잎이 아름다워 화단에 심어 기르며 잎에 노란빛이 도는 품종도 함께 관상수로 심는다.

열매가지

잎 뒷면

나무 모양

나무껍질

노랑망고스틴(꼭두서니과)

Atractocarpus fitzalanii / Randia fitzalanii

호주 원산으로 3~6m 높이로 자란다. 타원형~긴 타원형 잎은 7~21㎝ 길이이고 끝이 뾰족하며 가죽질이고 광택이 있다. 흰색 꽃은 2.5㎝ 정도 크기이며 가는 대롱 모양의 꽃부리 끝이 5갈래로 갈라져 벌어지고 자스민처럼 향기가 좋다. 동그스름한 열매는 지름이 6~8㎝이고 겉이 매끄러우며 노란색으로 익는다. 열매를 과일로 먹는데 약간 단맛이 난다. 망고스틴과 비슷하게 생겼지만 노란색으로 익기 때문에 '노랑망고스틴'이라는 이름을 얻었지만 망고스틴과는 다른 과에 속하는 식물이다.

꽃가지

꽃송이 모양

잎 뒷면

꽃가지

꽃송이 모양

열매 모양

파나마아펠란드라(쥐꼬리망초과)

Aphelandra sinclairiana

파나마와 코스타리카 원산으로 3m 정도 높이로 자란다. 잎은 마주나고 긴 타원형이며 끝이 뾰족하고 광택이 있으며 잎맥이 뚜렷하다. 줄기 끝에서 여러 개가 나오는 원통형 꽃송이에 주황색 포에 싸인 붉은색 꽃이 촘촘히 돌려가며 핀다. 열대 지방에서 관상용으로 심는다.

필리핀바이올렛(쥐꼬리망초과)

Barleria lupulina

인도와 미얀마가 원산으로 60~90㎝ 높이로 자란다. 피침형 잎은 4~9㎝ 길이이며 가운데 잎맥이 뚜렷하다. 가지 끝의 원통형 꽃송이에 노란색 꽃이 촘촘히 모여 핀다. 꽃부리는 대롱 모양이며 끝 부분의 갈라진 꽃잎은 상반부로만 젖혀진다. 열매는 검은색으로 익는다.

꽃가지

열매송이

어린 열매

땅콩버터나무(말피기아과)

Bunchosia armeniaca

남아메리카 원산으로 10m 정도 높이까지 자란다. 잎은 마주나고 달걀형의 긴 타원형이며 끝이 뾰족하다. 잎겨드랑이의 꽃송이에 노란색 꽃이 모여 핀다. 타원형~달걀형 열매는 진한 오렌지색으로 익으며 과일로 먹는다. 열대 지방에서 재배하거나 관상수로 심는다.

꽃가지

꽃가지

꽃봉오리

난세(말피기아과)

Byrsonima crassifolia

열대 아메리카 원산으로 10m 정도 높이까지 자란다. 잎은 마주나고 타원형이며 3~17㎝ 길이이지만 모양의 변화가 심한 편이며 뒷면은 보통 털이 있다. 가지 끝의 꽃송이에 피는 노란색 꽃은 점차 주황색으로 변한다. 동그란 열매는 노란색으로 익으며 과일로 먹는다.

꽃가지

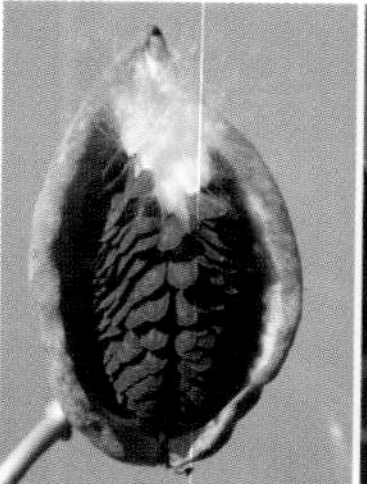
벌어진 열매

흰색 꽃

우각과(박주가리과)

Calotropis gigantea

인도와 인도네시아 원산으로 2~3m 높이로 자란다. 가지나 잎을 자르면 흰색 유액이 나온다. 긴 타원형 잎은 양면이 회백색 털로 덮여 있고 밑부분은 심장저이다. 가지 끝이나 잎겨드랑이에 남자색 꽃이 모여 핀다. 원산지에서는 잎이나 나무껍질을 약재로 쓰지만 독성이 강하다.

꽃가지

나무 모양

소돔의사과(박주가리과)

Calotropis procera

중동과 인도 원산으로 5m 정도 높이로 자란다. 우각과와 생김새가 비슷하지만 동그란 열매는 사과와 크기가 비슷하다. 하지만 익은 열매를 건드리면 열매가 부서지면서 털이 달린 씨앗이 연기처럼 날아가 버리는 것이 불타는 소돔의 멸망 모습과 견주어서 이름이 붙여졌다.

꽃가지

어린 열매

나무 모양

카리샤자스민(협죽도과)

Carissa macrocarpa

남아프리카 원산으로 4~6m 높이로 자란다. 녹색 가지에 Y자형 가시가 있으며 자르면 흰색 유액이 나온다. 둥근 달걀형 잎은 가죽질이고 광택이 있다. 흰색 꽃은 지름이 3.5㎝ 정도이며 향기가 좋다. 타원형 열매는 5㎝ 정도 크기로 붉게 익고 과일로 먹으며 잼이나 젤리를 만든다.

꽃가지

꽃 모양

나무 모양

불꽃송이나무(꼭두서니과)

Carphalea kirondron

마다가스카르 원산으로 1~3m 높이로 자란다. 피침형~달걀형의 피침형 잎은 대부분 마주난다. 가지 끝에 달리는 커다란 꽃송이는 붉은색으로 매우 화려하다. 꽃처럼 보이는 붉은색은 꽃받침이며 그 가운데에서 자잘한 흰색 꽃이 길게 나온다. 열대 지방에서 관상수로 심는다.

꽃가지

꽃 모양

주홍누리장나무(마편초과)
Clerodendrum splendens

열대 아프리카 원산으로 4m 정도 높이이며 반덩굴성으로 자라기도 한다. 잎은 마주나고 타원형~달걀형이며 18㎝ 정도 길이이다. 가지 끝에 달리는 꽃송이에 붉은색 꽃이 촘촘히 모여 피는데 암술과 수술이 꽃부리 밖으로 길게 벋는다. 열대 지방에서 관상수로 심는다.

꽃가지

꽃봉오리

나무 모양

수양누리장나무(마편초과)
Clerodendrum wallichii

히말라야 원산으로 2~4m 높이로 자란다. 잔가지는 네모지고 날개가 있으며 털이 없다. 긴 타원형~피침형 잎은 11~18㎝ 길이이다. 가지 끝과 잎겨드랑이서 나오는 꽃송이는 아래로 늘어진다. 흰색 꽃 가운데서 암술과 수술이 길게 벋는다. 열대 지방에서 관상수로 심는다.

꽃가지

꽃봉오리

나무 모양

둥근솔콤브레툼(사군자과)

Combretum constrictum

동남아시아 원산으로 4~6m 높이로 자란다. 잎은 마주나고 긴 타원형이며 끝이 뾰족하고 잎맥이 뚜렷하며 앞면은 진한 녹색이다. 가지 끝에 동그란 붉은색 꽃송이가 달린다. 꽃은 붉은색 꽃잎 밖으로 암술과 수술이 길게 벋는 모양이다. 열대 지방에서 관상수로 심는다.

열매가지

뒷마당에 심은 나무

큰나래콤브레툼(사군자과)

Combretum zeyheri

열대 아프리카 원산으로 4m 정도 높이로 자란다. 잎은 마주나고 긴 타원형이며 가죽질이다. 잎겨드랑이에 향기가 좋은 황록색 꽃이 피고 4개의 날개가 돌려나는 열매는 지름이 10㎝ 정도로 큼직하며 원숭이의 먹이가 된다. 원주민들은 뿌리로 바구니를 짠다. 관상수로 심는다.

꽃가지

어린 열매가지

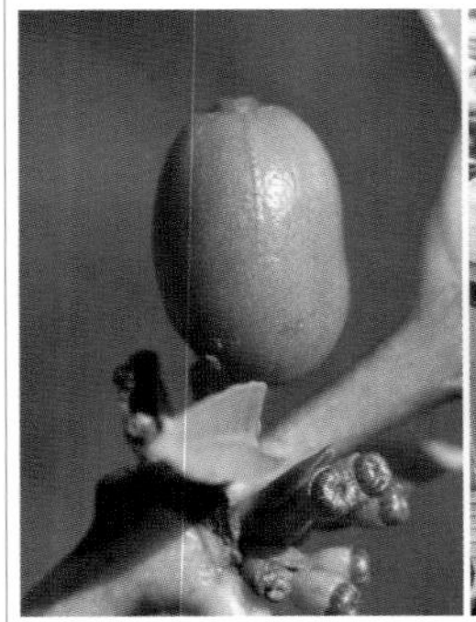

열매 모양

레바논의 커피 원두를 파는 가게

아라비카커피나무(꼭두서니과) *Coffea arabica*

아프리카 원산으로 6~8m 높이로 자란다. 잎은 마주나고 긴 타원형이며 광택이 있다. 잎겨드랑이에 별 모양의 흰색 꽃이 3~7개씩 모여 핀다. 붉게 익는 타원형 열매에는 2개의 씨앗이 들어 있다. 씨앗을 볶아서 가루로 만든 것이 커피로 세계인의 사랑을 받는 기호음료이다. 커피 품종 중 카페인의 함량이 적고 맛과 향이 뛰어나서 가장 널리 재배되고 있으며 전 세계 원두 생산량의 70% 이상을 차지한다. 커피는 아랍어 '카파(Caffa)'에서 유래되었다.

꽃가지

*로부스타커피나무

열매 모양

씨앗

나무 모양

리베리아커피나무(꼭두서니과) *Coffea liberica*

아프리카 원산으로 3~6m 높이로 자란다. 타원형 잎은 15~35㎝ 길이이며 끝이 뾰족하다. 잎겨드랑이에 흰색 꽃이 모여 피고 동그스름한 열매를 맺는다. 열매는 지름이 2~3㎝이며 붉은색으로 익는다. 아라비카커피나무보다 낮은 온도에서도 자라고 병충해에 강한 것이 특징이다. 커피의 질이 아라비카종보다 약간 떨어져서 주로 배합용으로 쓴다. ***로부스타커피나무**(*Coffea lobusta*)는 향이 거칠고 자극적인 맛이라서 주로 인스턴트커피에 사용된다.

꽃가지

C. h. 'Alba'

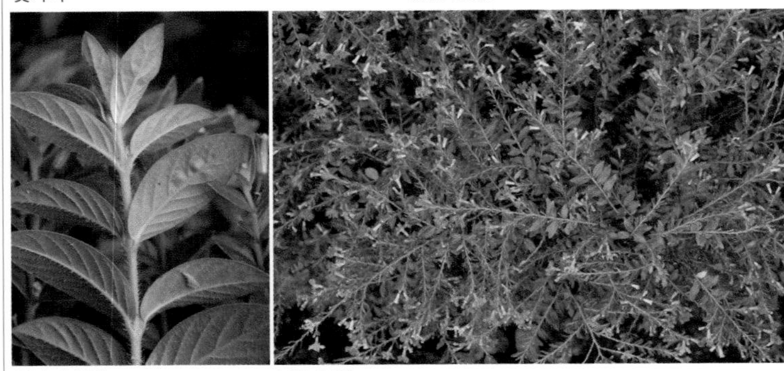

잎가지 뒷면

나무 모양

쿠페아 히소피폴리아(부처꽃과) *Cuphea hyssopifolia*

멕시코와 과테말라 원산으로 60㎝ 정도 높이로 자라며 가지가 많이 갈라져 비스듬히 퍼진다. 잎은 마주나고 긴 타원형~피침형이며 1.5㎝ 정도 길이이고 끝이 뾰족하며 광택이 있고 잎자루가 짧다. 잎겨드랑이에 달리는 적자색 꽃은 1㎝ 정도 크기이고 꽃잎과 꽃받침은 모두 6갈래로 갈라진다. 흰색 꽃이 피는 품종도 있다. 긴 타원형 열매는 갈색으로 익는다. 길가 화단을 따라 촘촘히 심어 땅을 덮는 용도로 많이 심으며 바구니에 길러 매달기도 한다.

꽃가지

잎가지 나무 모양

솜다리나무(마편초과)

Congea tomentosa

동남아시아 원산으로 5m 정도 높이로 자라며 윗부분은 덩굴처럼 번는다. 잎은 마주나고 긴 타원형이며 끝이 뾰족하다. 자잘한 꽃에 돌려나는 3개의 흰색 포는 꽃잎처럼 보이는데 점차 분홍색으로 변했다가 회색으로 되며 솜털로 덮여 있다. 열대 지방에서 관상수로 심는다.

꽃봉오리가지

꽃가지

나무 모양

대나무드라세나(백합과)

Dracaena surculosa var. *maculata*

열대 아프리카 원산으로 3m 정도 높이로 자란다. 잎은 마주나고 긴 타원형이며 끝이 뾰족하고 진한 녹색 무늬가 있으며 광택이 난다. 가지 끝에서 늘어지는 꽃송이에 자잘한 꽃이 우산 모양으로 모여 달리고 동그란 열매가 열린다. 대나무와 비슷하며 관상수로 심는다.

꽃과 열매가지

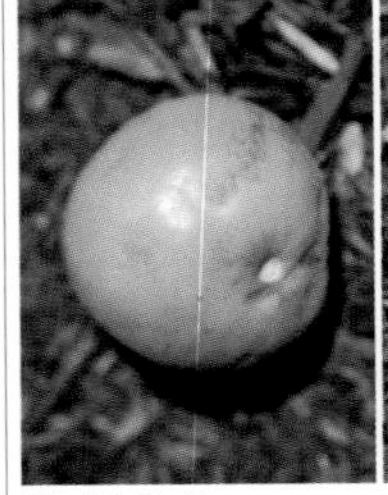
떨어진 열매

잎 앞면과 뒷면

아라자(도금양과)

Eugenia stipitata

브라질 원산으로 5m 정도 높이로 자란다. 긴 타원형 잎은 끝이 뾰족하고 뒷면은 연녹색이다. 흰색 꽃이 피고 동그란 열매는 노란색으로 익는다. 열매는 즙이 많고 새콤달콤한 맛이 나며 비타민 C가 많고 과일로 먹는다. 과자나 아이스크림을 만드는 데 넣기도 한다.

나무 모양

줄기

나무껍질

쿠페리대극(대극과)

Euphorbia cooperi

남아프리카 원산으로 5m 정도 높이까지 자란다. 나무껍질에는 가로 줄무늬와 함께 잎이 떨어져 나간 자국이 남는다. 다육질의 줄기는 마디가 있고 4개의 날개가 있다. 날개 가장자리를 따라 황록색 꽃이 피고 열매는 검붉게 익는다. 줄기를 자르면 나오는 흰색 유액은 유독하다.

꽃가지

나무 모양

자금목(대극과)

Euphorbia cotinifolia

중앙아메리카 원산으로 3~6m 높이로 자란다. 달걀형 잎은 5~12㎝ 길이로 붉은 보라색을 띠고 잎자루와 잎맥은 붉은색이다. 꽃가지마다 자잘한 황백색 꽃이 모여 핀다. 줄기나 잎을 자르면 나오는 흰색 유액이 피부에 닿으면 염증을 일으키기도 하므로 조심해야 한다.

줄기

나무 모양

나무껍질

오채각(대극과)

Euphorbia ingens

열대 아프리카 원산으로 12m 정도 높이까지 자란다. 녹색 줄기는 4개의 모서리가 지고 모서리에는 짧은 가시가 있다. 줄기의 모서리에 초록빛이 도는 노란색 꽃이 핀다. 동그란 열매는 3개의 골이 지고 적자색으로 익는다. 흰색 유액은 독이 있으므로 피부에 묻지 않도록 주의해야 한다.

줄기

***춘봉철화** 줄기

잎과 가시

***춘봉철화** 나무 모양

***춘봉철화** 품종

제금(대극과) *Euphorbia lactea*

인도 원산으로 5m 정도 높이로 자란다. 녹색 줄기는 지름이 3~5㎝이며 3~4개의 모서리가 진다. 모서리에는 5㎜ 정도 길이의 짧은 가시가 나고 아주 작은 잎은 곧 떨어져 나가기 때문에 보기가 힘들다. 줄기를 자르면 나오는 흰색 유액에는 독이 있으므로 주의해야 한다. ***춘봉철화**(*E. l.* 'Cristata')는 줄기가 부채꼴 모양으로 다양한 모습을 하기 때문에 관상용으로 인기가 있다. 보통 접목을 해서 기르며 여러 가지 색깔의 품종이 있다.

줄기

나무 모양

흰제금(대극과)

Euphorbia lactea 'White Ghost'

제금의 품종으로 줄기의 색깔이 흰빛을 띠는 것이 특징이다. 모서리에 날카로운 가시가 있다.

꽃가지

열매 모양

나무 모양

금범의꼬리(말피기아과)

Galphimia glauca

멕시코와 과테말라 원산으로 60~180㎝ 높이로 자라며 가지가 많이 갈라진다. 붉은색 가지에 마주나는 긴 타원형 잎은 2.5~5㎝ 길이이며 잎자루는 붉은색이다. 가지 끝의 기다란 꽃송이에 지름이 2㎝ 정도의 노란색 꽃이 피어 올라간다. 동그스름한 열매는 3개의 골이 진다.

G. p. 'Aurea Variegata'

G. p. 'Alba Variegata'

꽃 모양

잎 모양

G. p. 'Chocolate'

만화풀(쥐꼬리망초과) *Graptophyllum pictum*

호주 북부 뉴기니 원산으로 60~250㎝ 높이로 자란다. 잎은 마주나고 타원형이며 10~15㎝ 길이이고 끝이 뾰족하다. 녹색 바탕에 불규칙한 연노란색 무늬가 있어서 아름다우며 바탕이 자주색인 품종도 있다. 가지 끝이나 잎겨드랑이에 피는 암자색~진홍색 꽃은 기다란 입술 모양으로 3.5㎝ 정도 길이이고 암수술이 꽃잎 밖으로 나온다. 잎의 모양이 보기 좋아 관상수로 심는다. 원주민들은 잎을 피부의 상처나 변비 등의 치료에 사용한다.

꽃가지

열매가지

잎 앞면과 뒷면

나누(꼭두서니과)
Gardenia brighamii

하와이 원산으로 5m 정도 높이로 자란다. 긴 주걱 모양의 잎은 뒷면이 연녹색이다. 가지 끝에 피는 치자 꽃을 닮은 흰색 꽃은 향기가 진하며 점차 누렇게 변한다. 동그란 열매는 지름이 2~4㎝이다. 열대 지방에서 관상수로 심으며 하와이에서는 화환을 만드는데 이용하기도 한다.

꽃가지

꽃 모양

나무 모양

타이치자나무(꼭두서니과)
Gardenia gjellerupii

태국 원산으로 치자나무 종류지만 흰색 꽃은 곧 노란색으로 변한다. 타원형 잎은 끝이 뾰족하고 진한 녹색이며 잎맥이 뚜렷하다. 치자 모양의 꽃은 대롱 부분이 가늘고 길며 꽃이 시들면 꽃잎이 뒤로 젖혀진다. 향기가 진하다. 열대 지방에서 관상수로 심는다.

홑꽃이 피는 품종

겹꽃이 피는 품종

나무 모양

어린 열매

치자나무(꼭두서니과) *Gardenia jasminoides*

중국, 대만, 일본 원산으로 2~3m 높이로 자란다. 우리나라에서는 남부 지방에서 재배하거나 관상용으로 심는다. 옛날부터 여러 재배 품종이 만들어져 홑꽃이나 겹꽃이 피는 것이 있고 잎에 무늬가 들어간 품종도 함께 심어지고 있다. 흰색 꽃은 향기가 매우 진하다. 긴 타원형 열매는 세로로 6개의 모가 지고 위에 꽃받침이 남아 있으며 황홍색으로 익는다. 열매는 노란색 물감으로 사용하며 한방에서는 불면증과 황달의 치료에 쓴다.

꽃가지

꽃받침

잎 모양

아프리카치자나무(꼭두서니과)

Gardenia nitida

서아프리카 원산으로 1.5~2m 높이로 자란다. 큼직한 타원형 잎은 끝이 뾰족하고 가죽질이며 광택이 있다. 별 모양의 흰색 치자 꽃의 밑부분은 좁고 긴 대롱 모양이다. 꽃은 1년 내내 여러 차례 피고 지며 향기가 매우 진하다. 관상수로 심으며 실내 관엽식물로도 기른다.

꽃가지

꽃받침

잎 앞면과 뒷면

별꽃치자나무(꼭두서니과)

Gardenia scabrella

호주 원산으로 1~2m 높이로 자란다. 타원형~긴 타원형 잎은 끝이 뾰족하고 가장자리가 밋밋하며 잎맥이 뚜렷하고 광택이 있으며 뒷면은 연녹색이다. 별 모양의 커다란 흰색 치자 꽃은 향기가 진하며 대롱 부분이 길지 않고 꽃받침은 녹색이다. 열대 지방에서 관상수로 심는다.

꽃가지

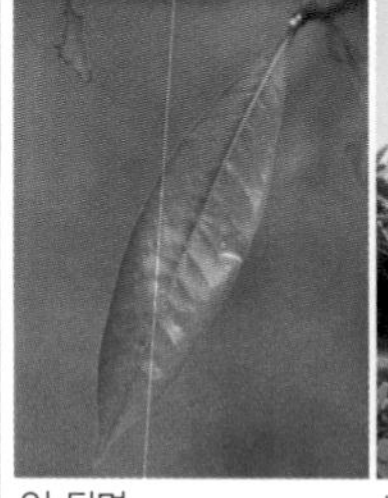
잎 뒷면

나무 모양

물치자나무(꼭두서니과)

Gardenia tubifera

말레이시아와 인도네시아 원산으로 3m 정도 높이로 자란다. 긴 타원형~피침형 잎은 끝이 뾰족하고 광택이 있다. 노란색 치자 모양의 꽃은 대롱 부분이 가늘고 길며 향기가 진하다. 동그란 열매는 자루가 길고 끝에 꽃받침자국이 남는다. 열대 지방에서 관상수로 심는다.

꽃가지

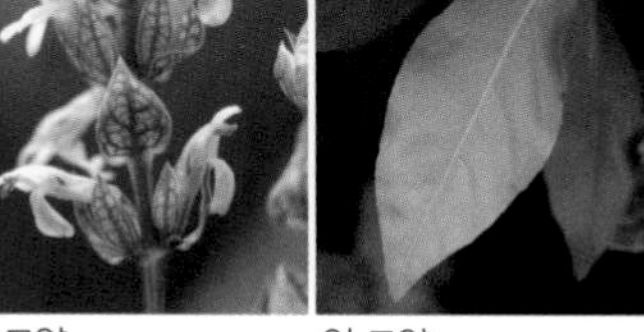
꽃 모양

잎 모양

흰새우풀(쥐꼬리망초과)

Justicia betonica

남아프리카 원산으로 1~2m 높이로 자란다. 잎은 마주나고 달걀형~타원형이며 20㎝ 정도 길이이고 끝이 뾰족하며 광택이 있다. 가지 끝의 기다란 원통형 꽃송이에 자잘한 입술 모양의 연자주색 꽃이 돌려 가며 달린다. 원주민들은 잎을 해독제나 설사를 멈추는 약으로 쓴다.

꽃가지

꽃 모양

잎 모양

새우풀(쥐꼬리망초과)

Justicia brandegeana

멕시코와 브라질 원산으로 1m 정도 높이로 자라며 가지가 많이 갈라진다. 그늘이나 실내에서는 반덩굴성으로 자란다. 잎은 마주나고 달걀형이며 끝이 뾰족하다. 가지 끝에 나는 원통형 꽃송이는 붉은색 포로 싸여 있고 입술 모양의 흰색 꽃은 끝 부분에 붉은색 반점이 있다.

꽃가지

어린 열매

나무 모양

샴익소라(꼭두서니과)

Ixora finlaysoniana

태국 원산으로 5m 정도 높이로 자란다. 잎은 마주나고 타원형이며 끝이 뾰족하고 가죽질이며 광택이 있다. 가지 끝의 큼직한 꽃송이에 자잘한 흰색 꽃이 둥글게 모여 피는데 향기가 좋다. 꽃잎은 시간이 지나면 가장자리가 점차 뒤로 말리고 동그란 열매가 다닥다닥 열린다.

꽃가지

붉은색 꽃이 피는 품종

분홍색 꽃이 피는 품종

붉은색 꽃이 피는 품종

익소라(꼭두서니과) *Ixora hybrid*

인도, 중국, 말레이시아 등 열대 아시아 원산으로 전 세계적으로 약 400여 종이 분포한다. 익소라 치넨시스(*Ixora chinensis*), 익소라 콕시네아(*Ixora coccinea*) 등에서 만들어진 많은 재배 품종이 있는데 크기가 1m가 넘는 품종도 있는가 하면 화단 가장자리에 심는 키가 작은 왜성종도 있다. 꽃의 색깔도 붉은색, 분홍색, 노란색, 흰색 등 여러 가지이며 잎의 크기와 모양도 조금씩 다르다. 열대 지방에서 흔히 볼 수 있는 대표적인 관상수의 하나이다.

붉은색 꽃이 피는 품종

분홍색 꽃이 피는 품종

오렌지색 꽃이 피는 품종

노란색 꽃이 피는 품종

흰색 꽃이 피는 품종

연노란색 꽃이 피는 품종

꽃가지

잎 모양

나무 모양

긴대롱익소라(꼭두서니과)

Ixora odorata

마다가스카르 원산으로 1~1.5m 높이로 자란다. 잎은 마주나고 긴 타원형이며 10~15㎝ 길이이다. 가지 끝에 모여 피는 가늘고 긴 대롱 모양의 꽃은 6~8㎝ 길이이며 대롱은 붉은빛이 돌고 벌어진 꽃잎은 흰색으로 향기가 진하다. 그늘에서 잘 자라므로 실내 식물로 적당하다.

꽃가지

어린 열매

스타자스민(물푸레나무과)

Jasminum laurifolium

열대 아시아 원산으로 5m 정도 높이로 자라며 윗부분은 덩굴처럼 된다. 잎은 마주나고 긴 타원형이며 가죽질이고 광택이 있다. 별 모양의 흰색 꽃은 꽃잎이 가늘고 길게 갈라진다. 꽃받침은 4~12갈래로 가늘게 갈라져 수평으로 벌어진다. 열대 지방에서 관상수로 심는다.

꽃가지

어린 열매

열매가지

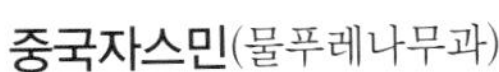

중국자스민(물푸레나무과)

Jasminum multiflorum

인도 원산으로 1.5~3m 높이로 자란다. 잎은 마주나고 달걀형이며 5~7㎝ 길이이고 끝이 뾰족하며 광택이 있다. 별 모양의 흰색 꽃은 지름이 2.5㎝ 정도이며 꽃잎이 가늘게 갈라지고 향기가 있다. 인도 원산이지만 우리나라에는 '중국자스민'으로 알려져 있다. 관상수로 재배하고 있다.

꽃가지

꽃 모양

렉스자스민(물푸레나무과)

Jasminum rex

태국 원산으로 윗부분은 덩굴처럼 된다. 잎은 마주나고 타원형이며 끝이 뾰족하고 광택이 있으며 가죽질이다. 가느다란 대롱 모양의 꽃은 끝 부분이 별 모양으로 갈라지며 수평으로 벌어지고 향기가 진하다. 열대 지방에서 관상수로 심는데 생울타리를 만들기도 한다.

꽃가지

시든 꽃

겹꽃말리화(물푸레나무과)
Jasminum sambac

인도 원산의 원예종으로 1~3m 높이로 자란다. 잎은 마주나고 넓은 달걀형~타원형이며 광택이 있다. 가지 끝에 흰색 겹꽃이 피는데 향기가 강하며 꽃은 매달린 채로 시든다. 중국에서는 차의 향료나 향수를 만드는 데 쓴다. 열대 지방에서 관상수로 심고 우리나라에서는 온실에서 기른다.

꽃가지

열매가지

페낭자두(협죽도과)
Kopsia flavida

인도와 동남아시아 원산으로 9m 정도 높이까지 자란다. 긴 타원형 잎은 가죽질이고 5~25㎝ 길이이며 잎맥이 뚜렷하다. 가지 끝에 흰색 꽃이 모여 피는데 가는 대롱 모양의 끝 부분은 5갈래로 갈라져 활짝 벌어진다. 타원형 열매는 검게 익는다. 열대 지방에서 관상수로 심는다.

꽃가지

꽃 모양

나무 모양

분홍코프시아(협죽도과)

Kopsia fruticosa

동남아시아 원산으로 4m 정도 높이로 자란다. 타원형 잎은 끝이 갑자기 뾰족해지고 가장자리가 밋밋하며 잎맥이 패이고 뒷면은 연녹색이다. 가지 끝에 여러 개의 분홍색 꽃이 모여 피는데 활짝 벌어진 꽃잎 가운데 부분은 붉은색이다. 열대 지방에서 관상수로 심는다.

꽃가지

꽃 모양

자바자두(협죽도과)

Kopsia pruniformis

열대 아시아와 호주가 원산으로 15m 정도 높이로 자란다. 긴 타원형 잎은 끝이 뾰족하다. 가지 끝에 흰색 꽃이 모여 피는데 가는 대롱 모양의 끝 부분은 5갈래로 갈라져 활짝 벌어진다. 꽃의 지름은 2.5㎝ 정도이다. 타원형 열매는 검게 익는다. 열대 지방에서 관상수로 심는다.

꽃가지

꽃부리 모양

나무 모양

싱가폴코프시아(협죽도과)

Kopsia singaporensis

말레이시아와 싱가포르 원산으로 12m 정도 높이로 자란다. 긴 타원형 잎은 잎맥이 뚜렷하며 끝이 뾰족하다. 가지 끝에 흰색 꽃이 모여 핀다. 활짝 벌어진 꽃잎 가운데에 작은 붉은색 점이 있고 꽃자루는 1㎝ 정도 길이이다. 타원형 열매는 검게 익는다. 열대 지방에서 관상수로 심는다.

꽃가지

꽃 모양

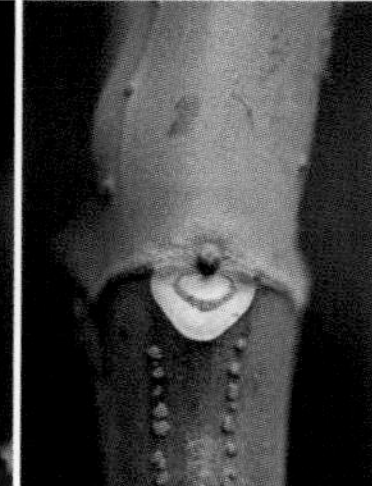
줄기의 잎자국

브라질빨간망토(쥐꼬리망초과)

Megaskepasma erythrochlamys

중앙아메리카 원산으로 3~5m 높이로 자란다. 타원형~달걀형 잎은 끝이 뾰족하고 잎맥이 뚜렷하다. 가지 끝의 커다란 꽃송이에 입술 모양의 흰색 꽃이 피지만 붉은색 꽃받침이 계속 남아 있기 때문에 전체적으로 붉게 보인다. 열대 지방에서 관상수로 심고 우리나라에서는 온실에서 기른다.

꽃가지

열매가지

바베이도스체리(말피기아과)
Malpighia glabra

열대 아메리카 원산으로 3m 정도 높이로 자란다. 달걀형~타원형 잎은 끝이 뾰족하고 길이가 8㎝ 정도에 달하는 것도 있다. 진한 분홍색 꽃이 피고 동그란 열매를 맺는다. 열매는 즙이 많고 특히 비티민 C가 많이 들어 있다. 열매는 날로 먹거나 잼, 주스, 화장품 등의 원료로 쓴다.

꽃가지

어린 열매

익은 열매

아세로라(말피기아과)
Malpighia punicifolia

열대 아메리카 원산으로 6m 정도 높이로 자란다. 달걀형~타원형 잎은 끝이 둥글거나 오목하게 들어가고 바베이도스체리보다 작다. 진한 분홍색 꽃이 피고 붉은색 열매는 날로 먹거나 잼, 주스, 화장품 등의 원료로 쓰고 있다. 바베이도스체리와 같은 종으로 보기도 한다.

꽃가지

***흰인도석남화**

암술과 수술

***흰인도석남화** 꽃봉오리

열매 모양

인도석남화(멜라스토마과) *Melastoma malabathricum*

열대 아시아와 호주 원산으로 2m 정도 높이로 자란다. 긴 타원형 잎은 12㎝ 정도 길이이고 끝이 뾰족하며 3개의 주맥이 나란히 벋고 광택이 있다. 가지 끝의 꽃송이에 홍자색 꽃이 피는데 5장의 꽃잎은 수평으로 퍼지고 가느다란 암수술이 밖으로 벋는다. 타원형 열매는 끝에 꽃받침 자국이 뚜렷하며 붉은색으로 익는다. 열대 지방에서 관상수로 심으며 저절로 자라기도 한다. 흰색 꽃이 피는 ***흰인도석남화**(*M. m.* var. *Alba*)도 함께 관상수로 심는다.

꽃가지

열매가지

꽃과 어린 열매

새순

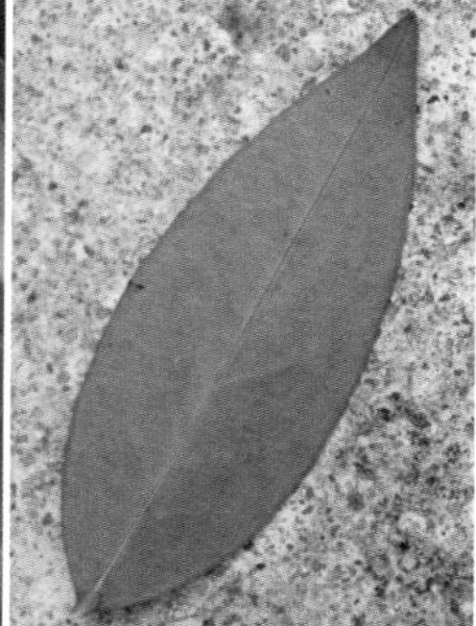
잎 뒷면

자바니피스(멜라스토마과) *Memecylon caeruleum*

인도차이나와 말레이시아 원산으로 3~6m 높이로 자란다. 잎은 마주나고 타원형이며 끝이 뾰족하고 가죽질이며 광택이 있고 뒷면은 연녹색이다. 새로 돋는 잎은 적갈색으로 광택이 있으며 아름답다. 잎겨드랑이에 모여 피는 남보라색 꽃은 5~6㎜ 크기로 매우 작으며 1년에 여러 차례 꽃이 핀다. 타원형 열매는 1~1.5㎝ 길이이며 붉은색으로 변했다가 검은색으로 익고 즙이 많으며 먹을 수 있다. 잎은 채소로 먹는다. 열대 지방에서 관상수로 심는다.

꽃가지

M. e. 'Dona Luz'

M. e. 'Queen Sirikit'

꽃 모양

잎 뒷면

붉은무사엔다(꼭두서니과) *Mussaenda erythrophylla*

열대 아프리카와 열대 아시아 원산으로 3m 정도 높이로 자란다. 잎은 마주나고 타원형~달걀형이며 7~15㎝ 길이이고 끝이 뾰족하며 뒷면은 회녹색이다. 가지 끝의 꽃송이에 모여 피는 별 모양의 연노란색 꽃은 밑에 잎 모양의 붉은색 포가 있어 매우 아름답다. 연노란색 꽃의 밑부분은 깔때기 모양이며 붉은색 털이 있다. 포의 색깔이나 모양이 조금씩 다른 여러 품종이 있다. 열대 지방의 대표적인 관상수로 1년 내내 꽃이 피고 진다.

꽃가지

꽃 모양

오렌지무사엔다(꼭두서니과)

Mussaenda marmelada

열대 아시아 원산으로 4m 정도 높이로 자란다. 잎은 마주나고 타원형~달걀형이며 끝이 뾰족하고 광택이 있으며 잎맥이 뚜렷하다. 가지 끝에 달리는 커다란 꽃송이에 작은 노란색 꽃이 모여 피고 꽃에 달린 포는 오렌지색이다. 열대 지방에서 관상수로 널리 심고 있다.

꽃가지

꽃 모양

오로라무사엔다(꼭두서니과)

Mussaenda philippica 'Auroae'

열대 아시아 원산으로 4m 정도 높이로 자란다. 잎은 마주나고 타원형~달걀형이며 끝이 뾰족하고 광택이 있으며 잎맥이 뚜렷하다. 가지 끝에 달리는 커다란 꽃송이에는 작은 노란색 꽃이 모여 피는데 꽃에 달린 포는 흰색이다. 열대 지방에서 관상수로 널리 심고 있다.

꽃가지

열매가지

나무 모양

서양협죽도(협죽도과) *Nerium oleander*

지중해 원산으로 2~6m 높이로 자란다. 선형 잎은 5~20㎝ 길이이며 가죽질이고 가지에 마주나거나 돌려난다. 많은 재배 품종이 있으며 품종에 따라 꽃 색깔이 붉은색, 분홍색, 흰색, 노란색 등 여러 가지이고 겹꽃이 피는 품종도 있으며 잎에 무늬가 있는 품종도 있다. 가늘고 긴 열매는 5~23㎝ 길이이며 갈색으로 익으면 세로로 쪼개지면서 털이 달린 씨앗이 나온다. 가지를 자르면 나오는 흰색 유액에는 치명적인 독이 있다. 관상수나 가로수로 심는다.

겹꽃이 피는 품종

붉은색 꽃이 피는 품종

분홍색 꽃이 피는 품종

꽃분홍색 꽃이 피는 품종

연분홍색 꽃이 피는 품종

흰색 꽃이 피는 품종

흰색 꽃이 핀 나무

꽃가지

열매가지

나무 모양

멘티기나무(부처꽃과)

Pemphis acidula

동아프리카와 열대 아시아, 호주 원산으로 10m 정도 높이까지 자란다. 긴 타원형 잎은 광택이 있고 가지에 촘촘히 달린다. 흰색 꽃은 적갈색 꽃받침에 싸여 있고 열매는 검붉은색으로 익는다. 관상용으로 기르는데 분재용으로 키우기 때문에 흔히 작은 나무를 만날 수 있다.

잎가지

나무 모양

***무늬은행목**

은행목(쇠비름과)

Portulacaria afra

남아프리카 원산으로 2~4m 높이로 자라며 줄기와 가지는 다육질이다. 거꿀달걀형 잎은 1.2㎝ 정도 길이이며 다육질이다. 작은 잎의 모양이 은행잎을 닮아서 '은행목'이라고 하며 잎에 흰색 무늬가 있는 품종은 ***무늬은행목**(*P. a.* 'Variegata') 또는 '아악무'라고 한다.

꽃가지

줄기의 열매

나무 모양

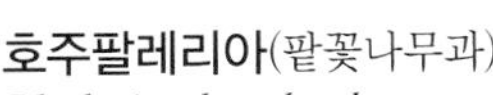

호주팔레리아(팥꽃나무과)

Phaleria clerodendron

호주 원산으로 6m 정도 높이로 자란다. 긴 타원형 잎은 끝이 뾰족하고 광택이 있으며 잎맥을 따라 골이 지고 뒷면은 연녹색이다. 줄기나 가지에 흰색 꽃이 모여 피는데 향기가 있다. 동그란 열매는 암적색으로 익으며 새들이 즐겨 먹는다. 열대 지방에서 관상수로 심는다.

열매가지

나무 모양

파푸아팔레리아(팥꽃나무과)

Phaleria macrocarpa

인도네시아 원산으로 5m 정도 높이로 자란다. 긴 타원형 잎은 7~10㎝ 길이이며 끝이 뾰족하다. 깔때기 모양의 흰색 꽃은 2~4개씩 모여 피고 동그란 열매는 세로로 얕은 골이 진다. 씨앗은 독성이 강하므로 주의해야 한다. 원산지에서는 줄기와 잎, 열매를 약재로 사용한다.

꽃가지

열매가지

열매 단면

나무 모양

P. g. 'Nana'

구아바(도금양과) *Psidium guajaba*

열대 아메리카 원산으로 3~7m 높이로 자란다. 잎은 마주나고 달걀형~긴 타원형이며 가죽질이고 누르면 향기가 난다. 잎겨드랑이에 1~3개씩 피는 흰색 꽃은 지름이 3㎝ 정도이다. 원형~거꿀달걀형 열매는 5~12㎝ 길이이며 끝에 꽃받침자국이 남아 있고 연한 붉은빛으로 익는다. 열매살은 즙이 많고 달콤한 맛이 나는데 비타민이나 철분 등의 각종 영양소가 풍부하다. 열매는 날로 먹거나 통조림, 젤리, 잼, 치즈 등을 만든다. 여러 재배 품종이 있다.

꽃가지

꽃 모양

잎

인도지린내나무(마편초과)

Premna serratifolia

인도 원산으로 10m 정도 높이까지 자라며 드물게 땅을 기며 자라기도 한다. 잎은 마주나고 타원형이다. 잎을 으깨면 악취가 난다. 가지 끝의 커다란 꽃송이에 자잘한 흰색 꽃이 촘촘히 모여 피고 열매는 검붉은색으로 익는다. 원산지에서는 잎과 뿌리를 전통 약재로 사용한다.

꽃가지

열매가지

나무 모양

석류나무(석류과)

Punica granatum

서남아시아 원산으로 5~7m 높이로 자란다. 잎은 마주나고 긴 타원형이다. 가지 끝에 붉은색 꽃이 피는데 통 모양의 꽃받침은 육질이고 6갈래로 갈라지며 붉은빛이 돈다. 둥근 열매는 적색으로 익으며 과일로 먹는다. 우리나라에서부터 열대 지방까지 과일나무와 관상수로 심는다.

꽃가지

흰색 꽃

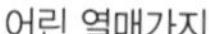
어린 열매가지

나무 모양

도금양나무(도금양과) *Rhodomyrtus tomentosa*

동남아시아 원산으로 2~4m 높이로 자란다. 잎은 마주나고 긴 타원형이며 3~6㎝ 길이이고 세로로 3갈래의 잎맥이 벋으며 뒷면에 솜털이 나 있다. 가지에 홍자색 꽃이 2~3개씩 모여 피는데 5장의 꽃잎 가운데에 많은 수술이 모여 있다. 달걀형 열매는 1~5㎝ 길이이며 끝에 꽃받침이 남아 있고 검자줏빛으로 익는다. 열매는 날로 먹기도 하고 파이나 잼을 만들기도 하며 술을 담그기도 한다. 열대 지방에서 관상수로도 많이 심는다.

꽃가지

꽃봉오리

잎가지

파나마로즈(꼭두서니과)

Rondeletia leucophylla

멕시코와 파나마 원산으로 1~2m 높이로 자란다. 어린 가지는 털로 덮여 있다. 잎은 마주나고 피침형이며 5~10㎝ 길이이고 광택이 있다. 가지 끝의 꽃송이에 붉은색 꽃이 촘촘히 모여 피는데 달콤한 향기가 난다. 꽃부리는 가는 대롱 모양이며 끝 부분은 4갈래로 갈라져 벌어진다.

꽃가지

꽃 모양

붉은루스폴리아(쥐꼬리망초과)

Ruspolia hypocrateriformis

아프리카 원산으로 1~2m 높이로 자란다. 잎은 마주나고 타원형~달걀형이며 끝이 뾰족하다. 가지 끝의 꽃송이에 지름이 2㎝ 정도인 붉은색 꽃이 촘촘히 모여 핀다. 꽃부리는 가는 대롱 모양이며 끝 부분은 5갈래로 갈라져 벌어지고 꽃잎 앞면에 진한 색 점무늬가 있다.

꽃가지

꽃 모양

벌새꽃(쥐꼬리망초과)

Ruttya fruticosa

열대 아프리카 원산으로 2~3m 높이로 자란다. 잎은 마주나고 달걀형이며 6~8㎝ 길이이고 끝이 뾰족하며 광택이 있다. 가지 끝에 모여 피는 대롱 모양의 붉은색 꽃은 5장의 꽃잎이 끝 부분에서 갈라져 뒤로 젖혀지는 모습이 특이하다. 노란색 꽃이 피는 품종도 있다.

꽃가지

꽃 모양

녹슨꽃겨우살이(겨우살이과)

Scurrula ferruginea

열대 아시아 원산으로 1m 정도 높이로 자란다. 잎은 마주나고 넓은 타원형~달걀형이며 5~10㎝ 길이이고 광택이 있다. 잎겨드랑이에 모여 피는 가는 대롱 모양의 꽃은 적갈색 털로 덮여 있는 것이 녹슨 것처럼 보인다. 큰 나무에 기생하며 가지는 밑으로 길게 늘어진다.

꽃봉오리가지 어린 열매가지

열매 모양

잎 뒷면

나무껍질

워터애플(도금양과) *Syzygium aqueum*

인도 원산으로 3~10m 높이로 자란다. 잎은 마주나고 타원형~거꿀달걀형이며 5~25㎝ 길이이고 가죽질이며 끝이 뾰족하고 뒷면은 연녹색이다. 가지 끝이나 잎겨드랑이에 모여 피는 흰색이나 붉은색 꽃에는 긴 수술이 많다. 종 모양의 열매는 끝에 꽃받침자국이 남아 있고 광택이 있으며 흰색이나 연한 붉은색~붉은색으로 익는다. 열대 과일의 하나로 즙이 많고 사각거리며 씹히는 느낌이 좋고 단맛도 있어서 후식으로 많이 먹는다.

꽃가지

새로 돋는 잎

어린 열매

적남(도금양과)
Syzygium buxifolium

중국, 일본, 베트남 원산으로 4m 정도 높이로 자란다. 잎은 마주나고 타원형이며 광택이 있다. 가지에 모여 피는 흰색 꽃은 긴 수술이 많다. 동그란 열매는 지름이 5~7㎜이며 붉은색으로 변했다가 흑자색으로 익는다. 전지에 잘 적응하기 때문에 분재용으로 많이 기른다.

꽃가지

새로 돋는 잎

나무 모양

홍남목(도금양과)
Syzygium campanulatum

인도차이나와 말레이시아 원산으로 4m 정도 높이로 자란다. 잎은 마주나고 타원형~긴 타원형이며 가죽질이다. 새로 돋는 잎은 선명한 붉은빛이 아름답기 때문에 관상수로 많이 심고 있다. 가지에 긴 수술이 많은 흰색 꽃이 모여 핀다. 동그란 열매는 검붉은색으로 익는다.

꽃가지

꽃 모양

백정화(꼭두서니과)
Serissa foetida

중국 원산으로 1m 정도 높이로 자란다. 잎은 마주나고 좁은 타원형이며 끝이 뾰족하다. 잎겨드랑이에 달리는 흰색 꽃부리는 5갈래로 갈라져 벌어지고 안에는 흰색 털이 있다. 분홍색 꽃이 피거나 겹꽃이 피는 품종도 있고 잎에 무늬가 있는 품종도 있다. 흔히 생울타리를 만든다.

꽃가지

어린 열매가지

아프리카자스민(협죽도과)
Tabernaemontana Africana

열대 아프리카 원산으로 3~12m 높이로 자란다. 긴 타원형 잎은 15㎝ 정도 길이이며 끝이 뾰족하고 광택이 있다. 흰색 꽃은 가느다란 대롱 끝에서 5갈래로 갈라져 수평으로 벌어지는데 갈래조각이 좁으며 향기가 진하다. 동그란 열매는 지름이 7~15㎝이다. 관상수로 심는다.

꽃가지

사랑꽃 겹꽃 품종

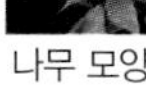
나무 모양

사랑꽃 겹꽃 무늬잎 품종

무늬잎사랑꽃(협죽도과) *Tabernaemontana corymbosa Variega*

동남아시아 원산의 원예종으로 1~8m 높이로 자란다. 긴 달걀형 잎은 7~30㎝ 길이이며 끝이 뾰족하고 은빛 무늬가 있다. 가지 끝의 꽃송이에 모여 피는 흰색 꽃은 지름이 2~5㎝이며 5장의 꽃잎은 바람개비 모양이다. 원종인 사랑꽃에는 겹꽃이 피는 품종도 있으며 잎에 노란색 무늬가 있는 품종도 있다. 열대 지방에서 관상수로 심으며 생울타리를 만들기도 한다. 원주민들은 나무껍질과 잎을 골절을 치료하는 약재로 사용한다.

꽃가지

열매가지

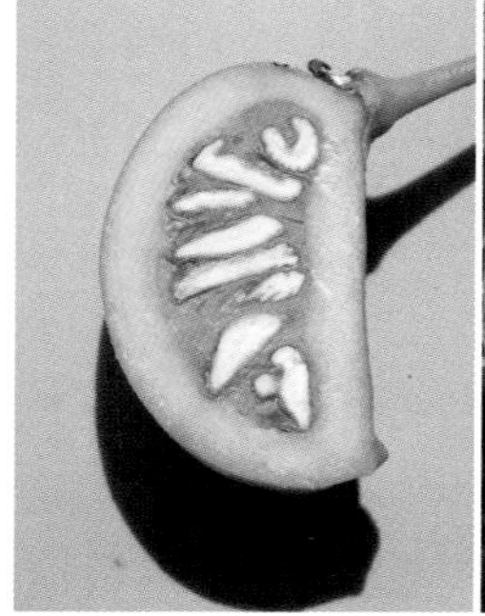
열매 단면

잎가지

나무 모양

란위자스민(협죽도과) *Tabernaemontana dichotoma*

타이완과 필리핀 원산으로 열대 지방에서 관상수로 심는다. 잎은 어긋나고 긴 타원형이며 잎자루가 짧고 광택이 있으며 뒷면은 연한 황록색이고 가지런히 옆으로 벋는 측맥은 15~20쌍이다. 가지 끝에 달리는 꽃송이에 흰색 꽃이 모여 피는데 꽃부리 밑부분은 가느다란 원통 모양이며 누른빛이 돌고 끝 부분의 흰색 꽃잎은 5갈래로 갈라져 벌어지고 향기가 있다. 편원형 열매는 황갈색으로 익으며 껍질은 가죽질이고 속살은 붉은색이다.

꽃가지

꽃 모양 나무 모양

크레이프자스민(협죽도과)

Tabernaemontana divaricata

인도 원산으로 2m 정도 높이로 자란다. 긴 타원형 잎은 끝이 뾰족하고 광택이 있다. 잎이나 가지를 자르면 나오는 흰색 유액은 독성이 강하다. 흰색 꽃은 가느다란 원통 끝에서 5갈래로 갈라진 꽃잎이 수평으로 벌어져 바람개비 모양으로 배열된다. 관상수로 심는다.

꽃가지

꽃 모양 잎 뒷면

큰바람개비자스민(협죽도과)

Tabernaemontana pachysiphon

열대 아프리카 원산으로 2~15m 높이로 자란다. 긴 타원형 잎은 길이가 40㎝ 정도 가까이 되는 것도 있으며 진한 녹색이다. 커다란 흰색 꽃은 5갈래로 갈라진 꽃잎이 바람개비 모양으로 배열되는데 한가운데는 노란색 무늬가 있고 향기가 진하다. 꽃에서 뽑아낸 오일로 향수를 만든다.

꽃가지

무늬잎 품종

꽃봉오리

나무 모양

티보치나(멜라스토마과) *Tibouchina urvilleana*

브라질 원산으로 1~4m 높이로 자란다. 어린 가지는 네모지고 부드러운 털로 덮여 있다. 잎은 마주나고 긴 달걀형이며 4~12㎝ 길이이고 끝이 뾰족하며 부드러운 털로 덮여 있고 세로로 5~7갈래의 잎맥이 뚜렷하다. 가지 끝에 1~3개의 남보라색 꽃이 피는데 지름이 2.5~3㎝이며 암수술이 길게 벋는다. 열매는 14~15㎜ 정도 크기이다. 잎에 무늬가 있는 것 등 여러 품종이 있으며 열대 지방에서 관상수로 심는데 생울타리를 만들기도 한다.

꽃가지

어린 열매

나무 모양

산호타레나(꼭두서니과)

Tarenna odorata

말레이시아 원산으로 6m 정도 높이로 자란다. 타원형 잎은 끝이 뾰족하고 가죽질이며 광택이 있다. 가지 끝의 꽃송이에 흰색 꽃이 모여 피는데 좁고 긴 깔때기 모양의 꽃은 끝 부분이 좁게 갈라져 벌어지고 시들 때는 누른빛으로 변한다. 작고 동그란 열매가 다닥다닥 열린다.

꽃가지

꽃봉오리

붉은꽃라이티아(협죽도과)

Wrightia dubia

태국 원산으로 2m 정도 높이로 자란다. 잎은 마주나고 긴 타원형~거꿀달걀형이며 끝이 뾰족하고 질이 얇다. 가지 끝에 모여 달리는 분홍색~붉은색 꽃은 별 모양으로 갈라지며 향기가 없다. 가늘고 긴 열매는 13~30㎝ 길이이며 1쌍이 달린다. 열대 지방에서 관상수로 심는다.

꽃가지

꽃 모양

꽃받침과 꽃봉오리

가지

나무 모양

눈송이라이티아(협죽도과) *Wrightia antidysenterica*

스리랑카 원산으로 1~2m 높이로 자란다. 2갈래로 갈라지는 가지는 적갈색을 띤다. 잎은 마주나고 달걀형이며 끝이 뾰족하고 가죽질이다. 가지 끝에 흰색 꽃이 모여 피는데 밑부분은 가느다란 대롱 모양이고 끝 부분이 벌어지면서 꽃잎이 별 모양으로 갈라진다. 아름다운 별 모양의 꽃은 1년 내내 피기 때문에 열대 지방에서 관상수로 널리 사랑을 받는다. 인도에서는 나무껍질을 염증을 가라앉히는 약재로 쓰고 나뭇잎은 피부 질환에 사용한다.

꽃가지

무늬잎 품종

열매가지

분재

워터자스민(협죽도과) *Wrightia religiosa*

동남아시아 원산으로 3m 정도 높이로 자란다. 잎은 마주나고 긴 타원형~긴 달걀형이며 2.5~7.5㎝ 길이이고 끝이 뾰족하며 질이 얇고 뒷면은 연녹색이다. 가지 끝에 여러 개의 흰색 꽃이 늘어지며 달리는 모습은 때죽나무와 비슷하다. 열대 지방에서는 1년 내내 꽃이 피며 향기가 좋다. 가늘고 긴 바늘 모양의 열매는 2개가 짝을 지어 매달린다. 잎에 무늬가 있거나 겹꽃이 피는 등의 여러 재배 품종이 있으며 함께 관상수로 심고 분재로도 많이 기른다.

꽃가지

꽃 모양

새로 돋는 잎

노랑펜다(도금양과)

Xanthostemon chrysanthus

호주 원산으로 12~40m 높이로 자란다. 긴 타원형 잎은 15㎝ 정도 길이이며 끝이 뾰족하고 광택이 있다. 새로 돋는 잎은 붉은빛이 돈다. 가지 끝의 꽃송이에 노란색 꽃이 촘촘히 모여 피는데 기다란 수술이 많아서 노란색 밤송이 모양이다. 열대 지방에서 관상수로 심는다.

꽃가지

묵은 열매

하양펜다(도금양과)

Xanthostemon verticillatus

호주 원산으로 5m 정도 높이로 자란다. 피침형 잎은 가운데 잎맥이 뚜렷하다. 가지 끝의 꽃송이에 흰색 꽃이 촘촘히 모여 피는데 흰색 수술이 많아서 흰색 밤송이 모양이고 향기가 좋다. 동그란 열매는 갈색으로 익으면 갈라져 벌어진다. 열대 지방에서 관상수로 심는다.

꽃가지

무늬잎 품종

꽃이삭

무늬잎 품종

아칼리파 윌케시아나(대극과) *Acalypha wilkesiana*

동인도와 남태평양 원산으로 3~5m 높이로 자란다. 잎은 어긋나고 타원형이며 12~20㎝ 길이이고 끝이 뾰족하며 밝은 녹색이고 가장자리에 톱니가 있다. 암수한그루로 꽃이삭은 10~20㎝ 길이로 곧게 서거나 약간 처지며 자잘한 황록색 꽃이 촘촘히 달린다. 잎에 노란색이나 붉은색 무늬가 있는 등 많은 재배 품종이 있으며 꽃이삭도 붉은빛을 띠는 품종이 있다. 열대 지방에서 관상수로 심으며 생울타리를 만들기도 한다. 온대 지방에서 관엽식물로 기른다.

무늬잎 품종

무늬잎 품종

나무 모양

꽃가지

생울타리

아칼리파 시아멘시스(대극과)

Acalypha siamensis

열대 아시아 원산으로 1~2m 높이로 자란다. 잎은 어긋나고 긴 타원형~달걀형이며 약간 모가 지고 2~6㎝ 길이이며 진한 녹색이고 광택이 있다. 잎겨드랑이에 달리는 기다란 꽃이삭에 자잘한 황록색 꽃이 모여 핀다. 가지가 많이 벋기 때문에 촘촘히 심어서 생울타리를 만든다.

꽃가지

꽃이삭

잎 모양

아칼리파 히스피다(대극과)

Acalypha hispida

인도와 뉴기니 원산으로 2~5m 높이로 자란다. 잎은 어긋나고 넓은 타원형~넓은 달걀형이며 15~20㎝ 길이이고 끝이 뾰족하며 긴 잎자루는 붉은빛이 돈다. 잎겨드랑이에서 자란 기다란 원기둥 모양의 꽃이삭은 20~50㎝ 길이로 늘어지며 붉은색 털로 덮인 모양이다. 꽃이삭의 모양을 보고 '붉은줄나무'또는 '붉은여우꼬리풀'이라고도 한다. 햇볕과 수분만 충분하면 1년 내내 계속해서 꽃이 핀다. 열대 지방에서 관상수로 널리 심으며 생울타리를 만들기도 한다. 온대 지방에서도 화분에 심어 기른다.

나무 모양

잎가지

나무 모양

*작은잎울타리죽

울타리죽(벼과)

Bambusa multiplex

중국 남부 원산으로 4m 정도 높이로 자란다. 줄기가 무더기로 촘촘히 모여 나는 남방죽의 하나로 잔가지가 많으며 줄기와 잎이 가는 것이 특징이다. 잎이 아주 작고 가는 ***작은잎울타리죽**(*B. m.* 'Tiny Fern')도 함께 관상수로 심는다. 새로 돋는 죽순을 삶아서 요리해 먹는다.

나무 모양

줄기 모양

난쟁이호로죽(벼과)

Bambusa vulgaris 'Wamin'

중국 남부 원산으로 5m 정도 높이로 자란다. 줄기가 무더기로 촘촘히 모여 나는 남방죽의 하나이다. 줄기는 마디와 마디 사이가 올챙이 배처럼 볼록하게 부풀어 오르는 특징이 있다. 잎은 잔가지에 8~9장씩 달린다. 줄기의 모양이 독특해 열대 지방에서 관상수로 심는다.

꽃가지 꽃봉오리

열매송이 익은 열매 열매 줄기

둥근솔나무(프로테아과) *Banksia speciosa*

호주 원산으로 4~8m 높이로 자란다. 선형 잎은 길이가 45㎝ 정도에 달하며 가장자리가 톱니 모양이고 광택이 있으며 뒷면은 흰빛이 돈다. 가지 끝에 달리는 원뿔형의 꽃송이는 12㎝ 정도 길이이고 황백색이며 독특한 모양이다. 완전히 성숙한 원뿔형의 열매 송이는 빳빳한 갈색 털에 싸인 채 오래 매달려 있다. 원산지에서는 산불이 나면 털복숭이 열매가 불에 타면서 씨앗이 퍼진다고 한다. 열매의 모양이 특이해 관상수로 심는다.

꽃가지 열매가지

겹꽃이 피는 품종 무늬꽃 품종 나무 모양

동백나무(차나무과) *Camellia japonica*

우리나라 남부, 중국, 일본 원산으로 5~9m 높이로 자란다. 잎은 어긋나고 타원형~긴 타원형이며 5~12㎝ 길이이고 끝이 뾰족하며 가죽질이고 광택이 있다. 가지 끝이나 잎겨드랑이에 피는 붉은색 꽃은 지름이 5~8㎝이며 꽃잎은 5~7장이고 안쪽에 모여 있는 노란색 수술이 돋보인다. 동그란 열매는 2~3㎝ 크기이며 붉은색으로 익고 씨앗으로는 기름을 짠다. 흰색이나 분홍색 꽃이 피는 품종도 있고 겹꽃이 피는 품종 등 많은 재배 품종이 있다.

열매가지

***핑크레몬**

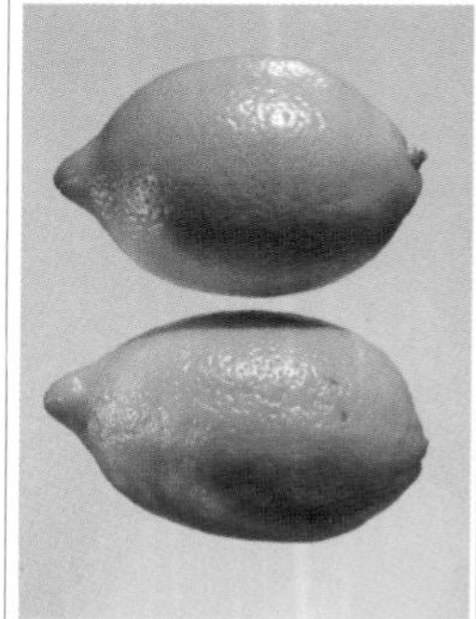
열매

열매 단면

****무늬잎레몬**

레몬(운향과) *Citrus limon*

히말라야 원산으로 3~6m 높이로 자란다. 잎은 어긋나고 타원형이며 끝이 뾰족하다. 잎겨드랑이에 흰색 꽃이 몇 개씩 모여 피며 향기가 진하다. 타원형 열매는 노란색으로 익는다. 덜 익은 열매껍질로 기름을 짜거나 음료를 만들고 과즙은 설탕을 넣어 젤리나 과자 등을 만들며 생선 요리에 열매를 곁들인다. ***핑크레몬**(*C. l.* 'Pink')는 잎에 크림색 무늬가 있고 열매에는 녹색 줄무늬가 있으며 속살이 분홍색이다. 잎에 무늬가 있는 ****무늬잎레몬**(*C. l.* var. *variegata*) 등 많은 재배 품종이 있다.

꽃가지

시든 꽃

잎 앞면과 뒷면

나무 모양

수련나무(피나무과)

Grewia caffra

남아프리카 원산으로 3m 정도 높이로 자란다. 잎은 어긋나고 달걀형~긴 달걀형이며 끝이 뾰족하고 뒷면은 연녹색이며 잎자루가 짧다. 홍자색 꽃은 4㎝ 정도 크기이며 꽃잎이 10장처럼 보이는데 밑부분의 5장은 꽃받침이다. 꽃받침 앞면은 홍자색이지만 뒷면은 연한 황록색이라서 구분이 되며 꽃잎보다 약간 길다. 꽃의 가운데에는 많은 수술 밖으로 노란 꽃밥을 단 암술이 벋는다. 갓 피어난 꽃의 모습이 수련을 닮았으며 '수련목'이라고도 부른다. 열대 지방에서 관상수로 심으며 분재의 소재로도 쓴다.

나무 모양

꽃가지

선홍색 꽃이 피는 품종

노란색 꽃이 피는 품종 주황색 꽃이 피는 품종 겹꽃 품종

하와이무궁화(아욱과) *Hibiscus rosa-sinensis*

중국 남부와 인도 동부 원산으로 2~5m 높이로 자란다. 잎은 어긋나고 달걀형이며 7~11㎝ 길이로 끝이 뾰족하고 가장자리에 톱니가 있으며 광택이 있다. 새로 자란 가지 윗부분의 잎겨드랑이에 붉은색 꽃이 피는데 지름이 10~15㎝로 큼직하고 5장의 꽃잎은 가장자리에 톱니가 있으며 뒤로 젖혀진다. 꽃잎 밖으로 길게 벋는 암수술대 윗부분에 많은 수술이 돌려 가며 붙어 있고 끝에 있는 암술머리는 5갈래로 갈라진다. 열대 지방에서는 조건만 맞으면 1년 내내 꽃이 피는데 꽃 하나의 수명은 무궁화처럼

무늬잎 품종(*H. r.* 'Cooperi')

무늬잎 품종 | 분홍색 꽃이 피는 품종 | 흰색 꽃이 피는 품종

하루 동안만 피었다 지는 하루살이 꽃이다. 품종에 따라 붉은색, 분홍색, 주황색, 노란색, 흰색 등의 꽃이 피며 겹꽃이 피는 품종도 있는 등 꽃 색깔이 다채롭고 화려하다. 또 잎에 연노란색이나 붉은색 무늬가 있는 품종도 있다. 하와이무궁화의 품종은 3천여 종이나 된다. 하와이에서 많이 심고 있으며 훌라춤을 추는 아가씨가 머리에 꽂는 꽃으로 하와이를 대표하기 때문에 '하와이무궁화'라고 한다. 하와이무궁화는 말레이시아의 나라꽃이다.

꽃가지

*파고다풍경무궁화

꽃 모양

꽃봉오리

*파고다풍경무궁화

풍경무궁화(아욱과) *Hibiscus schizopetalus*

열대 아프리카 원산으로 2~4m 높이로 자란다. 잎은 어긋나고 타원형~달걀형이며 2~7㎝ 길이이고 끝이 뾰족하며 잎자루가 짧다. 잎겨드랑이에 풍경처럼 매달리는 꽃은 자루가 길며 활짝 벌어지는 꽃잎은 잘게 갈라지고 길게 늘어지는 암수술대 끝 부분에 암술과 수술이 있다. 품종마다 꽃잎이 갈라지는 모양이 다르고 꽃잎에 무늬가 있는 것도 있다. ***파고다풍경무궁화**(*H. s.* 'Pagoda')는 수술을 꽃잎으로 변형시켜 꽃잎이 2층인 품종이다.

잎가지

나무 모양

무늬사사대나무(벼과)

Pleioblastus spp.

일본 원산으로 0.5~1m 높이로 자란다. 가는 뿌리줄기가 땅속으로 벋으며 퍼진다. 가는 줄기는 마디가 있으며 속이 비어 있다. 가지 끝에 7~9장씩 어긋나는 칼 모양의 잎은 세로로 잎맥을 따라 흰색 줄무늬가 있다. 잎에 유백색이나 연노란색 무늬가 있는 품종도 있다.

꽃가지

꽃 모양 잎가지

인도다정큼나무(장미과)

Rhaphiolepis indica

인도와 중국 남부 원산으로 1~1.5m 높이로 자란다. 잎은 어긋나고 타원형이며 가죽질이고 광택이 있다. 가지 끝에 모여 피는 꽃은 흰색~연분홍색이며 좋은 향기가 난다. 동그스름한 열매는 흑자색으로 익는다. 남부 지방에서 자라는 다정큼나무의 원종이다.

꽃가지

열매가지

잎 뒷면

차 밭

차나무(차나무과) *Thea sinensis*

중국 남부와 미얀마, 라오스 원산으로 4~5m 높이로 자란다. 잎은 어긋나고 피침형~긴 타원형이며 4~10㎝ 길이이고 끝이 뾰족하며 광택이 있고 뒷면은 회녹색이다. 가지 끝과 잎겨드랑이에 피는 흰색 꽃은 2~2.5㎝ 크기이며 가운데에 노란색 수술이 많고 향기가 있다. 동그스름한 열매는 지름이 2㎝ 정도이며 진한 갈색으로 익는다. 잎은 차의 원료로 쓰는데 어린잎을 따서 말린 것이 '녹차'이며 녹차 잎이 발효된 것이 '홍차'이다.

꽃가지

어린 열매가지

꽃 모양

꽃봉오리 단면

잎 뒷면

훼이조아(도금양과) *Acca sellowiana*

열대 아메리카 원산으로 4~6m 높이로 자란다. 잎은 마주나고 달걀형~타원형이며 뒷면은 회백색 털로 덮여 있다. 꽃잎은 뒤로 젖혀지고 많은 붉은색 수술은 솔처럼 모여 있다. 원형~타원형 열매는 3~7㎝ 길이이며 끝에 꽃받침자국이 남아 있다. 열매는 과일로 먹는데 파인애플과 구아바를 합친 맛이 나서 '파인애플구아바'라고도 한다. 열매는 잼, 젤리, 사탕, 와인 등을 만드는 원료로 쓰고 잎으로는 차를 끓여 마신다. 제주도에서도 재배한다.

꽃가지

붉은색 꽃이 피는 품종

꽃받침

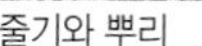
줄기와 뿌리

흰색 꽃이 피는 품종

아데늄 오베숨/사막의장미(협죽도과) *Adenium obesum*

아프리카 원산으로 2~4m 높이로 자라며 가지가 많이 갈라진다. 잎은 어긋나고 타원형~긴 타원형이며 3~10㎝ 길이이고 광택이 있다. 잎에 무늬가 있거나 붉은빛이 도는 품종도 있다. 가지 끝에 깔때기 모양의 붉은색 꽃이 모여 피는데 끝 부분은 5갈래로 갈라져 편평하게 벌어지며 갈래조각 끝은 뾰족하고 꽃잎에 무늬가 있는 것도 있다. 흰색이나 분홍색 꽃이 피는 품종도 있다. 건조한 곳에서 자라는 나무로 통통한 줄기는 물을 저장하고 있다.

무늬잎 품종

무늬잎 품종

무늬잎 품종

꽃가지

열매가지

어린 열매

갯자금우(자금우과)
Ardisia elliptica

열대 아시아 원산으로 4m 정도 높이로 자란다. 거꿀달갈형~긴 타원형 잎은 6~9㎝ 길이이고 끝이 뾰족하며 광택이 있다. 잎겨드랑이에서 나오는 꽃송이에 별 모양의 분홍색 꽃이 모여 핀다. 작고 동그란 열매는 붉은색으로 변했다가 검게 익는다. 열대 지방에서 관상수로 심는다.

열매가지

어린 열매

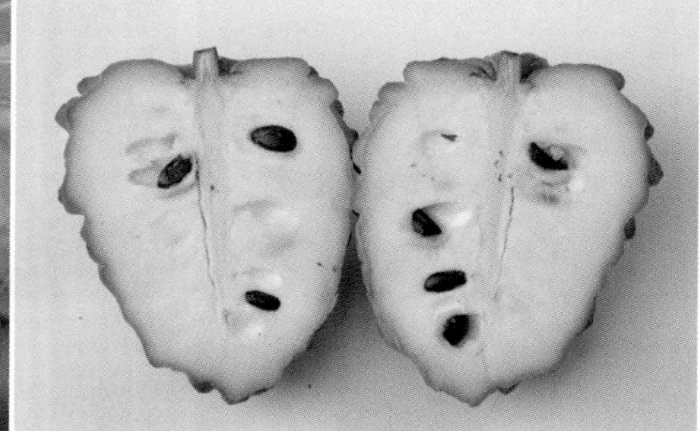
열매 단면

불두과/슈가애플(포포나무과) *Annona squamosa*

중앙아메리카 원산으로 3~7m 높이로 자라며 가는 가지가 길게 벋는다. 잎은 어긋나고 긴 타원형~피침형이며 5~15㎝ 길이이고 끝이 뾰족하다. 어린잎은 뒷면에 털이 있으며 잎을 으깨면 향기가 난다. 가지 끝에 1개씩 매달리는 황록색 꽃은 2.5~4㎝ 길이이며 2~4개씩 달리기도 한다. 겉에 있는 3장의 기다란 꽃받침조각은 활짝 벌어지지 않고 안에 있는 3장의 꽃잎은 작아서 잘 보이지 않는다. 둥근 원뿔형의 열매는 5~10㎝ 크기이며 겉이 수많은 작은 조각으로 이루어져서 울퉁불퉁하게 보이는 것이 부처

꽃가지

수정된 어린 열매

잎가지

나무 모양

님 머리 모양과 비슷해서 '불두과(佛頭果)'라고 하며 수류탄과도 모양이 비슷하다. 열매는 과일로 먹는데 흰색 속살은 부드럽고 달콤하기 때문에 영어 이름은 '슈가애플(Sugar Apple)'이다. 흰색 속살 가운데에 점점이 박혀 있는 검은색 씨앗은 1.25㎝ 정도 크기이며 씨앗이 없는 품종도 있다. 열매는 날로 먹으며 과일 샐러드, 밀크 쉐이크, 아이스크림, 요구르트, 젤리 등을 만드는 원료로도 쓴다. 뿌리는 이질 치료제로 쓰고 나무껍질을 달인 물은 설사를 멈추는 약재로 쓰며 나뭇잎을 달인 물은 감기 치료제로 쓴다. 열대 지방에서 과일나무로 재배하며 제주도에서도 온실에서 기르고 있다.

어린 열매가지

열매 모양 잎 나무 모양

폰드애플(포포나무과) *Annona glabra*

서인도 제도 원산으로 6m 정도 높이로 자란다. 잎은 어긋나고 타원형이며 7~12㎝ 길이이고 끝이 뾰족하며 가죽질이고 광택이 있다. 가지에 1개씩 달리는 흰색 꽃은 2.5㎝ 정도 크기이다. 원형~달걀형 열매는 7~10㎝ 크기이며 열매 겉에는 연한 색 점이 많다. 열매는 과일로 먹으며 과자나 젤리, 주스, 와인 등의 원료로 쓴다. 늪지대에서 자라기 때문에 '폰드애플(Pond Apple)'이라는 영어 이름을 얻었으며 서식지에 흔히 악어가 살기 때문에 '악어사과(Alligator Apple)'라고도 한다.

꽃가지 생울타리

어린 꼬투리 나무 모양

아프리카박달(콩과) *Baphia nitida*

서아프리카 원산으로 3~9m 높이로 자란다. 긴 타원형 잎은 5~21㎝ 길이이며 끝이 뾰족하고 가장자리가 밋밋하며 광택이 있다. 잎겨드랑이에 흰색 나비 모양의 꽃이 피는데 가운데 부분에 노란색 무늬가 있다. 기다란 꼬투리 열매는 8~16㎝ 길이이며 동그란 씨앗은 지름이 1~1.5㎝이다. 관상수로 심는데 흔히 촘촘히 심어서 생울타리를 만든다. 심재와 뿌리에서 붉은색 물감을 추출해 라피아야자나 목화로 만든 섬유를 물들이는 데 사용했다.

열매가지

빅사/홍목/립스틱트리(빅사과) *Bixa orellana*

열대 아메리카 원산으로 3~10m 높이로 자란다. 달걀형~하트 모양 잎은 8~20㎝ 길이이며 끝이 뾰족하고 밑이 오목하게 들어간다. 가지 끝에 모여 피는 분홍색~흰색 꽃은 지름이 4~6㎝이고 꽃잎은 5장이다. 달걀형 열매는 4~5㎝ 길이이며 겉은 붉은색 가시로 덮여 있다. 열매는 진한 갈색으로 익으면 2갈래로 벌어지면서 주홍색 씨앗이 드러나는데 지름이 5㎜ 정도이며 50개 정도가 들어 있다. 씨앗을 싸고 있는 주홍색 과육에서 얻는 물감은 '아나토(Annato)'라고 하며 버터나 치즈, 마가린, 생선 요리, 샐

꽃가지　　나무 모양

열매 단면과 씨앗

떨어진 열매

나무껍질

러드 등의 음식을 붉게 착색하는 데 이용한다. 또 화장품과 비누의 색소로도 쓰는데 특히 입술을 칠하는 립스틱의 원료로 써서 '립스틱트리(Lipstick Tree)'라고도 한다. 서인도 제도의 인디언들은 전쟁터에 나갈 때 몸에 붉은색 아나토 물감을 바른다고 한다. 그러면 부상을 입더라도 피 색깔과 비슷해서 구별이 되지 않으므로 용기를 잃지 않고 싸울 수 있었다고 한다. 필리핀에서는 씨앗을 갈아 향신료로 쓰며 해열제나 위장약으로 쓰기도 한다.

꽃가지

열매가지

꽃 모양

잎 앞면과 뒷면

나무 모양

미국브룬펠시아(가지과) *Brunfelsia americana*

중앙아메리카 원산으로 2~3m 높이로 자란다. 잎은 어긋나고 넓은 달걀형~거꿀달걀형이며 10㎝ 정도 길이이고 끝이 뾰족하며 뒷면은 연녹색이다. 가늘고 긴 깔때기 모양의 꽃은 끝 부분이 5갈래로 갈라져서 수평으로 벌어지고 지름이 5㎝ 정도이며 처음 피어날 때는 흰색이지만 점차 노란색으로 변하고 밤에 향기가 더 진해진다. 열매는 지름이 2㎝ 정도이며 노란색으로 익는다. 열매와 뿌리에 독이 많으므로 주의해야 한다. 열대 지방에서 관상수로 심는다.

꽃가지　　흰색 꽃

무늬꽃　　꽃받침

브라질브룬펠시아(가지과) *Brunfelsia pauciflora*

브라질 원산으로 90㎝ 정도 높이로 자라는 반관목이다. 잎은 어긋나고 달걀형의 타원형~긴 타원형이며 8~10㎝ 길이이고 끝이 뾰족하다. 가늘고 긴 깔때기 모양의 남보라색 꽃은 끝 부분이 5갈래로 갈라져서 수평으로 벌어지고 지름이 4~5㎝이며 가운데에 흰색 무늬가 있다. 꽃은 향기가 진하며 남보라색 꽃잎은 점차 흰색으로 변한다. 잎과 꽃, 열매, 씨앗은 독이 많기 때문에 주의해야 한다. 열대 지방에서 관상용으로 심는다.

꽃가지 붉은색 꽃

꽃 모양

잎 뒷면

나무 모양

천사나팔꽃(가지과) *Brugmansia suaveolens*

열대 아메리카 원산으로 3~4m 높이로 자란다. 잎은 어긋나고 긴 타원형이며 20~30㎝ 길이이고 끝이 뾰족하며 가장자리는 물결 모양으로 주름이 진다. 나팔 모양의 흰색 꽃은 20~30㎝ 길이로 밑으로 늘어지며 꽃잎 가장자리의 모서리가 뾰족하고 향기가 있다. 여러 재배 품종이 있으며 분홍색이나 연노란색 꽃이 피는 것도 있다. 꽃받침은 녹색이며 5갈래로 갈라지고 갈래조각 끝은 뾰족하다. 열매는 긴 달걀형이다. 관상수로 많이 심는다.

새잎가지

잎가지

나무 모양

무늬잎브레이니아(대극과)

Breynia disticha 'Roseo-picta'

남태평양 제도의 바누아투와 뉴칼레도니아 원산으로 1~2m 높이로 자란다. 잎은 어긋나고 타원형~둥근 달걀형이며 잎몸에 흰색이나 연분홍색 무늬가 얼룩덜룩하게 있는 것이 특징이다. 새로 돋는 잎은 분홍빛이 돌며 무늬가 더욱 많이 있다. 꽃은 작아서 눈에 잘 띄지 않는다.

꽃가지

열매가지

잎가지

은단추나무(사군자과)

Conocarpus erectus var. *sericeus*

중남미 원산으로 보통 1~4m 높이로 자란다. 잎은 어긋나고 긴 타원형이며 5~10㎝ 길이이고 은빛 털로 덮여 있다. 동그란 꽃송이는 5~8㎜ 크기이며 꽃잎이 없고 동그란 열매송이는 5~15㎜ 크기이며 갈색으로 익는다. 흔히 관상수로 심으며 분재를 만들기도 한다.

꽃가지

열매가지

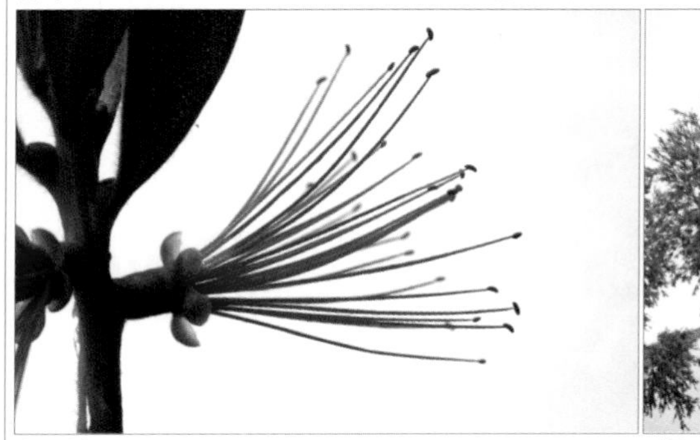
꽃 모양

나무 모양

병솔나무(도금양과) *Callistemon citrinus*

호주 원산으로 2~3m 높이로 자란다. 잎은 어긋나고 피침형이며 7~8㎝ 길이이고 가죽질이다. 어린 가지 끝 부분에 붉은색 꽃이 촘촘히 피어 있는데 꽃은 기다란 수술이 촘촘히 모여 달린다. 꽃가지 모양이 시험관을 닦는 솔과 비슷해서 '병솔나무'라고 한다. 가지에 바짝 붙어 있는 열매는 5~6㎜ 크기이며 2~3년 동안 달려 있다. 우리나라의 제주도에서부터 열대 지방까지 관상수나 가로수로 널리 심고 있다.

꽃 모양

꽃가지

꽃 모양

잎 뒷면

가지의 가시

나무 모양

타이풍접목(풍접초과) *Capparis micracantha*

태국 원산으로 2~4m 높이로 자라며 가지에는 가시가 있다. 잎은 어긋나고 타원형~긴 타원형이며 8~17㎝ 길이이고 끝이 둥글며 광택이 있고 뒷면은 연녹색이다. 잎겨드랑이에서 흰색 꽃이 피는데 실 같은 흰색 수술이 방사상으로 비스듬히 벋는 모습이 특이하다. 달걀형~원형 열매는 4~5㎝ 길이이고 붉은색으로 익으며 달콤한 열매살 속에 많은 씨앗이 들어 있다. 잎과 나무껍질과 뿌리를 이뇨제나 기관지염 등의 약재로 쓴다.

꽃가지

꽃 모양

잎 앞면과 뒷면

데이자스민(가지과)

Cestrum diurnum

서인도 제도 원산으로 2~5m 높이로 자란다. 잎은 어긋나고 긴 타원형~피침형이며 광택이 있고 잎자루가 짧다. 잎겨드랑이에서 자란 꽃송이에 흰색 꽃이 모여 핀다. 좁은 대롱 모양의 꽃은 낮에 피고 향기가 진하기 때문에 '데이자스민'이라고 한다. 관상수로 심는다.

꽃가지

꽃 모양

잎가지

칠레자스민(가지과)

Cestrum parqui

중남미 원산으로 2~3m 높이로 자란다. 잎은 어긋나고 피침형이며 밝은 녹색이고 광택이 있다. 잎을 으깨면 불쾌한 냄새가 난다. 가지 끝의 커다란 꽃송이에 좁은 대롱 모양의 연노란색 꽃이 모여 달린다. 낮에는 꽃에서 지린내가 나지만 밤에는 향기로운 냄새로 바뀐다.

꽃가지

어린 열매

열매 단면

깔라만시(운향과)

Citrofortunella microcarpa

동남아시아 원산으로 2~7m 높이로 자란다. 잎은 어긋나고 타원형이며 광택이 있다. 잎겨드랑이에 1~3개의 흰색 꽃이 피는데 향기가 좋다. 동그란 열매는 지름이 4~5㎝이며 오렌지색으로 익고 매우 시다. 필리핀에서는 주스를 만들어 마시고 생선과 고기 요리에 넣기도 한다.

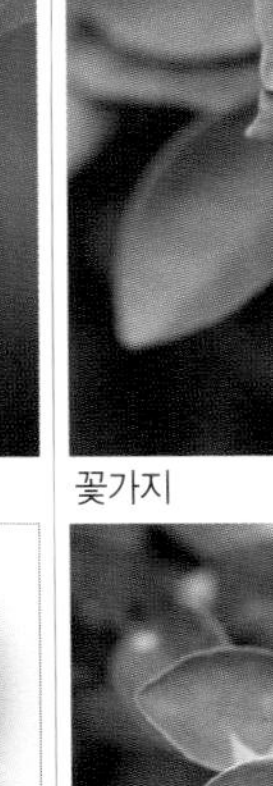
꽃가지

어린 열매

라임(운향과)

Citrus aurantifolia

인도와 말레이시아 원산으로 5m 정도 높이로 자란다. 잔가지에 날카로운 가시가 있다. 잎은 어긋나고 타원형이며 잎자루에 작은 날개가 있다. 잎겨드랑이에 흰색 꽃이 모여 피고, 동그란 열매는 황록색으로 익는데 레몬보다 더 새콤달콤하다. 음식이나 음료수의 재료로 쓴다.

열매가지 나무 모양

꽃가지 잎가지

호리병박나무(능소화과) *Crescentia cujete*

열대 아메리카 원산으로 5~10m 높이로 자란다. 나무껍질은 갈색이며 거칠다. 잎은 어긋나고 기다란 거꿀달걀형이며 5~17㎝ 길이이고 끝이 뾰족하며 가운데 잎맥이 뚜렷하다. 줄기나 가지에 연노란색 꽃이 밤에 피는데 약간 역겨운 냄새가 나며 점차 연한 자갈색으로 변한다. 원형~타원형 열매는 지름이 15~25㎝로 크고 매우 단단해서 속을 파낸 다음 그릇을 만들어 썼기 때문에 '호리병박나무'라고 한다. 열대 지방에서 관상수로 심는다.

어린 열매가지

나무 모양

마스코텍고무나무(뽕나무과)

Ficus deltoidea 'Mas Cotek'

말레이시아 원산으로 2~3m 높이로 자란다. 잎은 모양의 변화가 심하며 보통 둥그스름하거나 긴 달걀형으로 잎맥의 색깔이 뚜렷한 것이 보기에 좋아 열대 지방에서 관상수로 많이 심는다. 동그란 열매는 붉게 익는다. 원주민들은 부인병 치료약으로 쓰고 차를 만들어 마신다.

꽃가지

잎 뒷면

열매가 달린 줄기

벵골호프나무(콩과)

Flemingia strobilifera

인도와 말레이시아 원산으로 2m 정도 높이로 자란다. 달걀형~거꿀달걀형 잎은 9~15㎝ 길이이며 끝이 뾰족하고 뒷면은 회녹색이다. 꽃송이는 황록색 포가 좌우로 포개져 있고 포 안에 자잘한 백록색~연분홍색 꽃이 핀다. 포는 열매가 익을 때까지 갈색으로 남아 있다.

나무 모양

연분홍색 꽃가지

꽃 모양

줄기의 가시

무늬잎 품종

꽃기린(대극과) *Euphorbia milii*

마다가스카르 원산으로 1~2m 높이로 자란다. 줄기는 진한 갈색으로 가지가 잘 갈라지고 날카로운 가시가 빽빽이 난다. 잎은 어긋나고 긴 타원형~긴 거꿀달걀형이며 4~5㎝ 길이이고 끝이 둔하다. 잎 기부에는 2㎝ 정도 길이의 가시가 1쌍이 있는데 턱잎이 변해서 된 가시이다. 잎겨드랑이에서 나오는 꽃송이에 붉은색 꽃이 모여 핀다. 줄기를 자르면 나오는 흰색 유액은 독이 있다. 흰색이나 노란색, 분홍색 꽃이 피거나 무늬잎을 가진 품종도 있다.

연노란색 꽃이 피는 품종

노란색 꽃이 피는 품종

분홍색 꽃이 피는 품종

가지

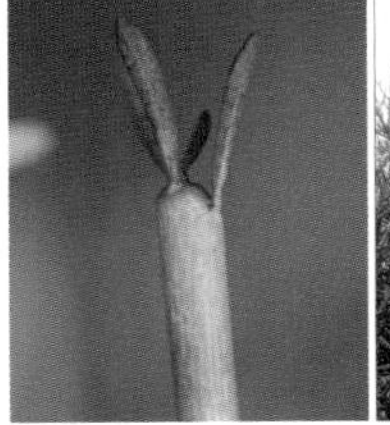
잎 모양

나무 모양

연필나무/청산호(대극과)

Euphorbia tirucalli

열대 아프리카 원산으로 5~6m 높이로 자란다. 가지에 피침형의 작은잎이 달리지만 곧 떨어진다. 연필 모양의 원통형 가지에 상처를 내면 흰색 유액이 나오는데 독성이 강해 만지면 발진을 일으킨다. 이 흰색 유액은 석유의 대용품으로 쓸 수 있어 석유 식물로 널리 알려져 있다.

열매 나무

화분

금귤(운향과)

Fortunella spp. 'Kumkuat'

중국 원산으로 3m 정도 높이로 자란다. 타원형 잎은 가죽질이고 광택이 있다. 흰색 꽃은 향기가 강하고, 동그란 열매는 오렌지색으로 익으며 새콤달콤하고 씨앗째 먹는다. 중국에서는 오렌지색 열매가 돈과 비슷하다 하여 새해에는 열매가 달린 화분으로 집안을 장식한다.

꽃과 열매가지

줄기의 열매

잠부케라(대극과)

Glochidion littorale

인도와 동남아시아 원산으로 6m 정도 높이로 자란다. 타원형~거꿀달걀형 잎은 가죽질이다. 암수한그루로 잎겨드랑이에 자잘한 황록색 꽃이 핀다. 동그스름한 열매는 지름이 1.5~2㎝이고 밑부분이 오목하며 붉게 익으면 세로로 칸칸이 갈라지면서 빨간색 씨앗이 드러난다.

꽃가지

꽃 모양

나무 모양

벌새덤불(꼭두서니과)

Hamelia patens

중앙아메리카 원산으로 2~4m 높이로 자란다. 잎은 돌려나고 달걀형~타원형이며 15㎝ 정도 길이이고 끝이 뾰족하다. 가지 끝에서 처지는 꽃송이에 작은 원통형의 홍황색 꽃이 모여 핀다. 다닥다닥 열리는 작은 타원형 열매는 적갈색으로 익는다. 열대 지방에서 관상수로 심는다.

꽃가지

잎 모양

나무 모양

진펄나팔꽃(메꽃과)

Ipomoea carnea ssp. *fistulosa*

열대 아메리카 원산으로 1~4m 높이로 자란다. 잎은 어긋나고 타원형~달걀형이며 8~13㎝ 길이이고 밑부분이 오목하게 들어가며 끝은 뾰족하다. 나팔 모양의 분홍색 꽃은 4~8㎝ 길이이고 꽃자루는 5~15㎜ 길이이다. 달걀형의 열매는 2㎝ 정도 길이이다. 흔히 물가에서 잘 자란다.

꽃가지

헤나나무(부처꽃과) *Lawsonia inermis*

인도 원산으로 2~6m 높이로 자란다. 잎은 마주나고 타원형~넓은 피침형이며 2~5㎝ 길이이고 끝이 뾰족하며 광택이 있다. 가지 끝의 커다란 꽃송이에 자잘한 흰색 꽃이 촘촘히 모여 달리는데 향기가 있다. 동그란 열매는 4~8㎜ 크기로 작고 암술대가 길게 남아 있으며 갈색으로 익는다. 헤나의 잎에 들어 있는 '로소니아'라는 성분은 염색 작용을 하기 때문에 옛날부터 머리 염색제로 이용했다. 로소니아는 염색 작용 이외에도 머리카락의 단백질 성분에 작용하여 윤기와 탄력을 주고 살균 작용도 하기 때

어린 열매가지

열매가지

새순

나무 모양

나무껍질

문에 두피의 비듬이나 가려움증에도 도움을 준다고 한다. 헤나는 그늘에서 말린 잎을 가루로 만든 것으로 물과 섞어 진흙처럼 개어서 사용한다. 옛날부터 헤나를 이용해 몸에 문신을 하였는데 어두운 갈색 물이 든다. 헤나 문신은 일주일 정도 지나면 지워지기 때문에 근래에는 여성들에게 인기가 높다. 헤나는 옷감 등을 염색하는 물감으로도 이용하고, 향기가 있는 꽃은 향수의 원료로 이용한다. 살균 효과가 있어 피부병을 치료하는 약재로 쓰며 지혈제로도 이용한다.

꽃가지

열매가지

꽃 모양

나무 모양

능수차나무(도금양과) *Leptospermum brachyandrum*

호주 원산으로 4~5m 높이로 자란다. 나무껍질이 벗겨진 줄기는 매끄럽고 굵은 가지가 옆으로 퍼지며 잔가지는 능수버들처럼 밑으로 처진다. 잎은 어긋나고 선형이며 5㎝ 정도 길이이다. 잎겨드랑이에 피는 흰색 꽃은 7㎜ 정도로 작다. 단단한 열매는 끝에 꽃받침자국이 남아 있으며 지름이 4㎜ 정도이다. 능수버들처럼 자라는 나무 모양이 아름다워 열대 지방에서 관상수로 심는다. 호주에 처음 정착한 사람들이 잎으로 차를 끓여 마셨다고 한다.

겹꽃이 피는 품종

꽃 모양

호주매화(도금양과)

Leptospermum scoparium

호주와 뉴질랜드 원산으로 3m 정도 높이로 자란다. 잎은 선형~선상 피침형으로 1~2㎝ 길이이며 향유가 나오기 때문에 차를 끓여 마신다. 가지에 피는 꽃은 지름이 6~20㎜로 매화를 닮았으며 흰색, 분홍색, 붉은색이고 겹꽃이 피는 품종도 있다. '마누카'라고도 하며 관상수로 심는다.

꽃가지

나무 모양

흰잎세이지(현삼과)

Leucophyllum frutescens

텍사스와 멕시코 원산으로 1~2m 높이로 자라며 줄기와 잎은 은빛이 돈다. 잎은 어긋나고 타원형~달걀형이며 1~2.5㎝ 길이이고 끝이 뾰족하다. 잎겨드랑이에 달리는 깔때기 모양의 붉은색 꽃은 끝부분이 5갈래로 갈라져 벌어진다. 관상수로 심으며 흰색 꽃이 피는 품종도 있다.

꽃가지

*자주잎상록풍년화

흰색 꽃이 피는 품종

***자주잎상록풍년화** 나무 모양

상록풍년화(조록나무과) *Loropetalum chinense*

동남아시아, 중국 남부, 일본 원산으로 2~4m 높이로 자란다. 잎은 어긋나고 타원형이며 2~5㎝ 길이이고 잎맥이 뚜렷하다. 가지 끝에 붉은색 꽃이 모여 피는데 응원 도구로 쓰는 술 장식을 닮아서 영어 이름은 '붉은술꽃(Red Fringe Flower)'이다. 1개의 꽃은 풍년화처럼 4장의 가는 꽃잎으로 갈라져 있다. 열매는 가는 털로 덮여 있다. 흰색 꽃이 피는 품종도 있고 잎몸이 붉은빛이 도는 ***자주잎상록풍년화**(*L. c.* 'Purple Majesty')도 있다.

꽃가지

꽃 모양

나무 모양

코코목련(목련과)
Magnolia coco

중국 원산으로 2~4m 높이로 자란다. 긴 티원형 잎은 끝이 뾰족하고 가죽질이며 광택이 있다. 꽃봉오리가 어린 코코넛을 닮아서 '코코목련'이라는 이름을 얻었다. 누른빛이 약간 도는 흰색 꽃잎은 잘 벌어지지 않으며 밤에 향기가 난다. 열대 지방에서 관상수로 심고 있다.

꽃가지

꽃봉오리

잎 앞면과 뒷면

미켈리아 피고(목련과)
Michelia figo

중국과 동남아시아 원산으로 3~4m 높이로 자란다. 잎은 어긋나고 긴 타원형이며 광택이 있고 뒷면은 연녹색이다. 꽃봉오리는 갈색 털로 덮여 있다. 누른 빛이 도는 흰색 꽃은 바나나나 바닐라 향이 난다. 꽃을 향수 원료로 쓴다. 제주도와 열대 지방에서 관상수로 심는다.

꽃가지

꽃 모양

어린 열매

호주흰무궁화(아욱과)

Macrostelia grandifolia

호주 원산으로 3~6m 높이로 자란다. 거꿀피침형 잎은 끝이 뾰족하고 진한 녹색이며 광택이 있다. 가지 끝에 흰색 꽃이 피는데 5장의 꽃잎 가운데에서 길게 벋는 암수술대 끝에 암술과 수술이 모여 있다. 타원형 열매는 꽃받침에 싸여 있다. 관상수로 심는다.

꽃가지

꽃 모양

베트남미키마우스트리(오크나과)

Ochna integerrima

동남아시아 원산으로 2~7m 높이로 자란다. 기다란 거꿀달걀형 잎은 7~19㎝ 길이이다. 가지에 노란색 꽃이 모여 피고 검은색 씨앗은 붉은색 꽃받침 안에 들어 있다. 베트남의 최대 명절인 구정이 되면 베트남 사람들은 이 꽃을 사다가 처마 밑을 장식하고 행운과 번영을 기원한다.

꽃가지

어린 열매

열매 모양

나무 모양

미키마우스트리(오크나과) *Ochna kirkii*

아프리카가 원산으로 1.5~5m 높이로 자란다. 타원형~달걀형 잎은 5~10㎝ 길이이며 뒷면은 연녹색이고 가죽질이며 광택이 있다. 가지에 노란색 꽃이 모여 피는데 꽃잎은 5장이고 가운데에 있는 많은 수술도 노란색이다. 타원형 열매는 익으면 붉은색 꽃받침이 벌어지면서 검은색 씨앗이 드러나는데 그 모습이 미키마우스를 닮았다 하여 '미키마우스트리(Mickey Mouse Tree)'라고 하고 거꾸로 매달린 원숭이와 비슷하다고 '멍키트리(Monkey Tree)'라고도 한다.

꽃가지

꽃 모양

잎가지

줄기의 가시

앵기린(선인장과)
Pereskia grandifolia

열대 아메리카 원산으로 2~5m 높이로 자란다. 줄기에는 가늘고 긴 가시가 모여 난다. 잎은 어긋나고 타원형~긴 타원형으로 4~7㎝ 길이이며 끝이 뾰족하다. 가지 끝의 꽃송이에 모여 피는 분홍색 꽃은 지름이 3~5㎝이며 가운데에 노란색 수술이 모여 있다. 거꾸로 된 삼각뿔 모양의 열매는 4~10㎝ 크기이고 가운데에 꽃받침자국이 남아 있으며 향기가 좋고 과일로 먹기도 한다. 열대 지방에서는 잎을 채소로 먹는데 마당가에 심어 이용한다. 잎을 가진 선인장 종류로 건조에 잘 견딘다.

꽃가지

열매

나무 모양

장미선인장(선인장과)

Pereskia bleo

중앙아메리카 원산으로 60~90㎝ 높이로 자란다. 어린 녹색 줄기에는 가느다란 적갈색 가시가 뭉쳐 난다. 타원형 잎은 4~7㎝ 길이이며 끝이 뾰족하고 가장자리가 물결 모양이다. 주황색 꽃이 피고 물뿌리개 주둥이 모양의 열매는 노란색으로 익는다. 잎을 가진 선인장 종류이다.

잎가지

나무 모양

베트남필란더스(대극과)

Phyllanthus cochinchinensis

중국 남부, 인도, 동남아시아 원산으로 3m 정도 높이로 자라며 잔가지는 밑으로 처진다. 잎은 어긋나고 타원형이며 1~2㎝ 길이이고 가장자리가 밋밋하다. 잎겨드랑이에 자잘한 황록색 꽃이 피고 동그란 열매는 지름이 5㎜ 정도이다. 열대 지방에서 관상수로 심는다.

꽃가지

어린잎

나무 모양

핑크필란더스(대극과)

Phyllanthus cuscutiflorus

스리랑카 원산으로 3~4m 높이로 자란다. 가지는 지그재그로 벋는다. 잎은 어긋나고 달걀형~타원형이며 끝이 뾰족하고 가장자리가 밋밋하다. 작은 꽃은 15㎜ 정도 길이의 가는 꽃자루에 매달린다. 작고 넓은 편원형 열매도 자루에 매달린다. 열대 지방에서 관상수로 심고 있다.

꽃가지

꽃 모양

나무 모양

운남필란더스(대극과)

Phyllanthus pulcher

열대 아시아 원산으로 50~150㎝ 높이로 자란다. 줄기에 촘촘히 달리는 가느다란 녹색 가지에 양쪽으로 잎이 어긋나게 달린 모양은 깃꼴겹잎처럼 보인다. 타원형 잎은 2~3㎝ 길이이며 끝이 뾰족하다. 잎겨드랑이에 매달리는 붉은색 꽃은 5㎜ 정도 크기이며 꽃자루는 5~10㎜로 길다.

꽃가지

꽃이삭

나무 모양

마티코후추(후추과)

Piper aduncum

열대 아메리카 원산으로 7m 정도 높이로 자란다. 긴 타원형 잎은 2줄로 어긋나고 끝이 뾰족하며 12~22㎝ 길이이다. 잎과 마주나는 기다란 꽃이삭은 12~17㎝ 길이이며 황백색이고 비스듬히 휘어진다. 열매는 검게 익으며 1개의 씨앗이 들어 있는데 후추와 같이 조미료로 사용한다.

꽃가지

꽃 모양

매미나무(차나무과)

Ploiarium alternifolium

인도차이나, 말레이시아, 인도네시아 원산으로 13m 정도 높이로 자란다. 잎은 어긋나고 피침형이며 두껍고 광택이 있다. 가지 끝에 모여 피는 흰색 꽃은 자루가 길고 5장의 꽃잎의 가운데에 많은 수술이 있다. 원뿔형의 열매는 2㎝ 정도 길이고 적갈색으로 익는다.

꽃가지

***흰하늘꽃**

꽃받침

잎가지

하늘꽃(갯질경이과) *Plumbago auriculata*

남아프리카 원산으로 1~3m 높이로 자란다. 타원형 잎은 5㎝ 정도 길이이며 질이 얇다. 가지 끝에 촘촘히 모여 피는 하늘색 꽃은 가는 대롱 모양이며 끝 부분은 5갈래로 갈라져 수평으로 퍼진다. 녹색 꽃받침에는 끈끈한 점액이 있어서 아이들이 꽃을 귓볼에 붙여서 귀걸이처럼 하고 논다. 속명인 '플룸바고'는 '납'이란 뜻으로 예전에 이 식물을 납 중독 치료에 썼기 때문에 붙여진 이름이다. 흰색 꽃이 피는 ***흰하늘꽃**(*P. a.* var. *Alba*)도 있다.

어린 열매가지

꽃봉오리

열매 모양

까뚝잎나무(대극과)

Sauropus androgynus

열대 아시아 원산으로 3~4m 높이로 자란다. 달걀형~긴 달걀형 잎은 어긋나고 5~6㎝ 길이이다. 잎겨드랑이에 자주색 꽃이 아래를 보고 숨어서 핀다. 동그란 열매는 흰색으로 익으며 붉은색 꽃받침이 두드러진다. 새로 돋는 잎은 각종 요리에 채소로 이용하고 열매는 과일로 먹는다.

꽃가지

나무 모양

푸른감자꽃나무(가지과)

Solanum rantonnetii

아르헨티나와 파라과이 원산으로 1~2m 높이로 자란다. 잎은 어긋나고 달걀형~타원형이며 10㎝ 정도 길이이고 끝이 뾰족하다. 잎겨드랑이에 달리는 청자색 꽃은 1~2.5㎝ 크기이며 향기가 있다. 동그란 열매는 2.5㎝ 정도 크기이고 붉게 익으며 먹을 수 없다.

꽃가지 열매가지

어린 열매 잎 뒷면 나무 모양

가시세베리니아(운향과) *Severinia buxifolia*

중국 원산으로 2~5m 높이로 자란다. 가지에는 날카로운 가시가 있다. 잎은 어긋나고 달걀형~타원형이며 3~4㎝ 길이이고 뭉툭한 끝 부분에 톱니가 있으며 광택이 있고 뒷면은 연녹색이다. 가지 끝과 윗부분의 잎겨드랑이에 모여 피는 자잘한 흰색 꽃은 향기가 좋다. 동그란 열매는 1.2㎝ 정도 크기이며 광택이 있고 검은색으로 익는다. 그늘에서도 잘 자라며 나무를 다듬어도 잘 자라기 때문에 열대 지방에서 생울타리 등을 만드는 데 쓴다.

줄기의 꽃송이

줄기의 어린 열매

열매 모양

떨어진 열매

잎 모양

핑퐁(벽오동과) *Sterculia monosperma*

중국 남부 원산으로 10m 정도 높이로 자란다. 잎은 어긋나고 타원형~긴 타원형이며 가장자리가 밋밋하고 가죽질이며 광택이 있다. 줄기나 가지에 달리는 꽃송이에는 자잘한 꽃이 촘촘히 피는데 향기가 있다. 꽃받침은 종 모양이며 끝 부분이 잘게 갈라져서 안으로 굽는다. 타원형~달걀형 열매는 10㎝ 정도 길이이며 붉은색으로 익으면 세로로 갈라지면서 검은색 씨앗이 나온다. 씨앗은 굽거나 쪄 먹거나 하는데 밤과 비슷한 맛이 난다.

꽃가지 피어나는 꽃

꽃의 수술 열매와 꽃봉오리

붉은펜다(도금양과) *Xanthostemon youngii*

호주 원산으로 2~5m 높이로 자란다. 거꿀달걀형~긴 타원형 잎은 5~8㎝ 길이이고 끝이 뾰족하며 가죽질이고 광택이 있다. 새로 돋는 잎은 붉은빛이 돈다. 가지 끝의 꽃송이에 붉은색 꽃이 촘촘히 모여 피는데 붉은색 꽃잎 밖으로 길이 1㎝ 정도 되는 기다란 수술이 많이 벋기 때문에 전체적으로 붉은 밤송이 모양이다. 꽃은 피어 있는 기간이 길다. 동그란 열매는 지름이 15㎜ 정도이며 갈색으로 익는다. 열대 지방에서 관상수로 심는다.

나무 모양

잎가지

베트남쌀꽃나무(멀구슬나무과)
Aglaia duperreana

동남아시아 원산으로 2~4m 높이로 자란다. 깃꼴겹잎은 5~8㎝ 길이이고 잎자루에 좁은 날개가 있다. 작은잎은 5~7장이고 주걱 모양이며 밝은 녹색이고 광택이 있다. 꽃송이에 달리는 자잘한 연노란색 꽃은 꽃잎이 잘 벌어지지 않고 향기가 있다. 열대 지방에서 관상수로 심는다.

꽃가지

나무 모양

중국쌀꽃나무(멀구슬나무과)
Aglaia odorata

중국 남부 원산으로 5~10m 높이로 자란다. 깃꼴겹잎은 9~17㎝ 길이이고 잎자루에 좁은 날개가 있다. 작은잎은 5~7장이고 타원형이다. 기다란 꽃송이에 달리는 자잘한 연노란색 꽃은 5장의 꽃잎이 잘 벌어지지 않으며 향기가 있다. 열대 지방에서 관상수로 심는다.

꽃가지

노란색 꽃이 피는 품종

붉은색 꽃이 피는 품종

분홍색 꽃이 피는 품종

선홍색 꽃이 피는 품종

공작화/세셀피니아(콩과) *Caesalpinia pulcherrima*

서인도 제도 원산으로 3m 정도 높이로 자란다. 잎은 2회깃꼴겹잎이며 20~40㎝ 길이이다. 가지 끝에 커다란 꽃송이가 달리는데 재배 품종에 따라 붉은색, 주황색, 분홍색, 노란색 등의 꽃이 핀다. 꽃잎은 가장자리에 주름이 지고 무늬가 있는 것도 있으며 수술이 길게 벋어 매우 아름답다. 열대 지방의 대표적인 관상수이다. 원주민들은 잎은 해열제로, 꽃은 염증 치료에, 씨앗은 기침을 멈추는 약으로도 사용한다. 바베이도스의 나라꽃이다.

나무 모양

꽃 모양

시든 꽃

열매

잎

꽃가지

열매가지

꽃송이

열매와 단면

나무 모양

소방목(콩과) *caesalpinia sappan*

중국 남부, 인도차이나, 말레이시아 원산으로 5m 정도 높이로 자란다. 가지에 어긋나는 2회깃꼴겹잎은 자귀나무 잎과 비슷하다. 가지 끝의 커다란 꽃송이에 자잘한 노란색 꽃이 촘촘히 모여 핀다. 납작한 꼬투리 열매는 7㎝ 정도 길이이고 적갈색으로 익는다. 나무 속살을 '소방목(蘇芳木)', 또는 '소목(蘇木)'이라고 하여 한약재로 쓰는데 살균 작용을 하거나 염증을 치료하는 데 효과가 있다고 한다. 붉은색 물을 들이는 물감으로도 쓴다.

꽃가지

어린 열매가지

잎 모양

나무 모양

칼리안드라 에마지나타(콩과) *Calliandra emarginata*

중앙아메리카 원산으로 2m 이상 자랄 수 있으며 가지 끝 부분은 밑으로 처진다. 잎은 원 잎자루에 2장의 작은잎이 달리고 2갈래로 갈라진 작은 잎자루마다 각각 작은잎이 2장씩 달리는 모양이 특이하다. 가지 끝에 붉은색 수술이 촘촘히 모인 동그란 꽃송이가 달리는데 매우 아름답다. 속명인 '칼리안드라'는 '아름다운 수술'이란 뜻이다. 길고 납작한 꼬투리 열매는 밑으로 늘어진다. 꽃과 잎의 모양이 아름다워 열대 지방에서 관상수로 심는다.

꽃가지

흰색 꽃이 피는 품종

어린 열매

꽃봉오리와 시든 꽃

잎 뒷면

칼리안드라 헤마토세팔라(콩과) *Calliandra haematocephala*

볼리비아 원산으로 3~5m 높이로 자란다. 한 잎자루에 2개의 깃꼴겹잎이 달린 모습이 특이하다. 작은잎은 긴 타원형이고 각각 5~10쌍이 마주 달리며 밤에는 마주보는 두 잎씩 포개진다. 가지 끝에 붉은색 수술이 촘촘히 모인 동그란 꽃송이가 달리는데 지름이 3㎝ 정도이다. 좁고 긴 꼬투리는 9~10㎝ 길이이고 갈색으로 익으며 5~6개의 씨앗이 들어 있다. 열대 지방에서 관상수로 심으며 흰색 꽃이 피는 품종(*C. h.* 'Albiflora')도 있다.

꽃가지

나무 모양

꽃봉오리의 개화

잎 모양

수리남자귀나무(콩과) *Calliandra surinamensis*

수리남 원산으로 4~5m 높이로 자란다. 줄기는 여러 대가 모여 난다. 잎은 어긋나고 한 잎자루에 2개의 깃꼴겹잎이 달린다. 깃꼴겹잎은 7~14쌍의 작은잎이 양쪽으로 촘촘히 붙는다. 가지 끝의 잎겨드랑이에 기다란 수술이 술처럼 촘촘히 모인 꽃송이가 달리는데 수술의 윗부분만 분홍색이다. 꽃송이는 6~8㎝ 정도 크기이며 향기가 있다. 기다란 꼬투리는 7~15㎝이다. 열대 지방에서 관상수로 심으며 흔히 촘촘히 심어서 생울타리를 만든다.

꽃가지

나무 모양

멕시코자귀나무(콩과)

Calliandra calothyrsus

멕시코와 중앙아메리카 원산으로 4~6m 높이로 자란다. 잎은 어긋나고 2회깃꼴겹잎이며 10~19㎝ 길이이다. 가지 끝에 기다란 수술이 술처럼 촘촘히 모인 붉은색 꽃송이가 달리고 밑에서부터 차례대로 피어 올라간다. 길고 납작한 꼬투리는 8~11㎝ 길이이며 갈색으로 익는다.

꽃가지

어린 열매가지

잎가지

초롱나무(콩과)

Dichrostachys cinerea

아프리카와 동남아시아 원산으로 8m 정도 높이로 자란다. 잎은 2회깃꼴겹잎으로 자귀나무 잎과 비슷하다. 잎겨드랑이에 매달리는 꽃송이는 윗부분이 분홍색이고 밑부분이 노란색이다. 꽈배기처럼 꼬이는 꼬투리는 달콤한 맛이 나서 아프리카 야생 동물의 먹이가 된다.

꽃가지

어린 열매

잎가지

그레빌레아 방크시(프로테아과)
Grevillea banksii

호주 원산으로 7m 정도 높이로 자란다. 깃꼴겹잎의 갈래조각은 선형이며 가장자리가 뒤로 말린다. 가지 끝의 꽃송이에 붉은색 꽃이 모여 피는데 꽃잎 밖으로 길게 벋는 붉은색 꽃술이 특이하다. 열매송이에는 시든 꽃술이 남아 있다. 열대와 난대 지방에서 관상수로 심는다.

꽃가지

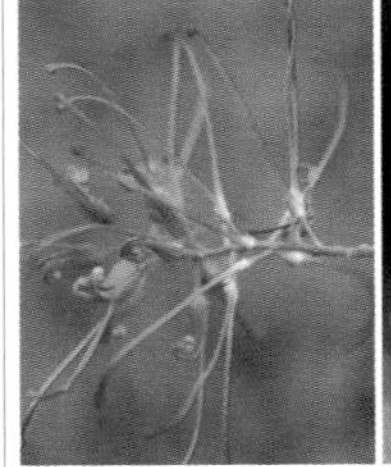
꽃 모양

잎 모양

그레빌레아 로빈 고든(프로테아과)
Grevillea 'Robyn Gordon'

호주 원산으로 2~3m 높이로 자란다. 깃꼴겹잎의 갈래조각은 끝부분이 다시 3갈래로 갈라지는 것도 있다. 가지 끝의 꽃송이에 붉은색 꽃이 모여 피는데 꽃잎 밖으로 붉은색 꽃술이 길게 벋는다. 열매송이에는 시든 꽃술이 남아 있다. 열대와 난대 지방에서 관상수로 심는다.

꽃이 핀 나무

잎가지 잎 뒷면 줄기와 잎자루

통캇알리(소태나무과) *Eurycoma longifolia*

말레이시아와 인도네시아 원산으로 15m 정도 높이로 자란다. 줄기 윗부분에 촘촘히 모여 달리는 깃꼴겹잎은 20~40㎝ 길이이다. 작은잎은 피침형이며 끝이 뾰족하고 광택이 있다. 암수딴그루로 잎겨드랑이의 꽃송이에 자잘한 노란색 꽃이 엉성하게 달린다. 타원형 열매는 길이가 1~2㎝이며 송이로 매달리고 검붉은색으로 익는다. 통캇알리(Tongkat Ali)는 '알리의 지팡이'란 뜻이며 'Ali'는 이슬람교의 지도자이다. 자생지에서는 통캇알리의 뿌리가 신이 보내 준 귀한 약재로 만병을 치료하는 것으로 전해져

열매가지

열매송이

알리카페

나무 모양

나무껍질

오며 '말레이시아 인삼'으로도 불린다. 예로부터 말라리아를 예방하거나 치료하고 신체를 건강하게 하는 약재로 썼다. 최근의 연구에 의하면 남성 호르몬 분비를 촉진시키기 때문에 정력제로 효과가 있다고 한다. 또 혈액 순환을 개선하고 고혈압에도 효과가 있으며 당뇨병에도 효과가 있는 것으로 밝혀졌다. 말레이시아의 한 회사에서는 통캇알리를 커피믹스에 첨가해서 '알리카페'란 상품으로 팔고 있으며 우리나라에서도 선물용으로 인기가 있다.

꽃가지

꽃 모양

새로 돋는 잎

자주잎리아(리아과)

Leea guineensis 'Burgundy'

말레이시아와 호주 원산으로 5m 정도 높이로 자란다. 잎은 깃꼴겹잎이며 잎자루가 붉고 작은잎은 타원형~달걀형이며 흑자색이 돈다. 가지 끝의 꽃송이에는 별 모양의 자잘한 붉은색 꽃이 모여 핀다. 꽃은 1년 내내 핀다. 동글납작한 열매는 적갈색으로 익는다. 열대 지방에서 관상수로 심는다.

꽃가지

꽃과 열매

작은잎 뒷면

붉은리아(리아과)

Leea rubra

열대 아시아와 호주 원산으로 3~5m 높이로 자란다. 잎은 어긋나고 깃꼴겹잎이다. 작은잎은 타원형이고 끝이 뾰족하며 가장자리에 톱니가 있다. 가지 끝의 꽃송이에 자잘한 별 모양의 붉은색 꽃이 모여 핀다. 동글납작한 열매는 8㎜ 정도 크기이며 적갈색으로 익는다.

어린 열매가지

꽃 모양

나무 모양

인도리아(리아과)

Leea indica

열대 아시아 원산으로 5m 정도 높이로 자란다. 잎은 깃꼴겹잎~3회깃꼴겹잎이며 작은잎은 긴타원형~피침형이다. 커다란 꽃송이에 자잘한 연노란색 꽃이 모여 핀다. 다닥다닥 열리는 동글납작한 열매는 흑자색으로 익고 먹을 수 있다. 원주민들은 뿌리를 복통에 사용한다.

꽃이 핀 나무

꽃 모양

잎 모양

황소형(물푸레나무과)

Jasminum humile

중국 원산으로 1~2.5m 높이로 자라며 가지가 많이 갈라진다. 깃꼴겹잎은 어긋나고 작은잎은 3~7장이며 진한 녹색이고 광택이 있다. 여러 개가 모여 달리는 노란색 꽃은 밑부분이 대롱 모양이며 5갈래로 갈라져 벌어지고 2~4㎝ 크기이며 진한 향기가 난다. 관상수로 심는다.

꽃가지

어린 열매가지

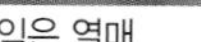

익은 열매

잎 뒷면

나무 모양

흑진주나무(무환자나무과) *Majidea zanquebarica*

열대 아프리카 원산으로 5m 정도 높이로 자란다. 잎은 깃꼴겹잎이며 작은잎은 긴 타원형으로 5㎝ 정도 길이이고 끝이 뾰족하며 광택이 있고 뒷면은 연녹색이다. 비스듬히 처지는 꽃송이는 가지가 많이 갈라지고 자잘한 황록색 꽃이 모여 핀다. 동그스름한 풍선 모양의 열매는 3㎝ 정도 크기이고 3개의 골이 지며 붉게 익으면 골을 따라 갈라지면서 검은색 씨앗이 드러난다. 원주민들은 씨앗을 수공예품의 원료로 쓰며 열매가지는 부케를 만드는 재료로 쓴다.

꽃가지

열매가지

꽃 모양

잎 모양

분재

칠리향/오렌지자스민(운향과) *Murraya paniculata*

인도와 동남아시아 원산으로 2~3m 높이로 자란다. 잎은 깃꼴겹잎이며 작은잎은 3~9장이고 타원형이며 진한 녹색이고 뒷면은 회녹색이며 기름샘이 많다. 가지의 꽃송이에 흰색 꽃이 모여 피는데 향기가 진하며 5장의 꽃잎은 끝 부분이 뒤로 젖혀진다. 꽃이 오렌지 꽃을 닮았고 향기가 진해서 영어 이름은 '오렌지 자스민(Orange Jessamine)'이다. 달걀형~원형 열매는 주홍색으로 익는다. 열대 지방에서 관상수로 심으며 분재로도 이용한다.

꽃가지

카레나무(운향과) *Murraya koenigii*

인도 원산으로 3~6m 높이로 자란다. 나무껍질은 흑갈색이고 흰색 껍질눈이 많다. 깃꼴겹잎은 30㎝ 정도 길이이며 작은잎은 11~21장이고 뒷면은 연녹색이다. 가지 끝의 꽃송이에 자잘한 흰색 꽃이 모여 피는데 향기가 있다. 원형~타원형 열매는 1~2㎝ 크기이고 붉은색으로 변했다가 검은색으로 익으며 광택이 있다. 열매살은 먹을 수 있지만 씨앗은 독이 있다. 특유의 향이 나는 잎사귀는 인도의 카레 음식에 없어서는 안 될 중요한 재료라서 '카레나무'라고 한다. 원산지에서는 향이 진한 생잎사귀나 냉

열매가지 나무 모양
잎 앞면과 뒷면 어린잎 나무껍질

동 잎사귀를 요리에 넣지만 말린 잎사귀를 사용하기도 한다. 또 요리의 비린내를 없애 주기 때문에 고기나 생선 요리에도 많이 넣는다. 카레는 여러 향신료나 맛을 내는 재료와 색소가 혼합된 가루이다. 카레를 만드는 재료는 울금, 사프란, 진피, 후추, 고추, 겨자, 생강, 정향, 회향, 계피, 타마린드 등이 들어가고 가장 대표적인 재료가 카레 잎이다. 카레는 배합하는 원료와 양에 따라 제각기 다른 맛을 내므로 인도에 가면 다양한 카레 맛을 볼 수 있다.

열매가지

나무 모양

줄기의 열매

잎가지 뒷면

나무껍질

타히티구즈베리(대극과) *Phyllanthus acidus*

마다가스카르 원산으로 2~9m 높이로 자란다. 비스듬히 처지는 잔가지에 잎이 어긋나게 달린 모습은 깃꼴겹잎처럼 보인다. 달걀형 잎은 2~7.5㎝ 길이이며 끝이 뾰족하고 뒷면은 연녹색이다. 암수한그루로 가지에 분홍빛이 도는 꽃이 모여 피고 동그란 열매가 다닥다닥 열린다. 열매는 6~8개의 얕은 골이 지는데 신맛이 강해 날로 먹기 힘들고 주스를 만들어 먹거나 설탕에 절여 먹고 잼을 만들기도 한다. 인도네시아에서는 열매를 요리에 넣기도 한다.

꽃가지

*무늬잎마닐라타마린드

잎 모양

***무늬잎마닐라타마린드** 나무 모양

마닐라타마린드(콩과) *Pithecellobium dulce*

중앙아메리카 원산으로 10~15m 높이로 자란다. 2회깃꼴겹잎은 어긋난다. 겹잎은 작은잎이 2장씩이다. 잎겨드랑이에 달리는 원뿔형의 꽃송이에 작은 흰색 꽃이 모여 핀다. 납작한 꼬투리는 6~12㎝ 길이이며 둥그스름하게 꼬부라진다. 열매살은 타마린드처럼 식용하는데 새콤달콤한 맛이 난다. 꼬투리는 음식을 만드는 데 넣고 음료를 만들어 마신다. 잎에 흰색 무늬가 있는 ***무늬잎마닐라타마린드**(*P. d.* 'Variegated')는 관상수로 심는다.

꽃가지

가지의 열매

텍사스흑단(콩과)

Pithecellobium flexicaule

텍사스와 멕시코 원산으로 9m 정도 높이로 자란다. 잎은 2회깃꼴겹잎이며 진한 녹색이다. 가지 끝에 연노란색 병솔 모양의 꽃송이가 달린다. 기다란 꼬투리는 흑갈색으로 익으며 오래 매달려 있다. 씨앗은 커피 대용으로 쓰기도 하며 건조한 지역에서 관상수로 심는다.

나무 모양

무늬잎 품종

고사리아랄리아(두릅나무과)

Polyscias filicifolia

태평양 섬 원산으로 2~3m 높이로 자란다. 깃꼴겹잎은 30~60㎝ 길이이고 작은잎은 긴 타원형이며 가장자리에 잔톱니가 있는 것이 고사리잎과 비슷하게 생겼다. 우산 모양으로 갈라지는 꽃송이에 자잘한 꽃이 피고 동그란 열매가 열린다. 잎에 무늬가 있는 품종도 있다.

나무 모양

잎가지

파슬리아랄리아(두릅나무과)

Polyscias fruticosa 'Dwarf'

폴리네시아, 말레이시아, 인도 원산으로 1~2m 높이로 자란다. 잎은 2~3회깃꼴겹잎이며 새의 깃털처럼 잘게 갈라진 모습이 파슬리 잎과 비슷하게 생겼다. 원종은 작은잎이 더 가늘고 길게 갈라진다. 우산 모양으로 갈라지는 꽃송이에 자잘한 꽃이 피고 동그란 열매가 열린다.

나무 모양

잎 모양

줄기와 잎자루

레이스아랄리아(두릅나무과)

Polyscias guilfoylei

폴리네시아 원산으로 4~5m 높이로 자란다. 잎은 어긋나고 깃꼴겹잎이며 30~45㎝ 길이이고 작은잎은 5~9장이며 가장자리의 톱니가 레이스처럼 갈라진다. 잎에 연노란색 무늬가 있는 품종도 있다. 우산 모양으로 갈라지는 꽃송이에 자잘한 꽃이 피고 동그란 열매가 열린다.

꽃가지

퀴시아 아마라(소태나무과) *Quassia amara*

남아메리카 원산으로 2~6m 높이로 자란다. 어린 줄기는 붉은빛이 돌며 묵은 나무껍질은 회갈색이다. 잎은 어긋나고 깃꼴겹잎이며 15~25㎝ 길이이고 작은잎은 3~7장이며 잎자루에 날개가 있다. 작은잎은 끝이 뾰족하며 잎맥이 뚜렷하고 잎자루와 함께 붉은색이다. 가지 끝의 기다란 꽃송이에 모여 피는 붉은색 꽃은 2.5~3.5㎝ 길이이며 꽃잎은 잘 벌어지지 않는다. 별 모양의 붉은색 열매는 1~1.5㎝ 길이이며 검은색으로 익고 안에는 1개의 씨앗이 들어 있다. 심재에 들어 있는 '콰시아(Quassia)'라는 물질

어린 열매가지

열매가지

꽃 모양

열매 모양

잎 뒷면

은 지구상에서 자연적으로 존재하는 물질 중에서 가장 쓴맛을 지녔다고 한다. 이 쓴맛은 각종 해충으로부터 자신의 몸을 보호하는 역할을 한다. 원산지에서 심재는 열을 내리거나 기생충을 없애고 말라리아를 치료하는 약재로도 쓴다. 또 농작물에 끼는 진딧물 등의 해충을 없애는 살충제의 원료로 쓰기도 한다.

나무 모양

꽃가지

잎 모양

나무 모양

난쟁이자스민(능소화과)

Radermachera 'Kunming'

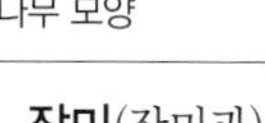

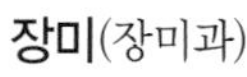

동남아시아 원산으로 3~6m 높이로 자란다. 잎은 2회깃꼴겹잎이며 작은잎은 타원형이고 끝이 뾰족하며 광택이 있다. 가지 끝에 모여 피는 깔때기 모양의 연분홍색 꽃은 꽃잎이 뒤로 젖혀지고 가운데에 노란색 무늬가 있으며 향기가 진하다. 열대 지방에서 관상수로 심는다.

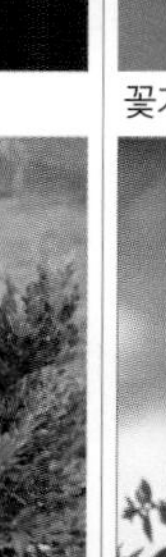
꽃가지

나무 모양

장미(장미과)

Rosa cultivars

온대 지방에서 주로 기르지만 열대 지방에서도 기르는 품종이 있다. 녹색 줄기에 가시가 있고 깃꼴겹잎은 작은잎이 3~7장이다. 가지 끝에 여러 가지 색깔의 홑꽃이나 겹꽃이 핀다. 동그란 열매 끝에는 꽃받침자국이 남아 있다. 잉글랜드의 나라꽃으로 관상수로 심는다.

꽃가지

열매가지

꽃송이

잎 모양

나무 모양

촛불세나(콩과) *Senna alata*

열대 아메리카 원산으로 2~6m 높이로 자란다. 깃꼴겹잎은 75㎝ 정도 길이로 크고 작은잎은 7~14쌍이다. 작은잎은 8~20㎝ 길이이며 뒷면은 회녹색이다. 잎겨드랑이에서 길게 자라는 꽃송이에 촘촘히 모여 피는 컵 모양의 노란색 꽃은 2.5㎝ 정도 크기이다. 꽃은 1년 내내 계속해서 핀다. 길고 납작한 꼬투리는 10~20㎝ 길이이며 흑갈색으로 익는다. 열대 지방에서 관상수로 심으며 원주민들은 피부병을 치료하는 약재로도 쓴다.

꽃가지

꽃 모양

잎가지

사막카시아(콩과)

Senna polyphylla

서인도 제도 원산으로 2~3m 높이로 자란다. 깃꼴겹잎은 어긋나거나 3~5개씩 모여 나고 작은잎은 3~15쌍이다. 노란색 꽃은 지름이 4㎝ 정도이며 꽃잎은 보통 5장이다. 가늘고 긴 꼬투리는 약간 꼬이기도 한다. 열대 지방에서 관상수로 심는데 건조해도 잘 견딘다.

꽃가지

열매 모양

나무 모양

황회화나무(콩과)

Senna surattensis

인도와 스리랑카 원산으로 3~5m 높이로 자란다. 깃꼴겹잎은 8~18㎝ 길이이며 작은잎은 타원형~달걀형이다. 잎겨드랑이에 나비 모양의 노란색 꽃이 모여 달리는데 연중 핀다. 길고 납작한 꼬투리는 7~10㎝ 길이이고 흑갈색으로 익는다. 열대 지방에서 관상수로 심는다.

꽃가지 나무 모양

꽃 모양 열매가지 줄기

화려한카시아(콩과) *Senna spectabilis*

열대 아메리카 원산으로 4~6m 높이로 자란다. 줄기에서 굵은 가지가 사방으로 퍼져 둥근 나무 모양을 만든다. 깃꼴겹잎은 어긋나고 40㎝ 정도 길이이며 작은잎은 4~15쌍이다. 가지 끝의 커다란 꽃송이에 나비 모양의 노란색 꽃이 촘촘히 모여 핀 모습이 아름답다. 둥글고 긴 막대 모양의 꼬투리는 18~25㎝ 길이이며 밑으로 늘어진다. 둥근 나무 모양에 노란색 꽃이 가득 핀 모습이 보기 좋아 열대 지방에서 가로수나 관상수로 심는다.

꽃가지　어린 열매가지

잎 뒷면　나무 모양　나무껍질

황금사과나무/암바렐라(옻나무과) *Spondias cytherea*

열대 아시아 원산으로 12~15m 높이로 자란다. 깃꼴겹잎은 30~75㎝ 길이이며 작은잎은 9~25장이다. 가지 끝의 커다란 꽃송이에 자잘한 누른빛이 도는 흰색 꽃이 촘촘히 모여 핀다. 타원형~거꿀달걀형 열매는 4~6㎝ 길이이며 노란색으로 익는다. 새콤달콤한 맛이 나는 열매는 열대 과일로 먹으며, 주스를 만들어 먹거나 고기 요리에도 곁들여 먹는 등 용도가 다양하다. 열대 지방에서 널리 재배하고 관상수나 가로수로 심는다.

열매가지

나무 모양

브라질후추나무(옻나무과)

Schinus terebinthifolius

중남미 원산으로 7~10m 높이로 자란다. 깃꼴겹잎은 어긋나고 작은잎은 5~15장이다. 잎겨드랑이에서 나온 꽃송이에 자잘한 흰색 꽃이 모여 핀다. 작고 동그란 열매는 4~5㎜ 크기이며 붉은색으로 익는다. 잘 익은 열매는 후추처럼 향신료로 사용하는데 달콤매콤한 맛이 난다.

꽃가지

주홍색 꽃이 피는 품종 귤색 꽃이 피는 품종

테코마리아 카펜시스(능소화과)

Tecomaria capensis

아프리카 원산으로 2~3m 높이로 자란다. 잎은 마주나고 깃꼴겹잎이며 15㎝ 정도 길이이고 작은잎은 5~9장이다. 가지 끝에 기다란 깔때기 모양의 오렌지색 꽃이 피는데 끝 부분은 입술 모양으로 갈라진다. 붉은색이나 노란색 꽃이 피는 품종도 있으며 관상수로 심는다.

꽃가지 화단의 나무 모양

꽃이 핀 나무 꽃봉오리 열매가지

노랑종꽃/황종화(능소화과) *Tecoma stans*

열대 아메리카 원산으로 6m 정도 높이로 자란다. 잎은 어긋나고 깃꼴겹잎이며 작은잎은 1~3쌍이다. 작은잎은 긴 달걀형이며 끝이 뾰족하고 가장자리에 잔톱니가 있다. 가지 끝에 종 모양의 노란색 꽃이 모여 피는데 나무 전체가 노란색 꽃으로 뒤덮인 모습은 매우 아름답다. 통꽃의 지름은 5㎝ 정도이고 끝 부분이 5갈래로 얕게 갈라진다. 가늘고 긴 열매는 20㎝ 정도 길이이다. 열대 지방에서 관상수로 널리 심고 있으며 우리나라에서는 온실에서 기른다.

꽃가지

열매가지

나무 모양

스위트아카시아(콩과) *Vachellia farnesiana / Acacia farnesiana*

북아메리카 원산으로 7m 정도 높이까지 자란다. 잎은 어긋나고 2회깃꼴겹잎이며 겹잎은 2~8쌍이 마주 달리고 작은잎은 10~12쌍씩 마주 붙는다. 길쭉한 작은잎은 2~7㎜ 길이로 작다. 잎겨드랑이에서 나오는 동그란 노란색 꽃송이는 지름이 1.5~2㎝이며 좋은 향기가 난다. 여러 개가 모여 달리는 원통형의 꼬투리는 4~8㎝ 길이이며 약간 구부러지기도 하고 흑갈색으로 익는다. 향기로운 꽃은 향수를 만드는 원료로 쓰며 열대 지방에서 관상수로 심는다.

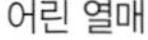
어린 열매

열매 모양

열매 단면

잎 모양

나무껍질

캐퍼라임(운향과)

Citrus hystrix

동남아시아 원산으로 3m 정도 높이로 자라며 가느다란 가지가 길게 벋는다. 달걀형~타원형 잎은 3~15㎝ 길이이며 잎자루에는 거의 잎몸 크기만 한 넓은 날개가 있고 광택이 있다. 잎겨드랑이에 모여 피는 흰색 꽃은 꽃잎이 5장이다. 동그란 열매는 지름이 10㎝ 정도이고 겉이 울퉁불퉁하며 열매즙이 별로 없고 신맛이 강하다. 동남아시아에서는 잎사귀가 요리에 널리 쓰이는데 잘게 다져 음식에 넣는다. 특히 태국의 대표적인 수프의 하나인 톰얌 수프(Tom Yam)를 만드는 재료이다. 흔히 생잎사귀를 쓰지만 말린 잎사귀를 사용하기도 한다. 열매는 날로 먹지 않고 향신료로 사용하며 샴푸를 만드는 재료로도 쓴다.

열매가지

잎 모양

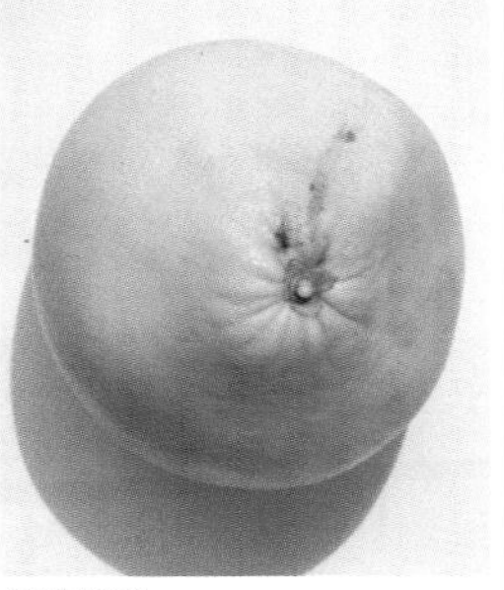
열매 모양

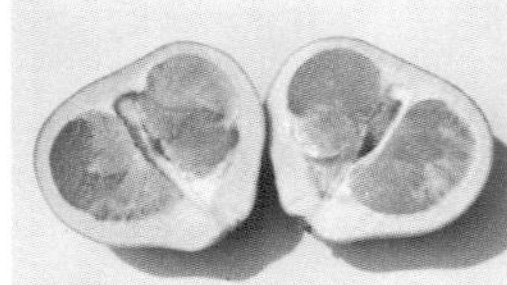
열매 단면

나무 모양

왕귤나무/포멜로(운향과)

Citrus maxima

동남아시아 원산으로 10m 정도 높이로 자란다. 잎은 어긋나고 타원형이며 5~20㎝ 길이이고 잎자루에는 넓은 날개가 있으며 가죽질이고 광택이 있다. 가지 끝이나 잎겨드랑이에 모여 피는 흰색 꽃은 2~3㎝ 크기이며 향기가 난다. 둥그스름한 열매는 지름이 15㎝ 정도이지만 큰 것은 30㎝ 정도에 달하는 것도 있으며 무게는 2㎏에 달하기도 한다. 이처럼 열매를 비롯한 모든 부분이 귤나무 종류 중에서 가장 크기 때문에 '왕귤나무'라고 하고 동남아시아에서는 '포멜로'라고 부른다. 열매는 과일로 먹는데 씹으면 작은 알갱이가 톡톡 터지는 느낌이 좋다. 설탕에 절여 먹기도 하며 주스나 술을 만들기도 한다.

꽃가지

잎 모양

나무 모양

거미나무(풍접초과)

Crateva religiosa

동남아시아와 남태평양 원산으로 6~9m 높이로 자란다. 손꼴겹잎의 앞면은 광택이 있다. 가지 끝에 흰색 꽃이 모여 피는데 촘촘히 달리는 기다란 수술의 밑부분은 붉은빛이 돈다. 기다란 수술이 퍼진 모양을 보고 '거미나무'란 이름이 생겼다. 긴 타원형 열매는 먹을 수 있다.

꽃봉오리가지

잎가지

나무 모양

산양배추나무(두릅나무과)

Cussonia paniculata

남아프리카 원산으로 4~6m 높이로 자란다. 잎몸은 7~9갈래로 갈라지는 겹잎이고 회녹색이다. 가지 끝의 커다란 꽃송이에 자잘한 황록색 꽃이 핀다. 작고 동그란 열매는 열매송이에 촘촘히 달리며 검게 익는다. 관상수로 심고, 원산지에서는 잎을 소와 염소가 뜯어 먹는다.

줄기에 핀 꽃

줄기의 열매

잎가지

익은 열매

나무 모양

남남나무(콩과) *Cynometra cauliflora*

인도와 말레이시아 원산으로 3~15m 높이로 자란다. 잎은 2장의 작은잎이 1쌍이 되어 달린다. 작은잎은 긴 타원형이며 광택이 있고 가운데 잎맥은 두 잎이 마주보는 쪽으로 치우쳐 있다. 새로 돋는 잎은 붉은빛으로 아름답다. 자잘한 흰색 꽃은 나무줄기에 다닥다닥 붙어 핀다. 꽃이 지고 나면 줄기에 콩팥 모양의 열매가 다닥다닥 달리는데 길이가 3~9㎝이다. 열매는 새콤달콤한 맛이 나며 과일로 먹는다. 열대 지방에서 과일나무로 재배하며 관상수로도 기른다.

잎가지

나무 모양

세잎오가나무(두릅나무과)

Eleutherococcus trifoliatus

중국 남부와 인도차이나 원산으로 7m 정도 높이로 자란다. 가지에 가시가 있고, 겹잎은 작은잎이 보통 3장이며 광택이 있다. 자잘한 흰색 꽃은 공 모양으로 둥글게 모여 달리고 열매송이는 검게 익는다. 뿌리와 줄기는 한약재로 사용하고, 어린잎은 채소로 먹는다.

꽃가지

나무 모양

난쟁이황금목(콩과)

Erythrina humeana

남아프리카 원산으로 4~6m 높이로 자란다. 잎은 세겹잎이며 작은잎은 달걀형이고 상반부는 길고 점차 좁아진다. 길게 자란 꽃줄기 끝에 알로에 꽃송이를 닮은 붉은색 꽃송이가 달리는데 매우 아름답다. 염주 모양의 기다란 꼬투리는 15㎝ 정도 길이이며 씨앗은 붉은색이다.

꽃가지

꽃송이

잎 모양

주름잎조디아(운향과)

Euodia ridleyi

동남아시아 원산으로 1~2m 높이로 자란다. 잎은 마주나고 세겹잎이다. 작은잎은 선형이고 가장자리에 큼직한 톱니가 있으며 주름이 지고 광택이 있다. 기다란 꽃이삭에 자잘한 연노란색 꽃이 촘촘히 모여 핀다. 열대 지방에서 관상수로 심고 있으며 잎이 황금색인 품종도 있다.

꽃가지

무늬잎 품종

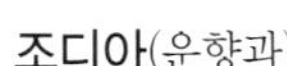

조디아(운향과)

Euodia suaveolens

인도네시아 원산으로 2m 정도 높이로 자란다. 잎은 마주나고 세겹잎이며 작은잎은 선형이고 광택이 있다. 잎겨드랑이에서 자란 긴 꽃송이에 자잘한 흰색 꽃이 층을 이루며 달리고, 작은 열매는 타원형이다. 식물체에서 나는 냄새를 모기가 싫어한다. 무늬잎 품종도 있다.

나무 모양

열매 모양

율리시즈쉬나무(운향과)

Evodiella muelleri

호주 원산으로 6m 정도 높이로 자란다. 잎은 세겹잎이며 작은잎은 긴 타원형이다. 줄기와 가지에 붉은색 꽃이 모여 피고 동그스름한 열매는 세로로 골이 진다. 호주에는 푸른 빛깔을 띠는 아름다운 율리시즈나비가 있는데 이 나무가 율리시즈나비의 먹이가 되는 나무이다.

꽃가지

어린 열매

진펄무궁화(아욱과)

Hibiscus coccineus

북아메리카 원산으로 2~3m 높이로 자라며 가지가 많이 갈라진다. 잎은 어긋나고 손꼴겹잎이며 3~7장의 작은잎은 선형이다. 주홍색 꽃은 꽃잎 사이가 떨어지고 암수술대가 길게 벋는다. 열매는 꽃받침에 싸여 있고 씨앗은 검게 익는다. 열대 지방에서 연못가에 관상수로 심는다.

잎줄기

뿌리

*무늬잎카사바

카사바/마니홋/타피오카(대극과) *Manihot esculenta*

남아메리카 원산으로 1.5~3m 높이로 자란다. 잎은 어긋나고 7~15㎝ 길이이며 잎몸은 3~7갈래로 깊게 갈라지고 잎자루가 길다. 가지 끝의 꽃송이에 모여 피는 황백색 꽃은 1.2㎝ 정도 크기이다. 동그스름한 열매는 지름이 1.2㎝ 정도이며 세로로 6개의 좁은 날개가 있다. 땅속에 덩이뿌리가 만들어져 사방으로 퍼지는데 고구마처럼 길쭉하며 30~50㎝ 길이이다. 덩이뿌리 속살은 황백색이며 녹말이 많고 칼슘과 비타민 C가 풍부하며 열대 지방의 중요한 식량 자원이다. 덩이뿌리에는 '시안산'이라고 하는 독성 물질이 들어 있는데 이 독성 물질은 열을 가하면 없어지므로 보통 감자처럼 쪄 먹는다. 덩이뿌리에서 채취한 녹말은 요리를 하거나 과자, 빵, 알코올, 풀 등을 만드는 원료로 쓴다. 근래에 청정에너지인 바이오 에너지를 만드는 원료로 카사바가 각광받고 있다. 무늬잎을 가진 ***무늬잎카사바**(*M. e.* 'Variegata')는 관상용으로 심는다.

열매가지

줄기에 달린 열매

줄기에 핀 꽃

잎 모양

촛불나무(능소화과) *Parmentiera cereifera*

열대 아메리카 원산으로 7~8m 높이로 자란다. 잎은 세겹잎이며 광택이 있고 가운데 작은잎이 가장 크다. 줄기나 가지에 깔때기 모양의 흰색 꽃이 직접 달린다. 어린 열매는 붉은색이지만 점차 자라면서 연노란색으로 변해간다. 줄기나 가지에 매달리는 기다란 열매는 10㎝ 정도 길이로 촛불의 모양과 비슷해서 '촛불나무(Candle Tree)'라는 이름을 얻었다. 나무 가득 열매가 열린 모양이 재미있어서 열대 지방에서 관상수로 심고 있다.

잎이 달린 줄기

무늬잎 품종

무늬잎 품종

둥근잎아랄리아(두릅나무과)
Polyscias balfouriana

뉴칼레도니아 원산으로 2~6m 높이로 자란다. 잎은 세겹잎이며 작은잎은 동그스름하고 가장자리에 톱니가 있으며 광택이 있다. 흔히 잎에 무늬가 있는 품종이 여럿 있는데 '무늬둥근잎아랄리아'라고 한다. 곧게 자라는 꽃송이에 자잘한 꽃이 모여 핀다.

꽃가지

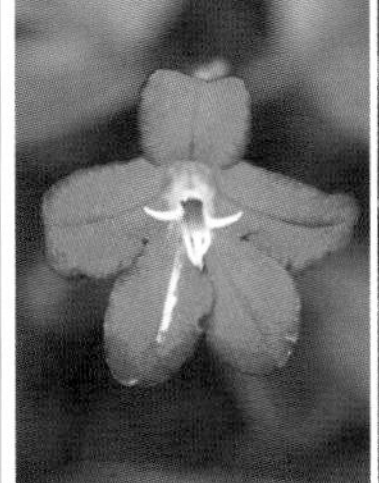
꽃 모양

잎 모양

분홍라베니아(운향과)
Ravenia spectabilis

쿠바와 브라질 원산으로 3~5m 높이로 자란다. 잎은 세겹잎이며 작은잎은 타원형~긴 타원형이고 진한 녹색이며 광택이 있고 가운데 잎맥이 뚜렷하다. 가지 끝의 기다란 꽃송이에 붉은색 꽃이 모여 피는데 꽃부리는 5갈래로 갈라진다. 열대 지방에서 관상수로 심는다.

어린 열매가지

꽃가지

나무 모양

아프리카옻나무(옻나무과)

Rhus lancea

남아프리카 원산으로 5~10m 높이로 자란다. 세겹잎은 어긋나며 작은잎은 피침형이고 4~10㎝ 길이이다. 가지 끝과 잎겨드랑이에 자잘한 황록색 꽃이 모여 핀다. 작고 동그스름한 열매는 5㎜ 정도 크기이며 황갈색으로 익는다. 가뭄에 강하며 그늘이 좋고 관상수로 심는다.

잎가지

잎 뒷면

나무 모양

떡갈잎쉐프레라(두릅나무과)

Schefflera delavayi

중국 남부와 베트남 원산으로 2~3m 높이로 자란다. 손꼴겹잎은 어긋나고 작은잎은 깃꼴로 깊게 갈라지며 가죽질이고 광택이 있으며 뒷면은 연녹색이다. 줄기 끝의 커다란 꽃송이에 자잘한 황록색 꽃이 피고 작고 동그란 열매가 열린다. 열대 지방에서 관상수로 심는다.

꽃가지

잎가지

무늬잎 품종

무늬잎 품종

무늬잎 품종

홍콩쉐프레라(두릅나무과) *Schefflera arboricola*

대만과 중국 남부 원산으로 3~5m 높이로 자란다. 어린 줄기는 녹색이고 점차 회갈색으로 변하며 공기뿌리가 나온다. 손꼴겹잎은 어긋나고 7~9장이 돌려나는 작은잎은 긴 타원형으로 9~20㎝ 길이이며 진한 녹색이고 광택이 있다. 커다란 꽃송이에 자잘한 황백색 꽃이 촘촘히 모여 핀다. 작고 동그란 열매는 오렌지색으로 익는다. 열대 지방에서 관상수로 심는데 작은잎에 흰색이나 노란색 무늬가 들어 있는 품종도 있다. 우리나라에서는 관엽식물로 기른다.

꽃가지

꽃 모양

잎 모양

진홍트럼펫꽃나무(능소화과)

Tabebuia haemantha

서인도 제도 원산으로 8m 정도 높이까지 자란다. 잎은 손꼴겹잎이며 작은잎은 3~5장이고 가죽질이며 광택이 있다. 기다란 깔때기 모양의 진홍색 꽃은 3~5㎝ 길이이며 끝 부분이 5갈래로 불규칙하게 갈라져 벌어진다. 가느다란 열매는 6~11㎝ 길이이다. 관상수로 심는다.

잎가지

잎 모양

귀신발나무(두릅나무과)

Trevesia burckii

인도네시아 원산으로 5~6m 높이로 자란다. 잎은 손꼴겹잎이며 작은잎자루가 만나는 부분은 날개가 합쳐져 있는 특이한 모양이다. 작은잎은 긴 타원형이고 가운데 작은잎이 가장 크다. 잎겨드랑이에서 자란 꽃대 끝에 연노란색 꽃이 둥글게 모여 핀다. 관상수로 심고 있다.

꽃가지

열매가지

라임베리(운향과)

Triphasia trifolia

동남아시아 원산으로 3m 정도 높이로 자란다. 잎은 세겹잎이며 작은잎은 2~4㎝ 길이이고 진한 녹색이며 광택이 있다. 흰색 꽃은 꽃잎이 3장이며 10~13㎜ 크기이다. 동그란 열매는 지름이 10~15㎜이며 붉은색으로 익고 감귤처럼 먹을 수 있다. 열대 지방에서 관상수로 심는다.

꽃가지

열매가지

***자주잎동남아순비기**

동남아순비기(마편초과)

Vitex trifolia

동남아시아 원산으로 5m 정도 높이로 자란다. 세겹잎은 마주나고 광택이 있으며 가지 끝에 자주색 꽃이 모여 핀다. 동그란 열매는 '만형자(蔓荊子)'라 하여 한약재로 사용한다. 잎과 가지에 자주색이 도는 ***자주잎동남아순비기**(*V. t.* 'Purpurea')를 함께 관상수로 심고 있다.

맹그로브데리스

덩굴나무

Type ⑯
넓은잎나무 〉덩굴나무 458

노란색 꽃이 피는 품종 노란색 꽃이 피는 품종

무늬잎 품종 나무 모양

알라만다(협죽도과) *Allamanda* spp.

브라질 원산으로 5m 정도 길이로 벋는 반덩굴성나무이다. 잎은 2~4장씩 마주나거나 돌려나고 긴 타원형이며 끝이 뾰족하고 가죽질이며 광택이 난다. 깔때기 모양의 노란색 꽃은 끝 부분이 5갈래로 갈라져 활짝 벌어지며 좋은 향기가 난다. 열대 지방의 대표적인 관상수로 많은 재배 품종이 있으며 잎에 무늬가 있거나 황적색 꽃이 피는 품종도 있다. 잎이나 가지를 자르면 나오는 흰색 유액은 유독하다. 뿌리는 황달이나 말라리아 치료제로 사용한다.

A. b. 'Cherries Jubilee'

A. b. 'Cherries Jubilee'

A. b. 'Jamaican Sunset'

꽃가지

꽃봉오리와 잎가지

퍼플알라만다(협죽도과)
Allamanda blanchetii

열대 아메리카 원산으로 4m 정도 길이로 벋는 반덩굴성나무이다. 긴 타원형 잎은 가죽질이며 2~4장씩 마주나거나 돌려난다. 깔때기 모양의 자주색 꽃은 지름이 5~7.5㎝이며 끝 부분이 5갈래로 갈라져 벌어지고 좋은 향기가 난다. 열대 지방에서 관상수로 심고 있다.

꽃가지

꽃송이

잎 모양

비단아프게키아(콩과)

Afgekia sericea

태국 원산으로 15m 정도 길이로 벋으며 다른 물체를 감고 오른다. 깃꼴겹잎은 작은잎이 4~8쌍이며 누운 털로 덮여 있다. 꽃송이에는 나비 모양의 자주색과 흰색이 섞인 꽃이 촘촘히 모여 피는데 꽃잎도 누운 털로 덮여 있다. 열대 지방에서 관상수로 심고 있다.

꽃가지

잎가지

노랑나팔덩굴(능소화과)

Anemopaegma chamberlaynii

브라질 원산으로 5m 정도 길이로 벋으며 덩굴손으로 다른 물체를 감고 오른다. 잎은 마주나고 2장씩 짝을 지어 달리며 진한 녹색이고 광택이 있다. 깔때기 모양의 밝은 노란색 꽃은 꽃부리 안쪽이 황백색이며 장미처럼 좋은 향기가 난다. 열대 지방에서 관상수로 심는다.

꽃가지

나무 모양

꽃 모양

꽃봉오리와 잎

코끼리덩굴(메꽃과) *Argyeria nervosa*

인도와 미얀마 원산으로 9m 정도 길이로 벋는다. 어린 줄기는 부드러운 털로 덮여 있다. 코끼리 귀를 닮은 하트형 잎은 15~25㎝ 길이이며 끝이 뾰족하고 가장자리가 밋밋하며 잎맥이 뚜렷하다. 꽃송이는 부드러운 흰색 털로 덮여 있으며 종 모양의 꽃은 5~7.5㎝ 길이이고 연한 자주색~분홍색이다. 꽃부리 안쪽은 더욱 진한 색이고 꽃부리 겉면은 부드러운 흰색 털로 덮여 있다. 관상수로 심고 뿌리는 피부병과 염증 치료에 이용한다.

꽃가지

분홍색 꽃이 피는 품종

주황색 꽃이 피는 품종

꽃분홍색 꽃이 피는 품종

붉은색 꽃이 피는 품종

흰색 꽃이 피는 품종

부겐빌레아(분꽃과) *Bougainvillea glabra*

남아메리카 원산으로 4~5m 높이로 자라는 반덩굴성나무이다. 가지에는 곧은 가시가 있다. 잎은 어긋나고 달걀형~타원형이며 끝이 뾰족하고 광택이 있다. 가지 끝이나 윗부분의 잎겨드랑이에 붉은색 꽃이 모여 핀 모습은 매우 아름답다. 꽃을 자세히 보면 가운데에 3개의 기다란 대롱 모양의 연노란색 꽃이 모여 있는 것을 볼 수 있고 둘레를 싸고 있는 3장의 붉은색 꽃잎 같은 것은 꽃을 받치고 있는 포이다. 꽃은 햇볕과 양분이 충분하면 1년 내내 피고 포의 수명도 길기 때문에 열대 지방을 대표하는 꽃이

나무 모양

여러 색깔의 꽃이 피는 나무

무늬잎 품종

무늬잎 품종

무늬잎 품종

되었고 많은 재배 품종이 개발되었다. 품종에 따라 포의 색깔이 주황색, 보라색, 분홍색, 노란색, 흰색 등 여러 가지이고 포의 모양도 조금씩 다르다. 노란색이나 흰색 등의 무늬잎 품종도 있다. 접을 붙여서 한 나무에 여러 색깔의 꽃이 피게도 한다. 부겐빌레아는 이 꽃을 발견한 프랑스의 항해가 '드 부겐빌레'의 이름에서 유래되었다.

포가 겹인 품종

꽃가지

잎 모양

나무 모양

붉은난초나무(콩과)

Bauhinia galpinii

남아프리카 원산으로 3~8m 길이로 벋는 반덩굴성나무이다. 가지에 어긋나는 잎은 7.5㎝ 정도 크기이며 가운데가 오목하게 들어간 모양이 나비가 날개를 편 모양과 비슷하다. 가지에 몇 개씩 모여 피는 주홍색 꽃은 지름이 6~8㎝이다. 열대 지방에서 관상수로 심는다.

꽃가지

잎가지

나무 모양

종이꽃바우히니아(콩과)

Bauhinia kockiana

말레이시아 원산으로 3~5m 길이로 벋는 반덩굴성나무이다. 잎은 어긋나고 긴 타원형~달걀형이며 끝이 뾰족하고 세로로 3개의 잎맥이 나란하다. 가지 끝에 주홍색 꽃이 모여 피는데 5장의 꽃잎은 주름이 지며 노란색 꽃이 피는 것도 있다. 열대 지방에서 관상수로 심는다.

B. s. var. *longebracteata*

B. s. var. *perkinsae*

B. s. var. *longebracteata* 잎

B. s. var. *perkinsae* 잎과 새순

넝쿨바우히니아(콩과) *Bauhinia semibifida*

인도네시아와 말레이시아 원산으로 덩굴지는 줄기는 다른 물체를 타고 오른다. 가지에 어긋나는 잎은 가운데가 오목하게 들어간 나비 모양이다. 잎 앞면에는 털이 없고 잎 뒷면의 밑부분과 가지에는 황갈색 털이 있다. 가지 끝의 꽃송이에 흰색 꽃이 밑에서부터 차례대로 피어 올라가는데 향기가 좋다. 5장의 흰색 꽃잎은 활짝 벌어지고 그 가운데에 3개의 수술과 1개의 암술이 길게 벋는다. 여러 재배 품종이 있으며 붉은색 새순이 아름답다.

꽃가지

나무 모양

네팔트럼펫꽃(협죽도과)

Beaumontia jerdoniana

네팔과 인도 원산으로 3~6m 길이로 벋는 반덩굴성나무이다. 잎은 마주나고 타원형~거꿀달걀형이며 끝이 뾰족하고 진한 녹색이며 뒷면은 연녹색이다. 가지 끝에 종 모양의 큼직한 흰색 꽃이 모여 피는데 끝 부분은 5갈래로 갈라져 벌어진다. 열대 지방에서 관상수로 심는다.

꽃가지

꽃봉오리

잎 모양

카모엔시아(콩과)

Camoensia scandens

서아프리카 원산의 덩굴식물이다. 잎은 세겹잎이며 작은잎은 15㎝ 정도 길이이고 끝이 뾰족하며 진한 녹색이고 광택이 있다. 가지 끝에 모여 피는 나비 모양의 흰색 꽃은 10㎝ 정도 크기이며 가장자리가 주름이 지고 향기가 좋다. 열대 지방에서 관상수로 심는다.

꽃가지

나무 모양

자바나무덩굴(포도과)

Cissus nodosa

인도네시아와 말레이시아 원산으로 덩굴은 길게 벋는다. 타원형~달걀형 잎은 끝이 뾰족하고 가장자리에 톱니가 있다. 가지 끝의 꽃송이에 자잘한 꽃이 모여 핀다. 열매송이에는 자잘한 붉은색 열매가 다닥다닥 달린다. 열대 지방에서 관상수로 심으며 흔히 그늘집을 만든다.

꽃가지

생울타리

고람반(마편초과)

Clerodendrum inerme

열대 아시아와 호주 원산으로 3~10m 길이로 벋는다. 잎은 마주나고 타원형이며 끝이 뾰족하고 광택이 있다. 기다란 깔때기 모양의 흰색 꽃이 몇 개씩 모여 피고, 꽃잎 밖으로 암수술이 길게 벋는다. 열대 지방에서 관상수로 심으며 흔히 생울타리를 만든다.

꽃가지

꽃 모양

클레로덴드룸 톰소나에(마편초과)

Clerodendrum thomsoniae

서아프리카 원산으로 2~5m 길이로 벋는 반덩굴성나무이다. 잎은 마주나고 달걀형이며 끝이 뾰족하고 잎맥이 오목하게 들어간다. 가지 끝에 큼직한 꽃송이가 달리며 붉은색 꽃은 흰색 꽃받침에 싸이고 암수술이 꽃잎 밖으로 길게 벋는다. 관상수로 심는다.

꽃가지

꽃송이

나무 모양

붉은칫솔덩굴(사군자과)

Combretum fruticosum

열대 아메리카 원산으로 6m 정도 길이로 벋는다. 잎은 마주나고 타원형이며 끝이 뾰족하고 가장자리가 밋밋하며 광택이 있다. 잎과 마주 달리는 꽃송이는 칫솔이나 브러시를 닮았다. 촘촘히 달리는 대롱 모양의 붉은색 꽃은 암수술이 길게 벋는다. 열대 지방에서 관상수로 심는다.

열매가지

덩굴

맹그로브데리스(콩과)

Derris trifoliate

동아프리카, 열대 아시아, 호주 원산으로 덩굴은 다른 물체를 감고 오른다. 잎은 3~5장의 작은잎을 가진 겹잎으로 앞면은 광택이 있다. 흰색 꽃이 피고 납작한 타원형 열매가 열린다. 꼬투리 속에는 1~3개의 씨가 들어 있다. 맹그로브 숲에서 자라며 씨는 바닷물을 타고 퍼진다.

잎가지

무늬잎 품종

무늬잎 품종

아이비/헬릭스송악(두릅나무과)

Hedera helix

유럽과 아시아, 북아프리카 원산으로 줄기에서 붙음뿌리가 나와 다른 물체에 달라붙는다. 잎은 어긋나고 3~5갈래로 갈라지며 잎맥이 뚜렷하다. 가지 끝의 꽃송이에 자잘한 꽃이 모여 피고 열매는 검게 익는다. 잎에 무늬가 있는 여러 품종을 함께 관상수로 심고 있다.

나무 모양

열매가지

공기뿌리

목책을 덮은 나무

늘어진 나무 모양

푸밀라고무나무(뽕나무과) *Ficus pumila*

동아시아 원산으로 4~6m 길이로 벋는다. 줄기는 공기뿌리로 다른 물체에 달라붙는다. 잎은 어긋나고 달갈형이다. 어린 가지에 달리는 잎은 2~3㎝ 길이이고 밑부분은 심장저이며 우툴두툴하다. 묵은 가지에 달리는 잎은 7~8㎝ 길이이며 가죽질이고 매끈하다. 열매는 지름이 3~4㎝로 서양배와 비슷하며 열매자루는 1.5~2㎝ 길이이다. 어린 줄기가 붙음뿌리로 벽에 잘 달라붙기 때문에 담쟁이덩굴처럼 벽을 가리는 용도 등으로 심고 있다.

꽃가지

주홍색 꽃이 피는 품종

꽃 모양

잎 앞면과 뒷면

나무 모양

동홍화/홀스키오디아 산구인네아(마편초과) *Holmskioldia sanguinea*

히말라야 원산으로 3~7m 길이로 벋는다. 달걀형~넓은 달걀형 잎은 5~10㎝ 길이이며 끝이 뾰족하고 뒷면은 연녹색이다. 붉은색 꽃은 가지에 몇 개씩 모여 피는데 긴 나팔 모양의 꽃부리 밖으로 암술과 수술이 벋는다. 꽃을 받치고 있는 접시 모양의 붉은색 꽃받침도 꽃잎처럼 보인다. 노란색이나 주홍색, 분홍색, 보라색 꽃이 피는 품종도 있다. 꽃받침에 싸인 열매는 4갈래로 갈라진다. 열대 지방에서 관상수로 심고 있으며 우리나라에서는 화분에 심어 기른다.

꽃가지

꽃 모양

잎 모양

호세아 로비아나(마편초과)

Hosea lobbiana

인도네시아 원산으로 다른 물체를 감고 길게 벋는다. 잎은 마주나고 타원형이며 끝이 뾰족하다. 가지 끝의 꽃송이에는 깔때기 모양의 주황색 꽃이 피는데 꽃잎 밖으로 암수술이 길게 벋는다. 꽃송이에 달리는 잎도 주황색으로 변한다. 열대 지방에서 관상수로 심는다.

꽃가지

꽃 모양

잎가지

인동덩굴(인동과)

Lonicera japonica

한국, 중국, 일본, 대만 원산으로 덩굴은 다른 물체를 감고 오른다. 잎은 마주나고 긴 타원형~긴 달걀형이며 끝이 뾰족하다. 잎겨드랑이에 2개씩 피는 입술 모양의 흰색 꽃은 점차 누런색으로 변한다. 동그란 열매는 검은색으로 익는다. 약재로 이용하며 관상수로도 심는다.

꽃가지

덩굴손

나무 모양

마늘덩굴(능소화과)

mansoa hymenaea

과테말라 원산으로 10m 정도 길이로 벋으며 덩굴손으로 다른 물체를 감고 오른다. 타원형 잎은 끝이 뾰족하고 겉면은 광택이 있다. 잎을 으깨면 마늘 냄새가 난다. 깔때기 모양의 붉은색 꽃이 모여서 핀다. 열대 지방에서 관상수로 심으며 흔히 시원한 그늘집을 만든다.

꽃가지

꽃 모양

잎 모양

하등(콩과)

Millettia reticulata

중국 남부 원산으로 5m 정도 길이로 벋는다. 깃꼴겹잎은 가죽질이며 광택이 있고 작은잎은 긴 타원형이다. 가지 끝에 달리는 커다란 꽃송이에 자잘한 나비 모양의 적자색 꽃이 모여 피고 꼬투리 열매를 맺는다. 열대 지방에서 관상수로 심으며 우리나라 남쪽 섬에서도 기른다.

꽃가지

잎 모양

나무 모양

오돈타데니아(협죽도과)

Odontadenia macrantha

열대 아메리카 원산으로 다른 물체를 감고 오른다. 잎은 마주나고 타원형이며 끝이 뾰족하고 가장자리가 밋밋하며 잎맥이 뚜렷하고 뒷면은 연녹색이다. 깔때기 모양의 주황색 꽃은 끝 부분이 5갈래로 갈라져 벌어진다. 기다란 열매는 3㎝ 정도 길이이며 털이 달린 씨앗이 나온다.

꽃가지

꽃 모양

잎 모양

판도레아(능소화과)

Pandorea jasminoides

호주 원산으로 3~6m 길이로 벋는다. 잎은 깃꼴겹잎이며 작은잎은 5~9장이고 달걀형~피침형으로 끝이 뾰족하며 가장자리가 밋밋하다. 가지 끝에 깔때기 모양의 흰색~연한 홍자색 꽃이 모여 피는데 지름이 5㎝ 정도이고 중심부는 홍자색이다. 열대 지방에서 관상수로 심는다.

꽃가지

꽃 모양

줄기의 가시

목기린(선인장과)

Pereskia aculeata

중남미 원산으로 9~12m 길이로 벋는다. 줄기에 가늘고 긴 가시가 모여 난다. 잎은 어긋나고 긴 타원형이며 끝이 뾰족하다. 잎겨드랑이에 가는 가시가 모여 달린다. 가지 끝에 분홍빛이 도는 유백색 꽃이 피는데 향기가 있다. 동그스름한 열매는 주황색으로 익으며 과일로 먹는다.

꽃가지

꽃 모양

잎 모양

농눅덩굴(꿀풀과)

Petraeovitex bambusetorum

태국 원산으로 5m 정도 길이로 벋는다. 잎은 세겹잎이고 작은잎은 타원형~달걀형이며 끝이 뾰족하고 끝의 작은잎이 가장 크다. 가지 끝에 노란색 꽃송이가 매달리는데 꽃은 황백색이지만 포가 노란색이라서 전체가 노랗게 보인다. 열대 지방에서 관상수로 심는다.

꽃가지

후추(후추과) *Piper nigrum*

인도 남부 원산으로 7~8m 길이로 벋는다. 마디에서 나온 붙음뿌리로 다른 물체에 달라붙는다. 잎은 어긋나고 넓은 타원형~달걀형으로 10~15㎝ 길이이며 끝이 뾰족하고 두꺼운 가죽질이며 광택이 있다. 암수딴그루로 잎과 마주나는 황백색 꽃이삭은 밑으로 처진다. 열매이삭은 15~17㎝ 길이이고 지름이 5~6㎜의 동그란 열매가 다닥다닥 달리며 붉은색으로 익는다. 오랜 옛날부터 인도 등의 열대 아시아에서 재배한 중요한 작물이다. 덜 익은 녹색 열매를 따서 뜨거운 물에 담갔다가 꺼내 말리면 까맣게 되는데 이를 '검은 후추'라고 한다. 빨갛게 익은 열매를 따서 말린 뒤에 열매살을 제거한 것은 '흰 후추'라고 한다. 검은 후추는 매운맛이 강한 데 비해 흰 후추는 매운맛이 덜하고 부드러워 더 고급품으로 친다. 후추는 대표적인 향신료의 하나로 가루를 내어 각종 요리의 양념으로 사용하는데

열매이삭

나무 모양

검은 후추

흰 후추

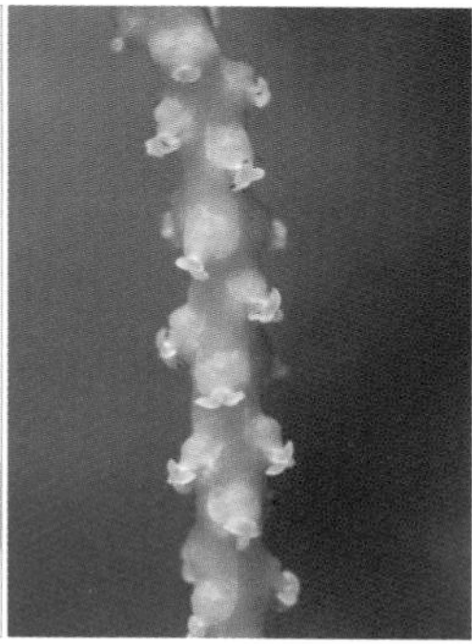
암꽃이삭

동양에서는 매운맛과 향미를 더하는 음식 재료로 썼다. 후추는 특히 고기의 부패를 막고 누린내를 없애 주는 역할을 하기 때문에 육식을 주로 하는 서양에서도 후추의 수요가 많아지면서 중요 무역품이 되었다. 무역을 할 때 종종 돈 대신 쓰여서 '검은 금'이라고도 불렀다. 후추는 호국(胡國)의 산초(山椒)를 줄여서 '호초(胡椒)'라고 부르던 것이 변한 이름이라고 한다.

마디의 붙음뿌리

잎가지

나무 모양

베텔/베틀후추(후추과)
Piper betel

인도와 발리 원산으로 붙음뿌리로 다른 물체에 붙는다. 두꺼운 하트형 잎은 '판'이라고 하며 향기가 있고 입안의 냄새를 없애 주기 때문에 신선한 잎을 따서 씹는다. 특히 빈랑나무 열매와 함께 씹는 풍습이 중국과 열대 아시아, 아라비아, 아프리카 등지에 널리 퍼져 있다.

꽃가지

나무 모양

파랑새넝쿨(마편초과)
Petrea volubilis

중앙아메리카 원산으로 9~12m 길이로 벋는다. 타원형 잎은 끝이 뾰족하고 가장자리가 밋밋하며 뻣뻣하다. 가지 끝에서 비스듬히 퍼지는 꽃송이에 보라색 꽃이 모여 피는데 점차 연한 색으로 변하면서 여러 색이 섞여 있기 때문에 더욱 아름답다. 열대 지방에서 관상수로 심는다.

꽃가지 나무 모양

시든 꽃과 꽃받침 잎 뒷면 덩굴손

트리니다드나팔꽃(능소화과) *Phryganocydia corymbosa*

남아메리카 원산으로 가는 줄기는 덩굴손으로 감고 오른다. 잎은 타원형~달걀형이고 7~15㎝ 길이이며 끝이 뾰족하고 광택이 있으며 뒷면은 연녹색이다. 잎은 2장씩 짝을 지어 달리기도 한다. 붉은색 깔때기 모양의 꽃은 6~7㎝ 길이이며 꽃잎 안쪽은 연한 색이다. 꽃자루에 선형 포가 있고 꽃받침은 비스듬히 꽃부리를 싸고 있다. 기다란 꼬투리 모양의 열매는 5~10㎝ 길이이며 씨앗은 날개가 있다. 열대 지방에서 관상수로 심는다.

꽃가지

꽃 모양

잎 뒷면

백말꼬리덩굴(메꽃과)
Porana volubilis

동남아시아 원산으로 열대 지방에서 관상수로 심는다. 넓은 달걀형~달걀형 잎은 끝이 뾰족하고 가장자리가 밋밋하며 진한 녹색이고 광택이 있다. 가지 끝의 커다란 꽃송이에 자잘한 흰색 꽃이 촘촘히 모여 달린 모습이 보기 좋다. 작은 꽃은 종 모양이며 5갈래로 갈라진다.

꽃가지

어린 열매

나무 모양

긴성배꽃(가지과)
Solandra longiflora

중앙아메리카 원산으로 4~9m 길이로 벋는다. 타원형~거꿀달걀형 잎은 15~20㎝ 길이이며 끝이 뾰족하다. 종 모양의 꽃부리는 10~30㎝ 길이이며 끝 부분이 뒤로 말리고 처음 필 때는 흰색이지만 점차 노란색으로 변하며 향기가 난다. 꽃받침도 통 모양이며 둘로 갈라진다.

꽃가지

나무 모양

꽃 모양

잎 앞면과 뒷면

줄기의 가시

인도사군자(사군자과) *Quisqualis indica*

열대 아시아 원산으로 줄기 밑부분은 곧게 서고 윗부분은 덩굴로 벋는다. 줄기에는 가시가 있다. 타원형 잎은 보통 마주나지만 부분적으로 어긋나고 7~14㎝ 길이이며 끝이 뾰족하고 잎맥이 뚜렷하다. 꽃이 아침에 필 때는 흰색이지만 점차 붉은색으로 변하며 꽃받침통이 대롱처럼 길고 5장의 꽃잎은 수평으로 벌어진다. 달걀형 열매는 2.5~4㎝ 길이이며 진한 갈색으로 익는다. 열대 지방에서 관상용으로 심으며 열매는 구충제 등으로 이용한다.

꽃가지

꽃봉오리

가지의 마디

나무 모양

나무껍질

장미꽃스트로판투스(협죽도과) *Strophanthus gratus*

열대 아프리카 원산으로 줄기 밑부분은 곧게 서고 윗부분은 덩굴로 벋는다. 나무껍질은 거칠며 세로로 골이 패이고 가지는 밤색이며 광택이 있다. 잎은 마주나고 타원형이며 끝이 뾰족하고 가죽질이며 광택이 있다. 가지 끝에 깔때기 모양의 분홍색 꽃이 모여 피는데 장미 같은 향기가 난다. 나무껍질과 씨앗에는 맹독이 들어 있어서 아프리카 원주민들이 화살독으로 사용했다. 꽃이 아름다워서 열대 지방에서 관상수로 심는다.

꽃가지

꽃 모양 잎 뒷면

꼬리꽃스트로판투스(협죽도과)

Strophanthus preussii

열대 아프리카 원산으로 줄기 밑부분은 곧게 서고 윗부분은 덩굴로 번는다. 잎은 마주나고 타원형~달걀형이며 끝이 뾰족하고 10~13㎝ 길이이며 가죽질이고 광택이 있다. 가지 끝에 깔때기 모양의 분홍색 꽃이 모여 피는데 갈래조각 끝이 실처럼 길게 늘어진다. 관상수로 심는다.

꽃가지

꽃받침 잎 모양

백설툰베르기아(쥐꼬리망초과)

Thunbergia fragrans

인도와 동남아시아 원산으로 줄기는 다른 물체를 감고 오른다. 잎은 마주나고 화살촉 모양이며 갈라지지 않는 품종도 있다. 흰색 깔때기 모양의 꽃은 대롱이 가늘고 끝 부분에서 꽃잎이 활짝 벌어진다. 열대 지방에서 관상용으로 심으며 저절로 퍼져서 자라기도 한다.

꽃가지

*흰꽃덤불툰베르기아

꽃 모양

잎가지

**무늬꽃덤불툰베르기아

덤불툰베르기아(쥐꼬리망초과) *Thunbergia erecta*

열대 아프리카 원산으로 1~2m 길이로 벋는다. 잎은 마주나고 달걀형~타원형이며 끝이 뾰족하고 가장자리가 밋밋하며 광택이 있다. 가지 끝 부분에 피는 깔때기 모양의 자주색 꽃은 끝 부분이 5갈래로 얕게 갈라져 벌어지고 가운데 목구멍 부분은 연노란색이며 향기가 있고 1년 내내 꽃이 핀다. 열대 지방에서 관상수로 심는데 꽃 색깔이 흰 ***흰꽃덤불툰베르기아**(*T. e.* cv. *Alba*)와 연보라색 꽃이 피는 ****무늬꽃덤불툰베르기아**(*T. e.* 'Fairy Moon')도 함께 심는다.

꽃가지

*흰꽃벵골툰베르기아

벵골툰베르기아(쥐꼬리망초과)
Thunbergia grandiflora

인도 원산으로 4~6m 길이로 벋는다. 달걀형 잎은 밑부분이 심장저이거나 밋밋하며 가장자리에 톱니가 있고 끝이 뾰족하다. 가지 끝에 피는 깔때기 모양의 연보라색 꽃은 6~8㎝ 길이이고 능소화를 닮았다. 흰색의 꽃이 피는 품종은 ***흰꽃벵골툰베르기아**(*T. g.* 'Alba')라고 한다.

꽃가지

나무 모양

반잎툰베르기아(쥐꼬리망초과)
Thunbergia variegata

인도와 말레이시아 원산으로 줄기는 다른 물체를 감고 오른다. 달걀형 잎은 양쪽 밑부분이 깊게 갈라진 것이 화살촉 모양과 비슷하고 흰색 무늬가 있다. 깔때기 모양의 연자주색 꽃은 끝 부분이 5갈래로 얕게 갈라져 벌어진다. 열대 지방에서 관상수로 심는다.

꽃가지

꽃 모양

호주황금덩굴(말피기아과)

Tristellateia australasiae

동남아시아 원산으로 가는 줄기는 밤색이다. 긴 달걀형~피침형 잎은 끝이 뾰족하고 가죽질이며 광택이 있다. 가지 끝에 달리는 꽃송이에 노란색 꽃이 촘촘히 모여 피는데 꽃잎은 5장이며 수술은 붉은색이다. 별 모양의 열매는 갈색으로 익는다. 열대 지방에서 관상수로 심는다.

꽃가지

꽃받침

잎 앞면과 뒷면

무늬잎쿠바빈카(협죽도과)

Urechites lutea var. *variegata*

중앙아메리카 원산으로 줄기는 다른 물체를 감고 오른다. 타원형 잎은 흰색 얼룩무늬가 있으며 가장자리가 밋밋하다. 깔때기 모양의 노란색 꽃은 끝 부분이 5갈래로 갈라져 벌어진다. 열대 지방에서 관상수로 심는다. 식물 전체에 독 성분이 있으므로 만지지 않는 것이 좋다.

꽃가지

꽃 모양

잎 앞면과 뒷면

빵꽃덩굴(협죽도과)
Vallaris glabra

자바 원산으로 2~3m 길이로 벋는다. 잎은 마주나고 달걀형이며 끝이 뾰족하고 가장자리가 밋밋하다. 커다란 꽃송이에 별 모양의 흰색 꽃이 촘촘히 모여 핀다. 꽃향기는 밤에 특히 진한데 달콤한 빵 냄새나 코코넛 냄새가 나기 때문에 영어 이름은 '브래드플라워(Bread Flower)'이다.

잎가지

나무 모양

능수베르노니아(국화과)
Vernonia elliptica

미얀마 원산으로 가는 줄기는 회녹색이며 밑으로 축 늘어진다. 잎은 어긋나고 긴 타원형이며 끝이 뾰족하고 가장자리에 침 같은 톱니가 있다. 가지 끝에 연분홍색 꽃이 촘촘히 모여 피고 솜털이 달린 씨앗은 둥글게 부풀어 오른다. 열대 지방에서 관상수로 심는다.

코코스야자

야자나무

Type ⑰
야자나무〉깃꼴겹잎/긴 홑잎 490

Type ⑱
야자나무〉부채꼴잎 528

나무 모양 / 줄기의 꽃송이 / 꽃 모양 / 열매송이 / 씨앗 / 잎자국고리 윗부분과 잎자루

크리스마스야자(야자나무과) *Adonidia merrillii*

필리핀 원산으로 5m 정도 높이로 자란다. 줄기의 잎자국고리 윗부분은 매끈한 녹색이다. 깃꼴겹잎은 1.5m 정도 길이이며 작은잎은 부드럽고 끝이 처진다. 줄기의 잎자국고리에 60㎝ 정도 길이의 커다란 꽃송이가 달리며 자잘한 흰색 꽃이 모여 핀다. 타원형 열매는 3㎝ 정도 크기이며 붉게 익는다. 보통 크리스마스 시즌즈음에 열매가 붉게 익기 때문에 장식을 한 것 같아 '크리스마스야자'라는 이름을 얻었다.

나무 모양

어린 열매송이

줄기의 꽃송이

열매 모양

알렉산더야자(야자나무과) *Archontophoenix alexandrae*

호주 원산으로 25m 정도 높이로 자란다. 줄기의 잎자국고리 윗부분은 매끈한 녹색이다. 깃꼴겹잎은 2m 정도 길이이며 작은잎이 잘 처지지 않아 전체적으로 단정한 모양이다. 줄기의 잎자국고리에 커다란 꽃송이가 달리는데 가는 꽃가지는 밑으로 처지며 자잘한 흰색 꽃이 촘촘히 달린다. 동그란 열매는 12㎜ 정도 크기이며 붉은색으로 익는다. 매우 빨리 자라는 야자나무로 열대 지방에서 가로수나 관상수로 많이 심는다.

줄기의 꽃송이

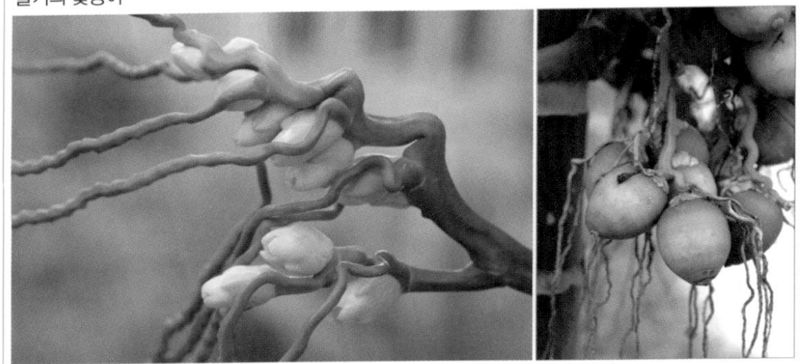
꽃가지

어린 열매 모양

빈랑나무(야자나무과) *Areca catechu*

말레이시아 원산으로 25m 정도 높이로 자란다. 깃꼴겹잎은 1~2m 길이이며 밑부분은 잎집으로 되어 줄기를 감싼다. 잎 끝은 톱니 모양으로 갈라지며 작은잎의 일부분이 밑으로 처진다. 암수한그루로 줄기의 잎자국 고리에 커다란 연녹색 꽃송이가 달리고 구불거리는 가는 꽃가지에 자잘한 황백색 꽃이 촘촘히 모여 핀다. 원형~타원형 열매는 '빈랑자(檳榔子)'라고 하며 3㎝ 정도 길이이고 붉은색, 오렌지색, 노란색 등으로 익는다. 열대 지방 사람들은 빈랑자를 입에 넣고 질겅질겅 씹는데 자극적이면

나무 모양

열매와 줄기

땅에 떨어진 열매

*난쟁이빈랑나무

서도 알싸한 맛이 난다. 열매에는 약간의 환각 성분이 있기 때문에 씹으면 피로가 회복된다고 하며 담배처럼 중독성이 강하다. 빈랑자를 씹는 사람들은 열매의 색깔 때문에 입안이 벌겋게 되므로 쉽게 알아볼 수 있다. 빈랑자를 영어로는 '베틀넛(Betel Nut)'이라고 하는데 보통 빈랑자를 베텔 잎에 싸서 먹기 때문에 붙여진 이름이다. 빈랑자는 설사약이나 기생충약, 두통약 등으로도 쓰며, 어린잎은 채소로 먹는다. 열대 지방에서 널리 재배하며 관상수로도 심는데 ***난쟁이빈랑나무**(*A. c.* 'Dwarf') 등 여러 품종이 있다.

나무 모양

새로 돋는 잎

줄기의 꽃송이

꽃봉오리

버팀뿌리

붉은새잎야자(야자나무과) *Areca vestiaria*

인도네시아 원산으로 5~10m 높이로 자란다. 줄기 밑부분에는 버팀뿌리가 발달하고 줄기에는 마디가 뚜렷하다. 깃꼴겹잎은 1.2m 정도 길이이며 작은잎은 크기가 불규칙하다. 새로 돋는 잎은 적갈색이 돌아서 아름답다. 줄기의 잎자국고리에서 자란 꽃송이에 자잘한 연노란색 꽃이 촘촘히 모여 핀다. 동그란 열매는 지름이 25㎜ 정도이며 주황색이나 붉은색으로 익는다. 나무 모양이 보기 좋아서 열대 지방에서 관상수로 심는다.

꽃가지

꽃이삭

나무 모양

말레이흑죽야자(야자나무과)

Arenga hookeriana

말레이시아와 태국 원산으로 1~2m 높이로 자란다. 여러 개가 촘촘히 모여 나는 잎은 잎몸이 긴 타원형이며 여러 갈래로 깊게 갈라지고 갈래조각 끝은 뾰족하다. 잎 사이에서 자란 기다란 이삭 모양의 꽃줄기에 자잘한 꽃이 촘촘히 피고 동그란 열매는 검붉은색으로 익는다.

나무 모양

잎 모양

어린잎

물결잎흑죽야자(야자나무과)

Arenga undulatifolia

동남아시아 원산으로 줄기는 5~10m 높이로 모여 난다. 깃꼴겹잎은 끝이 비스듬히 휘어지며 작은 잎은 크기가 서로 다르고 가장자리가 물결 모양으로 주름이 진다. 잎 사이에서 나온 꽃가지에 연녹색 꽃이 모여 피고 동그스름한 열매는 검붉은색으로 익는다.

나무 모양

꽃이삭

어린 열매송이

붉게 익은 열매

잎 모양

필리핀흑죽야자(야자나무과) *Arenga tremula*

필리핀 원산으로 모여 나는 줄기는 5~8m 높이로 자란다. 깃꼴겹잎은 8m 정도 길이까지도 자라며 작은잎은 선형으로 가늘고 진한 녹색이며 광택이 있다. 잎겨드랑이에서 자란 꽃송이에 이삭 모양의 꽃가지가 촘촘히 늘어지며 자잘한 연녹색 꽃이 달린다. 작고 동그란 열매는 검붉은색으로 익으며 독이 있다. 새순을 많이 먹으면 깊은 잠에 빠지는 최면 효과가 있다고 한다. 원주민들은 질긴 잎자루를 쪼개서 바구니 등을 만드는 데 쓴다.

나무 모양

줄기의 꽃송이

코후네야자(야자나무과)
Attalea cohune

중앙아메리카 원산으로 6~15m 높이로 자란다. 깃꼴겹잎은 길이가 10m 정도에 달하며 작은잎은 선형이고 비스듬히 처진다. 잎겨드랑이의 꽃송이에 연노란색 꽃이 모여 피고 달걀형 열매는 황갈색으로 익는다. 씨앗에서 짠 기름으로 비누를 만들고 잎으로는 지붕을 덮는다.

나무 모양

줄기의 꽃송이

니코바르야자(야자나무과)
Bentinckia nicobarica

인도양의 니코바르 제도 원산으로 15m 정도 높이로 자란다. 줄기의 잎자국고리 윗부분은 매끈하다. 깃꼴겹잎은 1.5~2m 길이이다. 줄기의 잎자국고리에 달리는 커다란 꽃송이는 밑으로 처지며 자잘한 흰색 꽃이 촘촘히 달린다. 동그란 열매는 지름이 1cm 정도이며 검게 익는다.

줄기의 꽃송이

열매송이 열매 모양

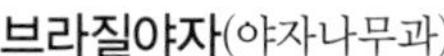

브라질야자(야자나무과)

Butia capitata

브라질 원산으로 3~7m 높이로 자란다. 깃꼴겹잎은 잎자루가 뒤로 비스듬히 휘어지고 25~50쌍의 작은잎은 흰빛이 돈다. 잎자루 밑부분에 가시가 있다. 잎겨드랑이의 커다란 꽃송이에 노란색이나 붉은색 꽃이 핀다. 타원형 열매는 3㎝ 남짓하며 과일로 먹는데 파인애플 맛이 난다.

나무 모양

줄기의 꽃송이

카펜타리아야자(야자나무과)

Carpentaria acuminata

호주 원산으로 12m 정도 높이로 자란다. 깃꼴겹잎은 2m 정도 길이이고 작은잎은 선형이며 비스듬히 처진다. 줄기의 고리 윗부분은 연한 회갈색이다. 줄기의 잎자국고리에 달리는 꽃송이에 자잘한 연노란색 꽃이 피고 동그스름한 열매는 2㎝ 정도 크기이며 흑적색으로 익는다.

줄기의 꽃송이

나무 모양

열매이삭

잎 모양

줄기의 마디

립스틱야자(야자나무과) *Cyrtostachy renda*

말레이시아와 수마트라 원산으로 5~6m 높이로 자란다. 여러 대가 모여 나는 줄기는 붉은색이 돌며 오렌지색이나 노란색을 띠기도 한다. 줄기 윗부분에 모여 나는 깃꼴겹잎은 잎이 뻣뻣하고 작은잎이 좌우로 가지런히 배열해서 보기에 좋다. 마디에서 자란 꽃송이는 가지가 많이 갈라지며 가지마다 자잘한 노란색 꽃이 피고 동그란 열매를 맺는다. 붉은 줄기에 단정한 잎이 달린 모양이 보기 좋아 열대 지방에서 관상용으로 많이 심는다.

나무 모양

줄기의 꽃송이

열매송이

잎 모양

무늬잎 품종

카리요타 미티스(야자나무과) *Caryota mitis*

동남아시아 원산으로 8m 정도 높이로 자란다. 줄기는 여러 대가 모여 나고 잎자루에는 가는 털이 빽빽이 난다. 잎은 2회깃꼴겹잎으로 사방으로 퍼진 모양이 공작의 깃털을 닮았다. 잎에 노란색 무늬가 있는 품종도 있다. 암수한그루로 줄기에서 무더기로 모여 나는 꽃이삭은 밑으로 처지고 그대로 열매이삭이 된다. 열매는 지름이 1㎝ 정도이며 적갈색으로 익는다. 원산지에서는 꽃자루를 자르면 나오는 즙을 음료수로 마시거나 발효시켜 술을 담근다.

열매 줄기

나무 모양

줄기의 꽃송이

공작야자(야자나무과)

Caryota urens

인도와 말레이시아 원산으로 15~20m 높이로 자란다. 잎은 2회깃꼴겹잎으로 사방으로 퍼진 모양이 공작 깃을 닮아서 '공작야자'라고 한다. 암수한그루로 꽃이삭은 길게 밑으로 처지고 그대로 열매이삭이 된다. 원산지에서는 꽃자루를 잘라 나오는 즙을 음료수로 마신다.

새잎이 돋는 나무

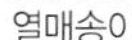

열매송이

나무 모양

붉은깃털야자(야자나무과)

Chambeyronia macrocarpa

호주 원산으로 6~9m 높이로 자란다. 줄기의 잎자국고리 윗부분은 가운데가 약간 부푼다. 깃꼴겹잎은 3~4m 길이이며 오래된 잎은 밑으로 비스듬히 처진다. 새로 돋는 잎은 붉은색 깃털처럼 아름답다. 줄기의 잎자국고리에 자주색 꽃이삭이 달리고 타원형 열매가 열린다.

바닷물에 밀려와 백사장에 뿌리를 내리고 싹을 틔운 씨앗

씨앗에서 자란 줄기 줄기의 열매송이

코코스야자(야자나무과) *Cocos nucifera*

말레이시아 원산으로 10~30m 높이로 자란다. 깃꼴겹잎은 2~4m 길이이며 줄기 끝에서 사방으로 퍼진다. 암수한그루로 잎겨드랑이에서 자란 배 모양의 포 속에 있는 꽃송이에 암꽃과 수꽃이 모여 달린다. 원형~타원형 열매는 30~45㎝ 길이이다. 열매는 흔히 '코코넛(Coconut)'이라고 하며 단단한 겉껍질은 매끄럽다. 배젖은 물 탄 우유 같은 액체이며 가장자리의 딱딱한 배젖은 '코프라(Copra)'라고 한다. 열매 속의 야자즙은 음료로 마시는데 별다른 맛은 없지만 열대의 더위와 갈증 해소에 좋다. 열매

나무 모양

코프라를 채취하고 남은 껍질

열매 속의 야자즙

줄기의 꽃송이

코코스야자 잎으로 만든 집

껍질로 만든 섬유는 '코이어(Coir)'라고 하는데 가벼우며 바닷물에 잘 썩지 않아 로프, 어망, 매트리스의 충전재, 방석 등의 원료로 쓴다. 코프라는 가루로 만들거나 기름을 짜서 쓰는데 아이스크림, 과자, 초콜릿, 비누, 양초 등을 만드는 데 쓴다. 기름을 짜고 남은 찌꺼기는 가축의 먹이나 비료로 쓴다. 잎은 지붕을 덮거나 모자와 매트를 만들고 새순은 채소로 이용한다. 줄기는 건축재로 이용한다. 코코스야자는 열대 지방을 대표하는 작물이자 관상수이다.

나무 모양

잎 모양 줄기의 꽃송이

허리케인야자(야자나무과)

Dictyosperma album

인도양의 마스카린 제도 원산으로 10m 정도 높이로 자란다. 깃꼴겹잎은 3~4m 길이이며 허리케인의 강력한 바람에도 견딜 수 있기 때문에 '허리케인야자'라고 한다. 줄기의 잎자국고리에 달리는 꽃이삭에 자잘한 노란색 꽃이 핀다. 타원형 열매는 흑자색으로 익는다.

나무 모양

잎자국고리 윗부분

잎 모양

테디베어야자(야자나무과)

Dypsis leptocheilos

마다가스카르 원산으로 7~10m 높이로 자란다. 줄기의 잎자국고리 윗부분이 테디베어 인형처럼 적갈색 털로 덮여 있어서 '테디베어야자'라고 한다. 깃꼴겹잎은 선형의 작은잎이 달린 모습이 단정하다. 줄기의 잎자국고리에 달리는 꽃이삭에 자잘한 연노란색 꽃이 핀다.

나무 모양

잎자루가 모인 부분

어린 열매송이

잎 모양

삼각야자/데카리야자(야자나무과) *Dypsis decaryi*

마다가스카르 원산으로 3~15m 높이로 자란다. 줄기의 잎자국고리 윗부분에 잎자루가 촘촘히 모여 달린 부분이 세모꼴로 모(각)가 지기 때문에 '삼각야자'라고 한다. 깃꼴겹잎은 2.5~4m 길이이고 작은잎은 선형이며 끝 부분이 밑으로 처진다. 줄기의 잎자국고리에서 나오는 커다란 꽃송이에 자잘한 연노란색 꽃이 핀다. 타원형 열매는 2㎝ 정도 크기이며 검은색으로 익는다. 줄기의 모양이 특이해 열대 지방에서 관상수로 많이 심는다.

줄기의 마디와 새로 돋는 잎

나무 모양

줄기의 꽃송이

누른빛이 도는 잎

아레카야자/황야자(야자나무과) *Dypsis lutescens*

마다가스카르 원산으로 8m 정도 높이로 자란다. 여러 대가 모여 나는 줄기는 황록색~황색이 돌며 잎이 떨어져 나간 마디가 대나무처럼 보인다. 깃꼴겹잎은 2~3m 길이이며 비스듬히 휘어지고 부드러운 느낌을 주는 작은잎은 누른빛이 돌기도 한다. 줄기의 잎자국고리에서 나오는 꽃송이에 자잘한 연노란색 꽃이 모여 핀다. 달걀형의 열매는 2㎝ 정도 크기이며 흑자색으로 익는다. 최근에 실내 공기 정화 식물로 각광받고 있다.

나무 모양

줄기의 꽃송이 잎자루가 모인 부분

루쿠바야자(야자나무과)

Dypsis madagascariensis

마다가스카르 원산으로 8m 정도 높이로 자란다. 줄기 윗부분에 잎자루가 돌려 가며 촘촘히 포개진다. 깃꼴겹잎은 5m 정도 길이이며 작은잎은 끝 부분이 밑으로 처진다. 줄기의 잎자국고리에서 나오는 꽃송이에 연노란색 꽃이 모여 피고 타원형 열매는 1.5~2㎝ 크기이며 검게 익는다.

나무 모양

줄기의 꽃송이

아사이야자(야자나무과)

Euterpe oleracea

브라질 원산으로 25m 정도 높이까지 자란다. 줄기의 잎자국고리 윗부분은 연한 청록색으로 매끈하다. 깃꼴겹잎은 4m 정도 길이이며 잎 모양이 단정하다. 줄기의 잎자국고리에서 꽃송이가 나오고 동그란 열매는 1~2㎝ 크기이며 검게 익는다. 열매즙은 와인이나 주스 원료로 쓴다.

줄기 윗부분이 시든 꽃과 열매

시든 수꽃송이

기름야자 농장

기름야자(야자나무과) *Elaeis guineensis*

열대 아프리카 원산으로 10~20m 높이로 자란다. 깃꼴겹잎은 6m 정도 길이이며 사방으로 퍼진다. 작은잎은 60~120㎝ 길이이며 끝 부분이 비스듬히 처진다. 암수한그루로 잎겨드랑이에 꽃송이가 달리는데 수꽃이삭은 10~15㎝ 길이이고, 암꽃이삭은 200~300개가 송이로 달리며 동그스름한 열매가 다닥다닥 열린다. 보통 한 나무에 2~6개의 열매송이가 달린다. 열매는 3.5㎝ 정도 크기이며 광택이 있고 적갈색~흑갈색으로 익는다. 열매의 겉껍질은 섬유질이 많고 열매살은 기름을 많이 함유하고 있으

열매송이

떨어진 열매

잎자루

나무 모양

며 가운데에 씨앗이 있다. 열매살로 짠 기름은 '팜유(Palm Oil)'라고 하며 마가린, 식용유, 윤활유, 양초, 비누, 화장품 등을 만드는 원료로 쓴다. 씨앗으로 짠 기름은 '팜핵유(Palm Kernel Oil)'또는 '커늘유'라고 하며 마가린, 과자, 아이스크림, 비누 등을 만드는 원료로 쓴다. 요즘은 친환경적인 바이오 디젤 연료로도 각광받고 있다. 기름야자는 1ha에서 3천kg이 넘는 기름을 생산하는데 비해 콩은 3백kg이 조금 넘는 기름을 생산한다. 이처럼 기름 생산량이 10배 이상 차이가 나기 때문에 기름야자의 재배 면적이 가파르게 증가했고 드디어 2005년 팜유는 콩기름을 제치고 기름 생산량 세계 1위가 되었다.

나무 모양

줄기의 꽃송이

꽃이삭 부분

꼬리게오노마(야자나무과)

Geonoma interrupta

열대 아메리카 원산으로 5m 정도 높이로 자란다. 줄기는 여러 대가 함께 자라거나 외대로 자란다. 깃꼴겹잎은 작은잎의 크기가 불규칙하며 부드러운 느낌을 준다. 처음 나오는 잎은 잎몸이 갈라지지 않지만 점차 깃꼴로 갈라진다. 줄기의 고리 부분에 적갈색 꽃송이가 달린다.

나무 모양

줄기와 잎자루　　잎 모양

호웨아벨모아(야자나무과)

Howea belmoreana

호주 동부 원산으로 7~15m 높이로 자란다. 줄기 윗부분은 섬유질에 싸여 있다. 깃꼴겹잎은 2~3m 길이이며 활처럼 휘어진다. 채찍 모양의 꽃이삭은 밑으로 처지고 타원형 열매가 열린다. 예전에 켄챠(Kentia)속에 속해서 '켄챠야자'라는 이름으로 불리는 종류의 하나이다.

어린 나무 모양

나무 모양

줄기의 꽃송이

열매송이

잎자루

병야자(야자나무과) *Hyophorbe lagenicaulis*

아프리카 동쪽의 마스카렌 제도 원산으로 4~5m 높이로 자란다. 줄기는 원주형으로 술병처럼 부풀어서 '병야자'라고 한다. 깃꼴겹잎은 3m 정도 길이이고 활처럼 휘어지며 작은잎은 가지런히 달린다. 암수한그루로 줄기의 잎자국고리에서 나오는 꽃송이는 75㎝ 정도 길이이며 잔가지가 많이 갈라지고 자잘한 연노란색 꽃이 핀다. 타원형 열매는 4㎝ 정도 길이이며 검게 익는다. 나무 모양이 특이해서 열대 지방에서 관상수로 많이 심는다.

나무 모양

꽃송이

버팀뿌리

꼬리이구아누라(야자나무과)

Iguanura wallichiana

말레이시아 원산으로 3m 정도 높이로 자란다. 줄기 밑부분에는 버팀뿌리가 발달한다. 기다란 잎몸은 끝 부분이 붕어 꼬리처럼 둘로 갈라지거나 깃꼴로 불규칙하게 갈라지기도 한다. 꽃송이에서 갈라진 가느다란 꽃가지들은 위를 향하며 자잘한 연노란색 꽃이 핀다.

나무 모양

꽃송이

잎 부분

조이야자(야자나무과)

Johannesteijsmannia altifrons

동남아시아 원산으로 3~6m 높이로 자란다. 줄기가 없고 뿌리에서 잎이 모여 난다. 긴 마름모꼴 잎은 가죽처럼 질기고 단단하며 세로 잎맥을 따라 골이 지고 광택이 있으며 뒷면은 회녹색이다. 잎 사이에서 적갈색 포에 싸인 꽃송이가 나오며 자잘한 황백색 꽃이 핀다.

나무 모양

꽃송이

열매송이

긴조이야자(야자나무과)

Johannesteijsmannia lanceolata

말레이시아 원산으로 3.5m 정도 높이로 자란다. 땅속으로 기는 줄기에서 잎이 모여 난다. 긴 타원형 잎은 가죽처럼 질기고 가장자리에 톱니가 있으며 세로 잎맥을 따라 골이 지고 광택이 있다. 잎 사이에서 나온 꽃송이에는 원기둥 모양의 황백색 꽃이삭이 모여 달린다.

나무 모양

줄기의 꽃송이

호주블랙야자(야자나무과)

Normanbya Normanbyi

호주 원산으로 5~8m 높이로 자란다. 줄기는 가늘고 잎자국고리 윗부분은 회녹색이다. 깃꼴겹잎은 2.5m 정도 길이이고 작은잎은 끝이 불규칙하게 갈라지며 잎자루에서 사방으로 술처럼 퍼진다. 줄기의 잎자국고리에서 꽃송이가 나오고 타원형 열매는 붉게 익는다.

꽃줄기가 나온 나무

살로몬사고야자(야자나무과) *Metroxylon salomonense*

뉴기니 원산으로 15~20m 높이로 습지에서 잘 자란다. 밑부분이 넓어지는 잎자루는 가로줄무늬가 있으며 흰빛이 돈다. 깃꼴겹잎은 6m 정도 길이이며 작은잎은 선형이고 끝이 뾰족하다. 암수한그루로 15년쯤 자라서 꽃을 1번 피우고 나면 나무가 죽는다. 줄기 끝에 커다란 꽃줄기가 자라고 가지마다 황백색 꽃송이가 촘촘히 늘어진다. 꽃줄기 모양대로 열매가 다닥다닥 열리고 나면 잎이 시들면서 나무가 죽는다. 동그란 열매는 지름이 6~8㎝이며 겉이 뱀가죽 무늬처럼 보인다. 개화기에는 줄기에 저장된 녹

열매이삭이 달린 나무

줄기의 잎자루

떨어진 열매

열매 단면

잎 모양

말이 많아지는데 이를 채취하여 알갱이로 만든 것을 '사고(Sago)'라고 하며 식용하므로 '쌀나무'라고도 한다. 사고는 물에 끓여 수프를 만들어 먹거나 가루를 물에 갠 뒤 기름에 튀겨 팬케이크를 만들어 먹고 음료수를 만들어 마시기도 한다. 원주민들은 잎으로 전통 의상을 만들어 입거나 매트나 바구니 등을 짠다.

마르기 시작한 나무

열매송이

나무 모양

시든 꽃송이

열매 모양

니파야자(야자나무과) *Nypa fruiticans*

열대 아시아와 호주 원산으로 5~10m 높이로 자란다. 뿌리줄기에서 모여 나는 깃꼴겹잎은 10m 정도 높이까지 자라는 매우 큰 잎이다. 작은잎은 선형이며 잎자루 양쪽으로 가지런히 달린다. 암수한그루로 잎겨드랑이에서 나오는 긴 자루 끝에 동그란 꽃송이가 달린다. 꽃자루를 자르면 나오는 즙은 음료로 마신다. 둥근 열매송이에는 달걀형의 열매가 빽빽이 모여 달리며 적갈색으로 익는다. 바닷가 맹그로브 숲에서 자라며 열매를 식용한다.

나무 모양

잎 모양

꽃이삭 부분

어린 줄기와 잎자루

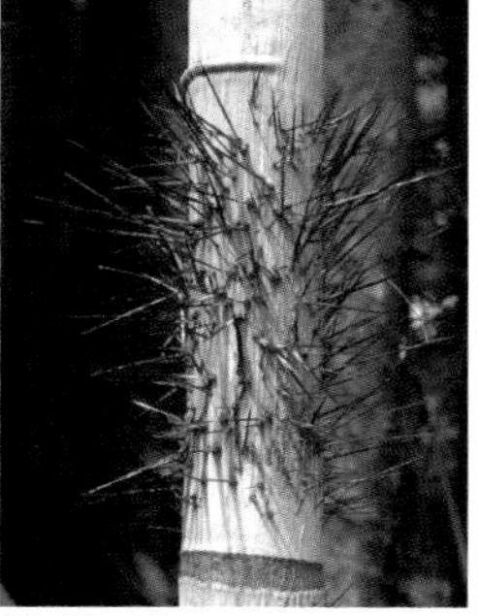
줄기의 가시

니붕야자(야자나무과) *Oncosperma tigillarium*

동남아시아 원산으로 25m 정도 높이로 자란다. 모여 나는 줄기는 회색~연한 갈색이며 마디가 있고 날카로운 가시로 덮여 있다. 깃꼴겹잎은 3.5m 정도 길이이며 잎자루에 가시가 있고 작은잎은 선형이며 끝이 뾰족하고 비스듬히 처진다. 줄기의 꽃송이에 자잘한 노란색 꽃이 피고 동그란 열매는 흑자색으로 익는다. 새순은 채소로 이용하고 잎으로는 바구니 등을 짠다. 물가나 습지에서 잘 자라며 열대 지방에서 관상수로 널리 심고 있다.

나무 모양 줄기의 꽃송이

꽃가지 부분 잎 모양 줄기 윗부분

도둑야자(야자나무과) *Phoenicophorium borsigianum*

인도양의 세이셸 군도 원산으로 15m 정도 높이로 자란다. 줄기 윗부분에 모여 나는 잎은 2m 정도 길이이며 잎자루는 주황색을 띠고 긴 타원형의 잎몸은 잎맥을 따라 깃꼴로 찢어진다. 암수한그루로 줄기에서 자란 녹색 꽃송이에 가느다란 꽃가지가 비스듬히 처지고 자잘한 노란색 꽃이 핀다. 타원형 열매는 1.5㎝ 정도 길이이며 오렌지색으로 익는다. 영국의 큐 왕립식물원에서 기르던 나무를 도둑 맞아서 '도둑야자(Thief Palm)'라는 이름을 얻었다.

줄기의 꽃송이

열매 모양

나무 모양

카나리야자(야자나무과)
Phoenix canariensis

대서양의 카나리아 제도 원산으로 20m 정도 높이로 자란다. 깃꼴겹잎은 5~6m 길이이고 작은잎은 끝이 뾰족하며 광택이 있고 잎자루에는 가시가 있다. 암수딴그루로 솔 모양의 꽃이삭이 달린다. 동그란 열매는 붉은색으로 익는다. 우리나라의 남쪽 섬에서도 관상수로 심고 있다.

줄기의 꽃송이

열매송이

잎 모양

맹그로브대추야자(야자나무과)
Phoenix paludosa

인도와 말레이시아 원산으로 5m 정도 높이로 자란다. 줄기 윗부분은 거친 섬유 모양의 잎집에 싸여 있다. 깃꼴겹잎은 2~3m 길이이며 비스듬히 휘어진다. 작은잎은 끝이 뾰족하고 뒷면은 회녹색이다. 잎겨드랑이에 연노란색 꽃송이가 달리고 달걀형 열매는 흑자색으로 익는다.

꽃송이와 어린 열매

대추야자(야자나무과) *Phoenix dactilifera*

서아시아와 북아프리카 원산으로 25~30m 높이로 자란다. 줄기 끝에 모여 달리는 깃꼴겹잎은 5~6m 길이이고 선형의 작은잎은 양쪽으로 가지런히 달리며 회녹색이다. 암수딴그루로 긴 꽃자루 끝 부분에 작은 꽃이삭들이 빗자루 모양으로 갈라져서 자잘한 황백색 꽃이 핀다. 열매이삭은 비스듬히 처지며 타원형 열매는 3~5㎝ 길이이고 녹색에서 노란색을 거쳐 적갈색~흑자색으로 익는데 익을수록 열매살이 말랑말랑해진다. 열매살은 달고 영양분이 풍부하며 사막 지역의 중요한 식량 자원이다. 열매는 말려

열매가지

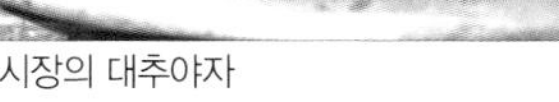
시장의 대추야자

나무 모양

서 오랜 기간 보존하며 식량으로 쓰는데 쫀득거리는 맛이 곶감과 비슷하다. 열매는 과자, 잼, 젤리, 술, 음료 등의 원료로 쓴다. 사막에서는 줄기에 구멍을 내어 나오는 수액을 받아 음료수로 마신다. 줄기를 자르면 나오는 수액을 발효시켜 만든 야자술을 증류한 것이 '아라크(Arrack)'이다. 줄기는 건축재나 교량재 등으로 이용하며 커다란 잎으로는 지붕을 잇거나 깔개, 바구니 등을 만들었다. 성경에 '종려나무'라고 나오는 나무가 대추야자이다.

나무 모양

잎 모양 줄기

꼬마대추야자(야자나무과)

Phoenix roebelenii

열대 아시아 원산으로 2~3m 높이이며 매우 느리게 자라고 가뭄에도 강한 편이다. 깃꼴겹잎은 1m 정도 길이로 비스듬히 휘어져 전체적으로 둥근 나무 모양을 만든다. 잎자루 밑부분에는 긴 가시가 있다. 잎겨드랑이에서 나오는 꽃송이에 연노란색 꽃이 피고 열매는 적자색이다.

나무 모양

줄기와 잎자루 오래된 줄기

설탕대추야자(야자나무과)

Phoenix sylvestris

인도와 파키스탄이 원산으로 4~15m 높이로 자란다. 깃꼴겹잎은 3m 정도 길이이고 비스듬히 휘어지며 잎자루에 긴 가시가 있다. 긴 타원형 열매는 2~3㎝ 길이이며 오렌지색으로 익고 열매와 씨앗을 식용한다. 수액으로 야자 술을 담거나 끓여서 설탕을 만든다.

줄기와 꽃송이

새잎이 자란 나무 모양

꽃송이

열매송이

잎 모양

피낭가야자(야자나무과) *Pinanga coronata*

인도네시아 원산으로 3~8m 높이로 자란다. 줄기는 여러 대가 모여 나며 마디가 뚜렷한 것이 얼핏 대나무처럼 보인다. 깃꼴겹잎은 120~150㎝ 길이이고 작은잎이 6~8쌍이며 간격이 떨어져 있고 광택이 있다. 새로 돋는 잎은 황록색이다. 줄기의 잎자국고리에 적갈색 포에 싸인 꽃송이가 자란다. 열매가지는 붉은색이고 동그란 열매는 흑적색으로 익는다. 나무 모양이 보기 좋아 열대 지방에서 관상수로 심고 있다.

나무 모양

어린 열매송이

줄기 밑부분

와이티아눔야자(야자나무과)

Ptychosperma waitianum

태평양의 뉴기니 원산으로 5m 정도 높이로 자란다. 줄기는 가늘고 잎자국고리 윗부분은 녹색으로 매끈하다. 깃꼴겹잎은 비스듬히 퍼지며 작은잎은 간격이 떨어져 있고 끝 부분이 불규칙하게 갈라진다. 새로 돋는 잎은 붉은색이다. 줄기의 잎자국고리에서 꽃송이가 나온다.

나무 모양

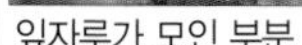

잎자루가 모인 부분

줄기 밑부분

마제스틱야자(야자나무과)

Ravenea rivularis

마다가스카르 원산으로 12m 정도 높이로 자란다. 잎자루 밑부분은 넓어지고 줄기 윗부분에 돌려가며 촘촘히 포개진다. 커다란 깃꼴겹잎에 가느다란 작은잎이 가지런히 달린다. 잎겨드랑이에서 자란 꽃이삭에 연노란색 꽃이 피고 동그란 열매는 붉은색으로 익는다.

잎 모양

나무 모양

싱가포르야자(야자나무과)

Rhopaloblaste singaporensis

말레이시아와 싱가포르 원산으로 3~4m 높이로 자란다. 가느다란 줄기는 마디가 뚜렷해 대나무처럼 보인다. 깃꼴겹잎은 선형의 작은잎이 가지런히 배열한 모습이 보기 좋아 관상수로 심는다. 마디에서 자란 꽃송이에 자잘한 노란색 꽃이 피고 동그란 열매는 붉게 익는다.

나무 모양

줄기의 꽃봉오리

대왕야자(야자나무과)

Roystonea oleracea

서인도 제도 원산으로 20~40m 높이로 자란다. 깃꼴겹잎은 4~5m 길이이며 갈래조각이 비스듬히 처진다. 줄기의 잎자국고리에 커다란 꽃송이가 나와 자잘한 연노란색 꽃이 핀다. 달걀형 열매는 홍색~청자색으로 익는다. 원산지에서는 잎으로 지붕을 덮고 열매는 사료로 이용한다.

나무 모양

잎 뒷면　　잎자루의 가시

뱀열매야자(야자나무과)

Salacca magnifica

보르네오 원산으로 6m 정도 높이로 자란다. 줄기가 없이 뿌리에서 많은 잎이 모여 난다. 기다란 잎은 잎몸이 갈라지지 않으며 끝부분은 둘로 갈라지고 잎자루에는 가시가 촘촘하며 뒷면은 회녹색이다. 가시털로 덮여 있는 달걀형 열매는 붉게 익으며 과일로 먹는다.

나무 모양

버팀뿌리

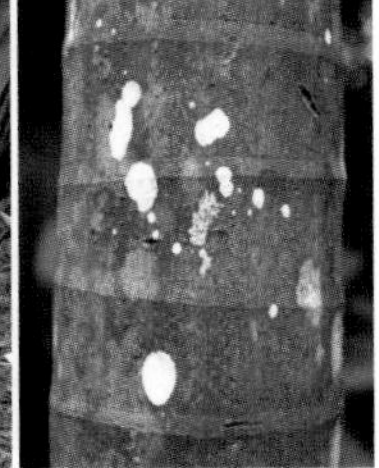
줄기의 마디

세이셸긴다리야자(야자나무과)

Verschaffeltia splendida

인도양의 세이셸 군도 원산으로 15~20m 높이로 자란다. 줄기는 대나무처럼 마디가 있고 밑부분은 버팀뿌리로 되어 있다. 줄기와 잎자루에 잔가시가 있다. 줄기 끝에 모여 나는 긴 타원형 잎은 2.5m 정도 길이이며 바람에 의해 잎맥을 따라 깃꼴로 갈라지기도 한다.

나무 모양

열매송이

줄기

왈리치야자(야자나무과)

Wallichia disticha

히말라야와 인도, 태국 원산으로 6m 정도 높이로 자란다. 줄기는 실 같은 섬유로 덮여 있다. 깃꼴겹잎은 작은잎이 빙 둘러난 것처럼 보이는 것이 여우꼬리야자와 비슷하다. 잎겨드랑이에서 꽃송이가 나오고 열매송이는 밑으로 늘어진다. 작고 동그란 열매는 검붉은색으로 익는다.

나무 모양

줄기의 꽃송이

여우꼬리야자(야자나무과)

Wodyetia bifurcata

호주 원산으로 9m 정도 높이로 자란다. 줄기의 잎자국고리 윗부분은 연녹색이고 매끈하다. 깃꼴겹잎은 4~6m 길이이며 작은잎이 빙 둘러난 모습이 여우 꼬리와 비슷하다. 줄기의 잎자국고리에서 커다란 꽃송이가 나와 흰색 꽃이 피고 달걀형 열매는 황적색으로 익는다.

높게 자란 나무

다라수/론타야자(야자나무과) *Borassus flabellifer*

열대 아시아 원산으로 30m 정도 높이로 자란다. 줄기 끝에 모여 나는 부채 모양의 잎은 지름이 2~3m이며 회녹색이고 손가락처럼 여러 갈래로 갈라지며 끝이 뾰족하다. 잎자루는 길이가 1~2m이며 가장자리에 가시가 있고 밑부분이 넓어져 줄기에 붙는다. 암수딴그루로 잎 사이에서 자란 꽃이삭은 30~50㎝ 길이이다. 수꽃송이는 가지가 많이 갈라지고 암꽃송이는 갈라지지 않는다. 열매송이에 다닥다닥 달리는 동그란 열매는 지름이 15~20㎝이고 검게 익는다. 꽃송이를 자르면 나오는 즙을 설탕의 원료로

어린 나무 모양

줄기의 잎자루

줄기의 수꽃송이

잎 모양

쓰고 즙액을 발효시켜서 만든 야자 술을 증류하면 독한 '아라크(Arrack)주'가 된다. 씨앗의 배젖은 말려서 먹거나 씨앗을 싹 틔워 채소로 먹는다. 두껍고 질긴 잎은 '패다라(貝多羅)' 또는 '패엽(貝葉)'이라고 하며, 옛날에 철필로 불교 경전 등을 새기는 데 쓰였다. 잎은 지붕을 덮거나 모자나 돗자리 등을 짜는 재료로 썼다. 줄기가 30m 정도 높이까지 곧게 자라고 끝부분에 잎이 모여 있어서 높은 장대처럼 보이기 때문에 옛날부터 인도에서는 높이에 대한 비유로 많이 쓰였다.

나무 모양

*흰비스마르크야자

수꽃이삭

열매이삭

*흰비스마르크야자 잎 뒷면

비스마르크야자(야자나무과) *Bismarckia nobilis*

마다가스카르 원산으로 15~18m 높이로 자란다. 잎자루 밑부분은 넓어지고 줄기 윗부분에 돌려 가며 촘촘히 포개진다. 동그란 부채 모양의 잎은 지름이 3m 정도로 크며 가장자리가 부채살처럼 갈라진다. 잎겨드랑이에서 나오는 커다란 꽃송이는 가지가 많이 갈라지며 자잘한 연노란색 꽃이 핀다. 커다란 열매송이에 동그란 열매가 다닥다닥 열린다. ***흰비스마르크야자**(*B. n.* 'Silver')는 전체가 흰빛이 도는 품종으로 관상수로 심는다.

나무 모양

잎 모양 줄기의 잎자루

포도야자(야자나무과)

Borassodendron machadonis

태국과 말레이시아 원산으로 15m 정도 높이로 자란다. 줄기에 돌려가며 촘촘히 포개지는 녹색 잎자루는 밑부분이 넓고 오랫동안 그대로 남아 있다. 동그란 부채 모양의 잎은 지름이 2.4m 정도이며 갈래조각이 처진다. 자주색으로 익은 열매송이는 포도송이와 비슷하다.

잎 모양

나무 모양

줄기

산발머리야자(야자나무과)

Coccothrinax crinita

쿠바 원산으로 3~5m 높이로 자란다. 줄기는 회색 머리카락 같은 섬유로 덮여 있기 때문에 '산발머리야자'라고 한다. 동그란 부채 모양의 잎은 1.5m 정도 크기이며 손가락처럼 갈라진다. 잎겨드랑이에서 꽃송이가 나오고 동그란 열매는 2.5㎝ 정도 크기이며 보라색으로 익는다.

나무 모양

잎 뒷면

줄기의 잎자루

탈리폿야자(야자나무과)
Corypha umbraculifera

인도와 스리랑카 원산으로 25m 정도 높이로 자란다. 잎자루는 녹색이고 줄기에 돌려 가며 촘촘히 포개지고 오랫동안 그대로 남아 있다. 동그란 부채 모양의 잎은 지름이 5m 정도로 크다. 80년만에 1번 꽃이 피고 죽는다고 하며 줄기 끝에서 자라는 꽃송이는 6m 정도에 이른다.

나무 모양

줄기의 잎자루

잎 뒷면

흰코끼리야자(야자나무과)
Kerridoxa elegans

태국 원산으로 5m 정도 높이로 자란다. 잎자루는 흑갈색이며 광택이 있고 줄기에 돌려 가며 촘촘히 포개지고 묵은 자루는 회갈색으로 변하며 오랫동안 남아 있다. 동그란 부채 모양의 잎은 손가락처럼 갈라지며 뒷면은 흰빛이 돈다. 열대 지방에서 관상수로 심지만 드문 편이다.

나무 모양

줄기의 열매송이

푸른라탄야자(야자나무과)

Latania loddigesii

인도양의 모리셔스 섬 원산으로 5m 정도 높이로 자란다. 잎자루는 녹색이고 줄기 윗부분에 돌려가며 촘촘히 포개진다. 부채 모양의 잎은 지름이 2.4m 정도이다. 잎겨드랑이에서 나온 꽃송이는 1~2m 길이이고, 자두 모양의 열매는 5㎝ 정도 크기이며 녹갈색으로 익는다.

나무 모양

줄기의 꽃송이

붉은라탄야자(야자나무과)

Latania lontaroides

마다가스카르 동쪽 마스카렌 제도 원산으로 12m 정도 높이로 자란다. 동그란 부채 모양의 잎은 2~3m 크기이며 어릴 때 잎자루가 붉은빛이 돈다. 잎겨드랑이에서 나오는 꽃송이는 1~2m 길이이다. 자두 모양의 열매는 5㎝ 정도 크기이며 녹갈색으로 익는다.

나무 모양

줄기의 잎자루 잎 부분

노란라탄야자(야자나무과)
Latania verschaffeltii

마스카렌 제도 원산으로 12~15m 높이로 자란다. 잎자루는 흰빛이 돌고 줄기 윗부분에 돌려 가며 촘촘히 포개지고 잎몸은 부채 모양이다. 붉은라탄야자와 비슷하지만 어린잎의 잎자루와 잎맥이 누른빛을 띤다. 잎겨드랑이에서 꽃송이가 나오고 열매는 녹갈색으로 익는다.

나무 모양

꽃이삭

열매이삭

수마웡기부채야자(야자나무과)
Licuala peltata var. *sumawongii*

태국과 말레이시아 원산으로 5m 정도 높이로 자란다. 둥근 부채 모양의 잎은 완전한 원이 되지 못하며 잎맥을 따라 골이 지고 갈라지지 않지만 연해서 바람에 의해 찢어지기도 한다. 기다란 꽃줄기 마디마다 꽃이삭이 늘어지고 동그란 열매가 열린다.

열매가 익은 나무

줄기의 꽃송이

어린 열매송이

줄기

나무 모양

주름부채야자(야자나무과) *Licuala grandis*

솔로몬 제도와 바누아투 원산으로 3m 정도 높이로 자라는데 성장이 더디다. 어린 줄기와 잎자루는 거미줄 같은 털로 덮여 있다. 줄기 끝에 모여 달리는 둥근 부채 모양의 잎은 지름이 50~60㎝이며 끝 부분이 얕게 갈라지고 잎맥을 따라 골이 진다. 잎자루는 단단하며 가시가 있다. 잎겨드랑이에서 기다란 꽃대가 나와 자라고 열매송이가 늘어진다. 동그란 열매는 빨갛게 익으며 오랫동안 매달려 있다. 열대 지방에서 관상수로 심는다.

나무 모양

꽃이삭

어린 열매이삭

작은잎 부분

잎자루의 가시

맹그로브부채야자(야자나무과) *Licuala spinosa*

동남아시아 원산으로 4~5m 높이로 자라며 줄기는 여러 대가 촘촘히 모여 난다. 둥근 부채 모양의 잎은 지름이 1m 정도 되는 것도 있고 여러 갈래로 깊게 갈라지며 갈래조각 끝은 칼로 자른 듯하다. 잎자루에는 단단한 가시가 있다. 잎 위로 길게 벋는 가느다란 꽃줄기의 마디마다 비스듬히 늘어지는 기다란 꽃이삭에 자잘한 백록색 꽃이 핀다. 동그스름한 열매는 5~8㎜ 크기이며 붉게 익는다. 바닷가의 맹그로브 숲에서 자라며 관상수로 심는다.

나무 모양

줄기의 잎자루

나무줄기

호주비로야자(야자나무과)

Livistona australis

호주 원산으로 10~30m 높이로 자란다. 동그란 부채 모양의 잎은 3~4.5m 길이이며 갈래조각은 처지고 잎자루에는 가시가 있다. 잎겨드랑이에서 꽃송이가 나오고 동그란 열매는 지름이 2㎝ 정도이며 적갈색으로 익는다. 원산지에서는 잎으로 지붕을 덮고 바구니를 짠다.

나무 모양

줄기의 열매송이

도비로야자(야자나무과)

Livistona chinensis

중국 남부와 베트남 원산으로 10~20m 높이로 자란다. 동그란 부채 모양의 잎은 지름이 1.5m 정도이며 갈래조각은 밑으로 처진다. 잎겨드랑이서 나오는 꽃송이는 1.8m 정도 길이이며 자잘한 흰색 꽃이 핀다. 동그란 열매는 2~3㎝ 크기이며 검푸른색으로 익는다.

줄기의 잎자루

나무 모양

나무줄기

리본비로야자(야자나무과)
Livistona decora

호주 원산으로 10m 정도 높이로 자란다. 줄기는 실 같은 섬유질로 덮여 있다. 동그란 부채 모양의 잎은 잘게 갈라진 갈래조각이 리본처럼 늘어진다. 잎겨드랑이에서 비스듬히 자라는 기다란 꽃줄기에 달리는 연노란색 꽃송이도 리본처럼 늘어지고 동그란 열매는 검게 익는다.

줄기의 잎자루

줄기의 섬유 조직

나무 모양

쟈와비로야자(야자나무과)
Livistona rotundifolia

인도네시아와 말레이시아 원산으로 12~20m 높이로 자란다. 줄기 윗부분은 적갈색이며 섬유 조직이 줄무늬처럼 짜여 줄기를 싸고 있다. 잎은 동그란 부채 모양이며 잎자루에는 가시가 있다. 잎겨드랑이에서 자라는 큰 꽃송이에 자잘한 연노란색 꽃이 피고 열매는 검붉은색이다.

줄기의 꽃송이

나무 모양

꽃송이

열매송이

잎 모양

피지부채야자(야자나무과) *Prichardia pacifica*

남태평양의 피지 제도 원산으로 7~10m 높이로 자란다. 잎자루 밑부분은 황백색이 돌며 줄기 윗부분에 촘촘히 돌려나고 실 같은 섬유질로 덮여 있다. 동그란 부채 모양의 잎은 1.8m 정도 길이이고 부챗살처럼 갈라지며 갈래조각 끝은 뾰족하다. 잎겨드랑이에서 나오는 긴 꽃자루 끝에 노란색 솔 모양의 꽃송이가 달린다. 열매송이는 약간 처지고 다닥다닥 달리는 동그란 열매는 11~12㎜ 크기이며 검은색으로 익는다.

줄기의 열매송이

세이셸야자/겹야자(야자나무과) *Lodoicea maldivica*

인도양의 세이셸 제도 원산으로 25~34m 높이로 자란다. 커다란 부채 모양의 잎은 7~10m 길이이며 부챗살처럼 갈라진다. 암수딴그루로 꼬리 모양의 수꽃이삭은 1m 정도 길이로 늘어진다. 타원형 열매는 40~50㎝ 크기이고 무게가 15~30㎏이나 되며 여무는 데 6~10년이 걸린다. 세이셸야자는 세상에서 가장 크고 무거운 씨앗을 생산하는데 30㎝ 정도 길이에 무게가 20㎏이나 나가는 것도 있다. 씨앗은 바닷물에 떠서 퍼진다. 씨앗은 두 부분으로 갈라지기 때문에 '겹야자(Double Coconut)'또는 '쌍둥이야

시든 수꽃이삭

열매 모양

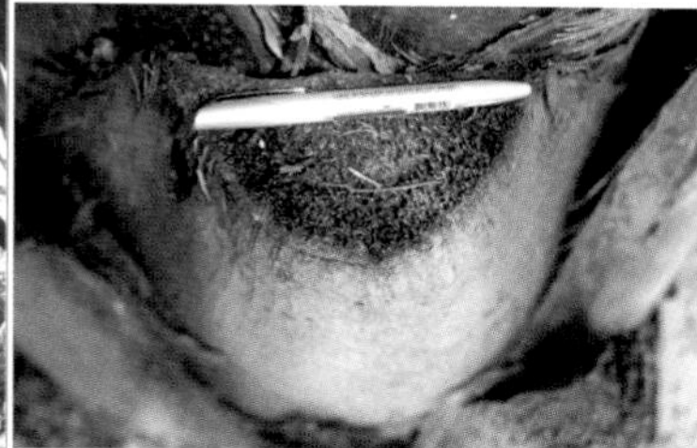
잎자루 단면

시든 꽃

잎 부분

잎 밑부분

자'라고도 하는데 여자의 엉덩이를 닮았다고도 하며 만지면 행운이 온다는 이야기도 있다. 프랑스에서는 바다에 떠 있는 열매가 발견되어 '바다야자(코코드 메르 Coco de Mer)'라고도 한다. 원주민들은 열매껍질을 그릇이나 접시 대용품으로 쓴다. 매우 느리게 자라는 야자나무로 25년은 자라야 꽃이 피기 시작하고 큰 나무가 되려면 100년쯤 걸린다고 한다.

나무 모양

나무 모양

줄기의 열매송이　　줄기의 가시

모레틸로야자(야자나무과)
Mauritiella armata

열대 아메리카 원산으로 15~20m 높이로 자란다. 여러 대가 모여 나는 줄기는 짧은 가시로 덮여 있다. 잎자루는 흰빛이 돌고 손바닥 모양의 잎몸은 부챗살처럼 가늘고 깊게 갈라지며 뒷면은 흰빛이 돈다. 꽃송이는 비스듬히 자라고, 타원형 열매는 3㎝ 정도 길이이다.

나무 모양

열매송이

잎 모양

종려죽(야자나무과)
Rhapis humilis

중국 남부 원산으로 1~3m 높이로 자란다. 줄기는 모여 나고 갈색 섬유질로 싸여 있다. 손바닥 모양의 잎은 잎몸이 부챗살처럼 10~18갈래로 깊게 갈라지며 갈래조각은 관음죽보다 좁아서 구분이 된다. 잎은 종려나무 잎을 닮았고 줄기는 대나무와 비슷해서 '종려죽'이라고 한다.

나무 모양

무늬잎 품종

무늬잎 품종

무늬잎 품종

꽃이삭

관음죽(야자나무과) *Rhapis excelsa*

중국 남부와 일본 류큐 원산으로 1~3m 높이로 자라며 줄기는 여러 대가 모여 난다. 줄기 윗부분에 돌려 가며 붙는 잎은 잎자루가 길고 잎자루 밑부분은 잎집이 되어 줄기를 감싼다. 잎몸은 부챗살 모양으로 갈라지는데 갈래조각은 6~8갈래이며 앞면은 광택이 있다. 암수딴그루로 자잘한 연노란색 꽃이 핀다. 무늬잎을 가진 여러 가지 품종이 함께 심어지고 있다. 일본 류큐의 관음산(觀音山)에서 자란다 하여 '관음죽'이라는 이름을 얻었다.

줄기의 꽃송이

잎 모양

금산죽(야자나무과)

Rhapis multifida

중국 남부 원산으로 1.5~2m 높이로 자란다. 줄기는 모여 나고 갈색 섬유질로 싸여 있다. 잎몸은 부챗살처럼 갈라지는데 갈래조각은 종려죽보다 더 좁고 끝이 날카로워서 구분이 된다. 암수딴그루로 잎겨드랑이에서 나온 꽃송이에 자잘한 연노란색 꽃이 핀다.

줄기의 꽃송이

나무 모양

나무줄기

텍사스사발야자(야자나무과)

Sabal mexicana

미국 남부와 중앙아메리카 원산으로 15m 정도 높이로 자란다. 잎은 줄기 윗부분에 촘촘히 돌려 난다. 잎몸은 동그란 부채 모양으로 지름이 1.5~2m이며 밝은 초록색이다. 잎겨드랑이의 꽃송이에 자잘한 연노란색 꽃이 촘촘히 달린다. 작고 동그란 열매는 흑갈색으로 익는다.

줄기의 어린 열매송이

열매송이 나무 모양

꼬마사발야자(야자나무과)

Sabal minor

플로리다 원산으로 3m 정도 높이로 자라며 보통 줄기가 짧다. 촘촘히 모여 나는 부채 모양의 잎은 지름이 1.5m 정도이며 부챗살처럼 깊게 갈라진다. 잎 사이에서 자란 기다란 꽃송이에 자잘한 흰색 꽃이 모여 피고 동그란 열매는 6~9㎜ 크기이며 흑갈색으로 익는다.

어린 나무

열매송이 나무 모양

팔메토야자(야자나무과)

Sabal palmetto

미국 남부와 쿠바 원산으로 10~25m 높이로 자란다. 잎은 줄기 윗부분에 촘촘히 돌려나고 잎몸은 동그란 부채 모양이며 지름이 1.5~2m이다. 커다란 꽃송이는 비스듬히 처지고 자잘한 흰색 꽃이 핀다. 동그란 열매는 8㎜ 정도 크기이며 검은색으로 익는다.

나무 모양

꽃송이

빗자루야자(야자나무과)

Thrinax parviflora

자메이카 원산으로 7~13m 높이로 자란다. 줄기 윗부분에 촘촘히 돌려나는 잎은 잎자루가 길다. 동그란 부채 모양의 잎몸은 지름이 1m 정도이며 갈래조각은 35~60갈래이고 밑으로 처진다. 잎겨드랑이에서 나온 꽃줄기는 활처럼 휘어지고 작은 꽃가지는 밑으로 처진다.

나무 모양

잎 모양

어린 열매송이

워싱턴야자(야자나무과)

Washingtonia filifera

미국 남부 원산으로 10~20m 높이로 자란다. 동그란 부채 모양의 잎은 지름이 1~1.5m이고 갈래조각은 밑으로 처진다. 잎자루에는 갈고리 모양의 가시가 있다. 암수딴그루로 잎겨드랑이에 커다란 황백색 꽃송이가 달린다. 우리나라의 남쪽 섬에서도 관상수로 심고 있다.

나무 모양

잎 모양

나무줄기

종려나무(야자나무과)

Trachycarpus excelsa

일본 규슈 원산으로 5~10m 높이로 자란다. 줄기는 흑갈색 섬유질로 덮여 있다. 줄기 윗부분에 촘촘히 돌려나는 동그란 부채 모양의 잎은 지름이 50~80㎝이며 갈래조각은 밑으로 처진다. 잎겨드랑이에 노란색 꽃송이가 달린다. 우리나라의 남쪽 섬에서도 심고 있다.

나무 모양

열매송이

잎 모양

당종려(야자나무과)

Trachycarpus fortunei

중국 남부 원산으로 8~10m 높이로 자란다. 줄기는 흑갈색 섬유질로 덮여 있다. 줄기 윗부분에 촘촘히 돌려나는 동그란 부채 모양의 잎은 지름이 30~60㎝이며 갈래조각은 뻣뻣하다. 잎겨드랑이에 노란색 꽃송이가 달린다. 우리나라의 남쪽 섬에서도 심고 있다.

호주소나무

바늘잎나무

Type ⓳
바늘잎나무 〉양치식물/소철무리 550

Type ⓴
바늘잎나무 〉바늘잎나무 556

나무 모양

새순

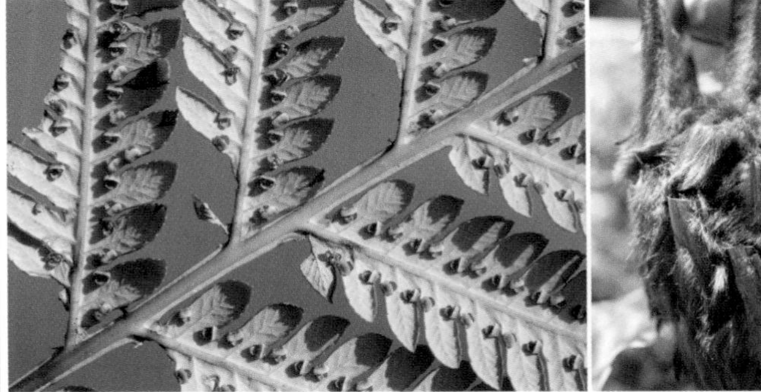

잎 뒷면의 홀씨주머니

줄기 윗부분

금털나무고사리/금모구척(딕소니아과) *Cibotium barometz*

일본 남부와 중국 남부를 거쳐 말레이 반도에서 3m 정도 높이로 자란다. 굵은 줄기는 비스듬히 서며 줄기 윗부분과 잎자루 밑부분은 부드러운 황갈색 털로 빽빽이 덮여 있다. 잎은 3회깃꼴겹잎이며 2m 정도 길이이다. 홀씨주머니는 작은 깃조각의 잎맥 양쪽으로 나란히 달린다. 원주민들은 황갈색 털을 지혈제로 이용하며 한방에서는 간장과 신장을 위한 약재로 이용한다. 열대 지방에서 관상용으로 많이 심는다.

나무 모양

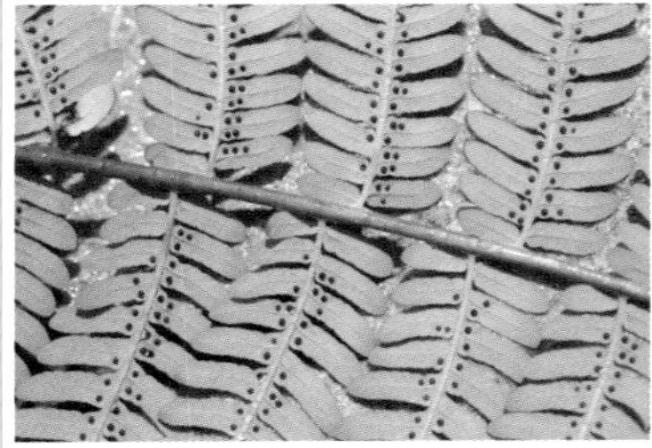
잎 뒷면의 홀씨주머니

필리핀나무고사리(헤고과)
Cyathea latebrosa

필리핀 원산으로 3m 정도 높이로 자란다. 줄기 윗부분에 빙 둘러나는 잎은 3회깃꼴겹잎이며 1~2m 길이이고 잎자루에는 잔가시가 있다. 홀씨주머니는 작은 깃조각의 잎맥 가까이에 붙어 있다. 크기가 작은 나무고사리 종류로 열대 지방에서 관상용으로 심는다.

열매가 열린 암그루

수그루

열매 모양

소철(소철과)
Cycas revoluta

중국과 일본 원산으로 4m 정도 높이로 자란다. 굵은 줄기 끝에서 깃꼴겹잎이 모여 나 사방으로 퍼진다. 작은 바늘잎은 단단하며 광택이 있다. 암수딴그루로 수꽃이삭은 기다란 타원형이고 암꽃이삭은 반원형이다. 열대 지방에서 관상수로 심으며 우리나라 남쪽 섬에서도 재배한다.

암꽃이삭 나무 모양

암꽃차례 잎 앞면 잎 뒷면

룸피소철(소철과) *Cycas rumphii*

말레이시아와 호주 원산으로 7m 정도 높이로 자란다. 굵은 줄기 끝에서 깃꼴겹잎이 모여 나 사방으로 퍼진다. 깃꼴겹잎은 1~2m 길이이며 50~100쌍의 작은잎이 마주 달린다. 작은잎은 선형이며 가죽질이고 광택이 있다. 암수딴그루로 수꽃이삭은 기다란 달걀형이고 길쭉한 암꽃이삭은 덜 촘촘하게 모여 달린다. 원주민들은 어린잎을 채소로 먹고 줄기 속으로 술을 담그기도 한다. 열대 지방에서 관상용으로 심는다.

암꽃 이삭 수꽃이삭
잎 앞면 나무 모양 줄기 밑부분

운남소철(소철과) *cycas siamensis*

중국 남부와 태국, 베트남 원산으로 1.5~3m 높이로 자란다. 굵은 줄기는 흔히 밑부분이 굵어진다. 줄기 끝에서 깃꼴겹잎이 모여 나 사방으로 비스듬히 퍼진다. 깃꼴겹잎은 보통 60~120㎝ 길이이지만 2m 정도 길이로 자라기도 한다. 작은 바늘잎은 140~280개가 달리며 광택이 있다. 암수딴그루로 수꽃이삭은 기다란 달걀형이며 10~24㎝ 길이이고 암꽃이삭은 납작한 반원형이다. 동그스름한 씨앗은 30~37㎜ 크기이다. 열대 지방에서 관상수로 심는다.

새순

잎 부분

나무 모양

자이언트디온소철(소철과)

dioon spinulosum

중남미 원산으로 12m 정도 높이로 자라며 줄기는 소철과 비슷하다. 줄기 끝에서 촘촘히 모여 난 깃꼴겹잎이 사방으로 퍼진 모습은 소철 중에서 가장 아름답다. 작은 바늘잎 양쪽 가장자리에 각각 2~3개의 가시가 있다. 열매이삭은 밑으로 늘어진다. 관상수로 심는다.

나무 모양

잎 밑부분

작은잎 모양

몸바사소철(소철과)

Encephalartos hildebrandtii

아프리카의 케냐와 탄자니아 원산으로 6m 정도 높이로 자란다. 굵은 줄기 끝에서 2~3m 길이의 깃꼴겹잎이 모여 나 사방으로 비스듬히 퍼진다. 비스듬히 마주나는 작은 바늘잎 가장자리에 드문드문 가시가 있다. 암수딴그루로 수꽃이삭은 방추형이고 암꽃이삭은 달걀형이다.

열매이삭

나무 모양

벤다소철(소철과)
Encephalartos hirsutus

남아프리카 원산으로 3~4m 높이로 자란다. 굵은 줄기 끝에서 1~1.4m 길이의 깃꼴겹잎이 모여 나 사방으로 비스듬히 퍼진다. 깃꼴겹잎은 청록색이며 잎자루 밑부분은 둥글게 부푼다. 암꽃이삭은 달걀형이며 40㎝ 정도 길이이고 수꽃이삭은 50㎝ 정도 길이이다. 관상수로 심는다.

나무 모양

잎 모양

잎 밑부분

무레이소철(소철과)
Macrozamia moorei

호주 원산으로 6m 정도 높이로 자란다. 줄기 끝에서 모여 나는 깃꼴겹잎은 둥그스름하게 휘어지며 끝 부분이 밑으로 처진다. 작은잎은 선형으로 20~40㎝ 길이이고 푸른빛이 도는 진한 녹색이며 끝이 뾰족하다. 암수딴그루로 수꽃이삭은 방추형이고 암꽃이삭은 달걀형이다.

잎가지

나무 모양 나무껍질

보르네오아가티스(아라우카리아과)

Agathis borneensis

말레이 반도와 수마트라, 보르네오 원산으로 50m 정도 높이까지 곧게 자란다. 잎은 마주나고 긴 타원형이며 진한 녹색이고 광택이 있다. 암수한그루로 솔방울 열매는 타원형이며 길이가 6~8㎝이다. 나무는 목재로 쓰는데 나뭇결이 곱고 매끈하며 펄프 원료로도 쓴다.

잎가지

나무 모양

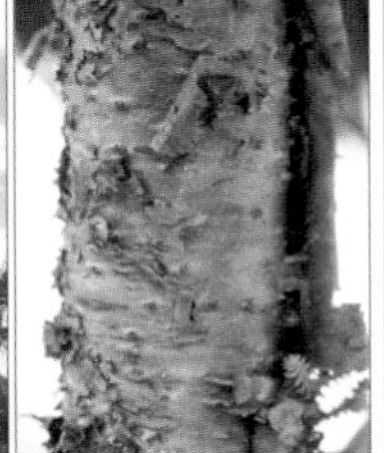
나무껍질

쿡소나무(아라우카리아과)

Araucaria columnaris

호주 원산으로 60m 정도 높이까지 자란다. 나무껍질은 얇은 조각으로 갈라져서 뒤로 말린다. 크게 자란 나무는 층을 이루는 가지가 아라우카리아보다 촘촘한 편이다. 가지에 붙는 짧은 바늘잎은 아라우카리아보다는 어두운 편이고 솔방울은 타원형이다. 관상수로 심는다.

잎가지

나무 모양

나무껍질

후프소나무(아라우카리아과)

Araucaria cunninghamii

호주와 뉴기니 원산으로 60m 정도 높이로 곧게 자란다. 나무껍질은 거칠며 비늘조각 모양으로 벗겨진다. 가지에 촘촘히 돌려 붙는 짧은 바늘잎은 1~2㎝ 길이이며 끝이 뾰족하다. 솔방울은 달걀형이며 6~10㎝ 길이이고 씨앗은 먹을 수 있다. 목재는 가구나 합판을 만든다.

열매가지

잎가지

나무 모양

아라우카리아(아라우카리아과)

Araucaria heterophylla

호주와 뉴질랜드 사이의 노포크섬 원산으로 60m 정도 높이까지 자란다. 나무껍질은 밋밋하며 작은 조각으로 갈라진다. 가지에 짧은 바늘잎이 촘촘히 돌려 붙고, 솔방울은 타원형이다. 가지가 층을 이룬 모습이 보기 좋아 관상수로 심는다. 우리나라에서는 관엽식물로 기른다.

잎줄기

잎가지

줄기의 새순

룰소나무(아라우카리아과)

Araucaria rulei

남태평양 원산으로 30m 정도 높이로 곧게 자란다. 가지에 촘촘히 돌려 붙는 바늘잎은 끝이 뾰족하고 밑부분이 약간 넓은 편이며 납작해서 구분이 가능하다. 솔방울은 타원형이고 갈색으로 익는다. 잎이 돌려 붙은 가지의 모양이 아름다워 관상수로 심는다. 목재는 나뭇결이 아름답다.

꽃가지

나무 모양

능수베키아(도금양과)

Baeckea frutescens

호주와 동남아시아, 중국 남부 원산으로 분재용으로 많이 기른다. 가지는 능수버들처럼 늘어지는 특징이 있다. 가지에 촘촘히 붙는 짧은 선형 잎은 5~10㎜ 길이이다. 잎겨드랑이에 자잘한 흰색 꽃이 피는 속씨식물로 바늘잎나무는 아니다. 향기가 좋으며 한약재로 이용한다.

잎가지

나무 모양 나무껍질

자무즈(나한송과)

Dacrycarpus imbricatus

동남아시아와 뉴기니 원산으로 50m 정도 높이로 곧게 자란다. 줄기는 적갈색이 돈다. 부드러운 바늘잎은 깃털처럼 마주 달리고 새로 나는 잎가지에는 어린잎이 비늘처럼 겹쳐져 있다. 수꽃이삭은 잎겨드랑이에 달리고 암꽃이삭은 잔가지 끝에 달린다. 목재로 이용한다.

암꽃가지

열매가지 나무껍질

자바카수아리나(목마황과)

Casuarina junghuhniana

인도네시아 원산으로 15~25m 높이로 자란다. 가지는 모두 밑으로 처지고 기다란 바늘잎 모양의 어린 가지에는 마디가 있다. 암수딴그루이며 동그란 솔방울 열매는 갈색으로 익으면 칸칸이 벌어지면서 씨앗이 나온다. 목재는 숯을 만드는 데 쓰며 땔감으로 사용된다.

열매가지

호주소나무(목마황과) *Casuarina equisetifolia*

호주 원산으로 20m 정도 높이로 자란다. 얼핏 보기에 소나무와 닮아서 '호주소나무'라는 이름을 얻었다. 기다란 바늘잎을 닮은 어린 가지는 쇠뜨기처럼 관절이 있고 관절마다 비늘 같은 잎이 6~8개씩 돌려난다. 가지 끝에 수꽃이삭이 달리고 붉은색 암꽃은 묵은 가지에 핀다. 원형~타원형의 솔방울 열매는 지름이 1.2㎝ 정도이다. 열대 지방의 가로수나 관상수로 심는데 특히 바닷가 모래땅에서 잘 자라기 때문에 바닷가 방풍림으로 많이 심는다.

수꽃이삭

나무 모양

시든 암꽃과 어린 열매

열매가지

떨어진 솔방울

버팀뿌리

열매가지

잎가지

나무 모양

보르네오루(목마황과)
Gymnostoma nobile

열대 아시아 원산으로 40m 정도 높이로 자란다. 카주아리나속과 가까운 나무이다. 바늘 모양의 가지가 바늘잎나무처럼 보이게 한다. 동그란 솔방울 열매는 2㎝ 정도 크기이며 도깨비방망이처럼 씨가 들어 있는 부분이 뾰족하게 튀어 나온다. 열대 지방에서 관상수로 심는다.

열매가지

나무 모양

나무껍질

수마트라루(목마황과)
Gymnostoma sumatranum

수마트라 원산으로 30m 정도 높이로 자란다. 바늘잎 모양의 가지는 부드러우며 전체적으로 밑으로 처진다. 수꽃은 이삭으로 달리고 붉은색 암꽃은 1개씩 달린다. 원형~타원형 솔방울은 도깨비방망이 모양으로 씨앗이 든 부분이 뾰족하게 튀어 나온다. 목재는 숯을 만든다.

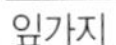
잎가지

노란잎 품종　나무 모양

블랙티트리(도금양과)
Melaleuca bracteata

호주 원산으로 8m 정도 높이로 자란다. 밑으로 처지는 잔가지에 선형 잎이 촘촘히 돌려난다. 가지에 흰색 꽃이 빙 둘러 가며 핀 모양은 병솔을 닮았다. 열대 지방에서 관상수나 가로수로 심으며 잎이 노란색으로 물드는 품종을 *M. b.* 'Revolution Gold'라고 한다. 속씨식물이다.

새순

잎가지　나무껍질

가시잎티트리(도금양과)
Melaleuca styphelioides

호주 동부 원산으로 20m 정도 높이로 자란다. 나무껍질은 연한 갈색이며 조각으로 벗겨진다. 가지에 돌려나거나 마주나는 선형 잎은 끝이 뾰족하다. 가지에 흰색이나 황백색 꽃이 병솔 모양으로 모여 피는 속씨식물이다. 달걀형 열매는 2~3㎜ 크기로 작다. 관상수로 심는다.

꽃가지

나무 모양

열매가지

잎 앞면과 뒷면

나무껍질

카주풋나무(도금양과) *Melaleuca cajuputi*

열대 아시아와 호주 원산으로 18m 정도 높이로 자란다. 나무껍질이 얇게 벗겨져 나가기 때문에 '페이퍼바크트리(Paperbark Tree)'라고도 한다. 길쭉한 잎은 가죽질이며 뒷면은 연녹색이다. 꽃송이는 흰색 병솔 모양으로 속씨식물이고 작은 컵 모양의 열매가 열린다. 17세기에 유럽 사람들이 잎과 가지를 증류하여 얻은 오일을 류머티즘과 콜레라를 치료하는 데 써 왔고 지금도 아로마 오일로 널리 이용되고 있다. 카주풋은 말레이어로 '하얀 나무'란 뜻이다.

꽃가지

열매가지

잎가지

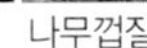

나무 모양

나무껍질

아마잎티트리(도금양과) *Melaleuca linariifolia*

호주 원산으로 8m 정도 높이로 자란다. 부드러운 선형 잎은 2~4.5㎝ 길이이며 끝이 뾰족하고 새로 돋는 잎은 붉은빛이 돈다. 가지 끝에 달리는 병솔 모양의 흰색 꽃송이는 4㎝ 정도 길이이고 털이 없으며 수술은 30~60개가 한 묶음으로 되어 있다. 동그스름한 열매는 3~4㎜ 크기이고 꽃받침과 암술대가 남아 있다. 열대 지방에서 정원수나 공원수로 심고 있다. 잎과 가지를 증류한 오일은 아로마 오일로 널리 이용되고 있다. 속씨식물이다.

암꽃가지

잎가지

열매가지

나무 모양

캐리비아소나무(소나무과) *Pinus caribaea*

서인도 제도와 중앙아메리카 원산으로 30m 정도 높이로 자란다. 나무껍질은 회갈색이며 조각조각 갈라진다. 기다란 바늘잎은 보통 3장이 한 묶음이고 15~25㎝ 길이로 긴 편이며 비스듬히 처지기도 한다. 암수한그루로 새 가지 끝에 몇 개씩 달리는 암꽃은 1~3㎝ 길이이고 수꽃은 새 가지의 중간 이하에 촘촘히 돌려 가며 달린다. 솔방울은 5~10㎝ 길이이고 날개가 달린 씨앗이 나온다. 줄기는 중요한 목재 자원의 하나이다.

나무 모양

잎가지

향나무(측백나무과)

Juniperus chinensis

한국, 중국, 일본 원산으로 20m 정도 높이로 자란다. 어린 가지에는 짧은 바늘잎이 달리고 묵은 가지에는 비늘잎이 달린다. 암수딴그루이며 동그란 열매는 검은색으로 익는다. 향기가 으뜸인 목재는 향을 만들고 고급 가구재로 이용한다. 열대 지방에서도 관상수로 심는다.

잎가지

나무 모양

나무껍질

젖꼭지나무(나한송과)

Podocarpus macrophyllus

일본과 중국 원산으로 25m 정도 높이로 자란다. 가지에 촘촘히 어긋나는 선형 잎은 길이 6~12㎝, 너비 1㎝ 정도이며 두껍고 가장자리가 밋밋하다. 암수딴그루이며 녹색 씨앗 밑에 꽃턱이 커진 모습을 보고 '젖꼭지나무'라고 한다. 검붉게 익은 꽃턱은 단맛이 나고 먹을 수 있다.

잎가지

잎 뒷면

나무껍질

죽백(나한송과)

Podocarpus nagi

일본과 대만 원산으로 20~30m 높이로 자란다. 잎은 마주나고 긴 타원형이며 가죽질이고 진한 녹색이며 잎맥은 나란하다. 암수딴그루로 원기둥 모양의 수꽃이삭은 황백색이다. 동그란 열매는 청자색으로 익으며 흰색 가루로 덮여 있다. 열대와 아열대 지방에서 관상수로 심는다.

잎가지

떨어진 열매

나무 모양

룸피티크(나한송과)

Podocarpus rumphii

중국 남부와 동남아시아 원산으로 30m 정도 높이까지 자란다. 나무껍질은 적갈색이다. 가지에 촘촘히 달리는 선형 잎은 13~17㎝ 길이이다. 암수딴그루로 동그란 씨앗은 흰색 가루로 덮여 있으며 그 밑에 꽃턱이 자란 육질의 열매살은 붉게 익고 먹을 수 있다. 목재 자원으로 이용한다.

암꽃가지

열매 모양

어린 열매

낙엽

나무 모양

산티크(나한송과) *podocarpus neriifolius*

동남아시아 원산으로 30m 정도 높이로 자란다. 나무껍질은 황갈색이다. 가지에 촘촘히 어긋나는 선형 잎은 녹색이고 길이 6~11㎝, 너비 1㎝ 정도이고 가운데 잎맥이 뚜렷하다. 암수딴그루로 가지 끝 부분의 잎겨드랑이에 달리는 수꽃이삭은 2~5㎝ 길이이고, 가지 끝에는 암꽃이삭이 촘촘히 모여 달린다. 열매 끝의 동그란 녹색 씨앗 밑에 꽃턱이 크게 비대해진 부분은 검붉은색으로 익으며 단맛이 나고 먹을 수 있다. 목재 자원으로 이용한다.

수꽃가지 새로 돋는 잎

열매 모양 잎가지 뒷면 나무껍질

갯티크(나한송과) *Podocarpus polystachyus*

열대 아시아 원산으로 10~20m 높이로 자란다. 선형~좁은 피침형 잎은 3~10㎝ 길이이며 끝이 뾰족하고 두꺼우며 광택이 있고 뒷면은 연녹색이다. 원기둥 모양의 수꽃이삭은 촘촘히 모여 달리고 암꽃이삭은 연녹색이다. 동그란 씨앗의 밑부분에 꽃턱이 자란 육질의 열매살이 있는데 검붉은색으로 익고 씨앗은 5~7㎜ 크기이다. 맹그로브 숲과 같은 바닷가에서 자라며 귀중한 목재 자원이다. 열대 지방에서 공원수나 가로수로 심고 분재로도 이용한다.

열매가지

수꽃가지

나무 모양

공기뿌리

낙우송(낙우송과) *Taxodium distichum*

북아메리카 원산으로 20~50m 높이로 자란다. 줄기는 곧게 자라고 나무 전체의 모습은 원뿔형이다. 물가에서 잘 자라며 땅속 뿌리에서 땅 위로 숨을 쉬기 위한 돌기(공기뿌리)를 잘 내보낸다. 잔가지는 녹색이며 서로 어긋나게 달린다. 잔가지에 깃털 모양으로 어긋나는 선형 잎은 얇고 밝은 녹색이다. 암수한그루로 원뿔형의 수꽃이삭은 아래로 처지고 암꽃은 동그스름하다. 동그란 솔방울은 지름이 2㎝ 정도이며 갈색으로 익는다.

용어해설

가죽질[革質] 가죽처럼 단단하고 질긴 성질.
거꿀달걀형[倒卵形] 뒤집힌 달걀형의 잎 모양.
거꿀피침형[倒披針形] 뒤집힌 피침형의 잎 모양.
겉씨식물[裸子植物] 밑씨가 씨방 안에 있지 않고 겉으로 드러나 있는 식물. 바늘잎나무가 대부분이다.
겹꽃 여러 겹의 꽃잎으로 이루어진 꽃.
공기뿌리[氣根] 줄기에서 나와 공기 중에 드러나 있는 뿌리.
그물맥[網狀脈] 그물처럼 얽힌 모양의 잎맥.
깃꼴겹잎[羽狀複葉] 잎자루 양쪽으로 작은잎이 새깃꼴로 마주 붙는 잎.
깍정이[殼斗] 참나무 등의 열매를 싸고 있는 술잔 모양의 받침.
꼬투리[莢果] 콩과식물의 열매 또는 열매를 싸고 있는 껍질로 보통 봉합선을 따라 터진다.
꽃받침조각[萼片] 꽃받침을 이루는 각각의 조각을 이르는 말.
꽃받침자국 꽃받침이 떨어져 나간 흔적.
꽃받침통[萼筒] 꽃받침이 합쳐져서 생긴 통 모양의 구조.
꽃부리[花冠] 꽃잎 전체를 이르는 말.
꽃이삭[花穗] 1개의 꽃대에 무리 지어 이삭 모양으로 꽃이 달린 꽃차례를 이르는 말.
꽃주머니 동그란 열매 모양 속에 숨어서 꽃이 피는 꽃차례의 모양을 일컫는 말.
꽃턱[花托] 꽃의 모든 기관이 붙는 꽃자루 끝 부분.
남방죽(南方竹) 열대와 아열대에서 자라는 대나무 종류로 보통 다발로 촘촘히 모여 나는 특징이 있다.
다육식물(多肉植物) 통통한 잎이나 줄기 속에 많은 수분을 가지고 있는 식물.
덩굴손[卷鬚] 줄기나 잎의 끝이 가늘게 변하여 다른 물체를 감아 나갈 수 있도록 덩굴로 모양이 바뀐 부분.
덩이뿌리[塊根] 고구마처럼 양분이 저장되어 덩이 모양으로 생긴 뿌리.
맹그로브 열대의 바닷가나 하구의 습지에서 자라는 나무를 통틀어 이르는 말. 바닷물에 잠기기도 하기 때문에 보통 특수한 호흡뿌리를 가지고 있다.
반관목(半灌木) 줄기는 단단한 목질이지만 가지는 풀로 된 식물로 '아관목'이라고도 함.
반덩굴성 줄기 밑부분은 곧게 자라지만 윗부분은 덩굴로 자라는 성질을 가진 식물.
배젖[胚乳] 씨앗 속의 씨눈을 둘러싸고 있는 영양 조직으로 싹이 자랄 양분 역할을 함.
버팀뿌리 땅 위로 발달해 식물체가 쓰러지지 않도록 버팀목 역할을 하는 뿌리. '판근(板根)'이라고도 함.
붙음뿌리[附着根] 다른 것에 달라붙기 위해서 줄기의 군데군데에서 나오는 뿌리.
생울타리 살아 있는 나무를 촘촘히 심어 만든 울타리. '산울타리'라고도 함.

세겹잎[三出葉] 1개의 잎자루에 3장의 작은잎이 모여 달린 겹잎.

속씨식물[被子植物] 꽃이 피는 식물로 밑씨가 씨방 안에 싸여 있는 식물.
쌍떡잎식물과 외떡잎식물로 나뉜다.

손꼴겹잎[掌狀複葉] 1개의 잎자루에 여러 장의 작은잎이 손바닥 모양으로
돌려 가며 붙은 겹잎.

수꽃이삭[雄花穗] 1개의 꽃대에 수꽃이 이삭 모양으로 달린 꽃차례.

심장저(心臟底) 잎의 밑부분이 심장의 윗부분처럼 둥근 중간 부분이 쑥 들어간 모양.

씨앗껍질[種衣,種皮] 식물의 씨앗을 싸고 있는 껍질. '씨껍질'이라고도 함.

암꽃이삭[雌花穗] 1개의 꽃대에 암꽃이 이삭 모양으로 달린 꽃차례.

암수딴그루[雌雄異株] 암꽃이 달리는 암그루와 수꽃이 달리는 수그루가 각각 다른 식물.

암수한그루[雌雄同株] 암꽃과 수꽃이 한 그루에 따로 달리는 식물.

암술머리[柱頭] 암술에서 꽃가루를 받는 부분으로 보통 암술의 끝 부분에 위치함.

열매이삭 1개의 자루에 열매가 이삭 모양으로 무리 지어 달린 모습을 이르는 말.

왜성종(矮性種) 그 종의 표준에 비해 작게 자라는 특성을 가진 품종.

유액(乳液) 식물의 유조직 세포와 유관(乳管) 속에 들어 있는 즙.

육질(肉質) 식물체가 즙을 많이 함유하여 두껍게 살이 찐 것으로 '다육질'이라고 함.

잎몸[葉身] 잎사귀를 이루는 편평하고 넓은 부분으로 잎자루에 달리며
잎맥과 잎살로 이루어진다.

잎자국고리 야자나무 중에서 잎자루가 떨어져 나가면서 생긴 고리 모양의 자국.
언뜻 보면 대나무 마디처럼 보인다.

잎자루[葉柄] 잎몸을 줄기나 가지에 붙게 하는 꼭지 부분.

잎집 잎의 밑부분이 칼집 모양으로 되어 줄기를 둘러싸고 있는 부분.

작은잎[小葉] 겹잎을 구성하는 하나하나의 잎.

장식꽃[無性花] 암술과 수술이 모두 퇴화하여 없는 꽃으로 열매를 맺지 못하는 장식용 꽃.

지주근(支柱根) 땅 위 줄기에서 나온 뿌리로 땅속으로 방사상으로 퍼지면서 들어가
줄기가 쓰러지지 않도록 버티는 역할을 하는 버팀뿌리의 하나.

집합과(集合果) 많은 열매가 촘촘히 모여 하나의 열매처럼 보이는 열매.

측맥(側脈) 중심이 되는 가운데 주맥에서 좌우로 뻗어 나간 잎맥.

턱잎[托葉] 잎자루 기부에 붙어 있는 비늘 같은 작은 잎 조각.

편구형(偏球形) 공을 위아래로 압축한 모양.

편원형(扁圓形) 한쪽으로 찌그러진 원형.

포(苞) 꽃의 밑에 있는 작은 잎. '꽃턱잎'이라고도 함.

피침형(披針形) 버드나무 잎처럼 끝이 가늘어지면서 길이와 폭의 비가
6:1에서 3:1 정도인 기다란 잎.

헛씨껍질[假種皮] 밑씨껍질 이외의 부위가 발달하여 이루어진 열매 껍질.

홀씨주머니[胞子囊] 홀씨를 만들어서 담고 있는 주머니 모양의 기관.

과명 찾아보기

ㄱ

가지과 Solanaceae 258~259, 380~382, 386, 407, 480
갈매나무과 Rhamnaceae 90
감나무과 Ebenaceae 115~116
갯질경이과 Plumbaginaceae 406
겨우살이과 Loranthaceae 346
괭이밥과 Oxalidaceae 174~175
구데니아과 Goodeniaceae 284
국화과 Compositae/Asteraceae 285, 487
그네툼과 Gnetaceae 58
꼭두서니과 Rubiaceae 64~67, 303, 307, 310~311, 319~326, 334~335, 345, 349, 354, 393
꿀풀과 Labiatae/Lamiaceae 207, 475

ㄴ

나한송과 Podocarpaceae 559, 567~570
낙우송과 Taxodiaceae 571
남가새과 Zygophyllaceae 177
노박덩굴과 Celastraceae 100
녹나무과 Lauraceae 40~43, 107, 123, 145
능소화과 Bignoniaceae 185, 191~193, 198, 209, 216~217, 237~239, 388, 434, 439~440, 450, 454, 460, 473~474, 479

ㄷ

담팔수과 Elaeocarpaceae 83, 87
대극과 Euphorbiaceae 16, 79, 88~89, 92, 98, 121, 207, 234~235, 244, 252~256, 262~263, 273, 297, 314~317, 358~360, 383, 390~392, 403~404, 407, 428, 449
도금양과 Myrtaceae 45, 49, 62, 69, 71~77, 97, 101, 121~122, 168, 314, 342, 344, 347~348, 357, 371, 384, 396~397, 410, 558, 563~565
돈나무과 Pittosporaceae 281
돌나물과 Crassulaceae 260, 267
두릅나무과 Araliaceae 236, 249, 257, 430~431, 444, 446, 451~454, 469
딕소니아과 Dicksoniaceae 550

ㄹ

리아과 Leeaceae 422~423
리조포라과 Rhizophoraceae 36, 39, 68

ㅁ

마디풀과 Polygonaceae 108~109
마전과 Loganiaceae 50~52, 69, 291
마편초과 Verbenaceae 43, 57, 78, 233, 248, 290~294, 296, 298~299, 308, 313, 343, 455, 467~468, 471~472, 478
말피기아과 Malpighiaceae 144, 301, 305, 317, 331, 486
멀구슬나무과 Meliaceae 176, 191, 195, 220, 233, 411
메꽃과 Convolvulaceae 393, 461, 480
멜라스토마과 Melastomataceae 37, 273, 294, 332~333, 353
모링가과 Moringaceae 200~201
목련과 Magnoliaceae 145, 150~151, 399
목마황과 Casuarinaceae 559~562
무환자나무과 Sapindaceae 172, 177, 186~187, 189, 197~198, 203~204, 208, 214, 424
물레나물과 Hypericaceae/Guttiferae 37~38, 44, 46~47, 52~56, 63, 66
물푸레나무과 Oleaceae 301, 326~328, 338, 423

ㅂ

박주가리과 Asclepiadaceae 306
백합과 Liliaceae 261, 264~265, 267~272, 313
범의귀과 Saxifragaceae 300
벼과 Gramineae/Poaceae 99, 139, 163, 361, 369
벽오동과 Sterculiaceae 18, 21, 110~111, 139, 142, 160, 164~168, 242, 409
부처꽃과 Lythraceae 60~62, 312, 340, 394~395
분꽃과 Nyctaginaceae 157, 462~463
비파아재비과 Dilleniaceae 79, 80~82, 114
빅사과 Bixaceae 20, 378
뽕나무과 Moraceae 14~15, 85, 93~96, 123~138, 165, 250, 389, 470

ㅅ
사군자과 Combretaceae 28~33, 45, 309, 383, 468, 481
사포타과 Sapotaceae 26~27, 106, 149, 155, 159~160, 274~275, 286~287
석류과 343
선인장과 Cactaceae 402~403, 475
소나무과 Pinaceae 566
소네라티아과 Sonneratiaceae 48, 70
소철과 Cycadaceae 551~555
소태나무과 Simaroubaceae 162, 194, 420~421, 432~433
쇠비름과 Portulacaceae 340
쐐기풀과 Urticaceae 19

ㅇ
아라우카리아과 Araucariaceae 556~558
아마과 Linaceae 284
아비세니아과 Avicenniaceae 34~35,
아욱과 Malvaceae 118~119, 140~141, 222~227, 231~232, 243, 251, 258, 366~368, 400, 448
야자나무과 Arecaceae/Palmae 490~547
오예과 Lecythidaceae 23~25, 86, 100, 113, 143
오크나과 Ochnaceae 400~401
옻나무과 Anacardiaceae 23, 146~148, 211, 438~439, 452
용설란과 Agavaceae 289
용수과 Didiereaceae 261
운향과 Rutaceae 204, 364, 387, 392, 408, 425~427, 442~443, 447~448, 451, 455
육두구과 Myristicaceae 152~154
이나무과 Flacourtiaceae 84~85, 154
이엽시과 Dipterocarpaceae 83, 117, 120, 163, 169
인동과 Caprifoliaceae 472

ㅈ
자금우과 Myrsinaceae 373
자리공과 Phytolaccaceae 156
장미과 Rosaceae 84, 369, 434
조록나무과 Hamamelidaceae 398
쥐꼬리망초과 Acanthaceae 295, 302, 304, 318, 322~323, 330, 339, 345~346, 483~485
지치과 Boraginaceae 112, 266

ㅊ
차나무과 Theaceae 93, 363, 370, 405
참나무과 Fagaceae 142
천남성과 Araceae 276
측백나무과 Cupressaceae 567
층층나무과 Cornaceae 290

ㅋ
콩과 Fabaceae/Leguminosae 17, 48, 91, 98, 170~173, 176, 178~184, 188, 190, 194, 196, 199, 202, 205~206, 208~210, 212~215, 217~219, 221, 228~230, 243~244, 377, 389, 412~418, 429~430, 435~437, 441, 445~446, 460, 464~466, 469, 473
쿠노니아과 Cunoniaceae 185
크산트로이아과 Xanthorrhoeaceae 289

ㅍ
파초과 Musaceae 161, 285
파파야과 Caricaceae 246~247
판다누스과 Pandanaceae 282~283
팥꽃나무과 Thymelaeaceae 341
포도과 Vitaceae 467
포포나무과 Annonaceae 102~103, 157~158, 162, 164, 374~376
풍접초과 Capparaceae 385, 444
프로테아과 Proteaceae 189, 362, 419
피나무과 Tiliaceae 245, 365

ㅎ
헤고과 Cytheaceae 551
현삼과 Scrophulariaceae 397
협죽도과 Apocynaceae 22, 28, 104~106, 276~280, 288, 307, 328~330, 336~337, 349~352, 354~356, 372, 458~459, 466, 474, 482~483, 486~487
후추과 Piperaceae 405, 476~478

학명 찾아보기

A

Abroma augusta 242
Abutilon megapotamicum 243
Acacia auriculiformis 91
Acacia farnesiana 441
Acalypha hispida 360
Acalypha siamensis 359
Acalypha wilkesiana 358
Acca sellowiana 371
Achras zapota 274~275
Adansonia digitata 222~223
Adenanthera pavonina 170~171
Adenium obesum 372
Adinandra dumosa 93
Adonidia merrillii 490
Aeonium arboreum var. *atropurpureum* 260
Afgekia sericea 460
Agathis borneensis 556
Aglaia duperreana 411
Aglaia odorata 411
Aleurites moluccana 16
Allamanda blanchetii 459
Allamanda spp. 458
Alluaudia ascendens 261
Aloysia virgata 290
Alstonia scholaris 22
Amesiodendron chinense 172
Amherstia nobilis 172
Anacardium occidentale 23
Andira inermis 173
Anemopaegma chamberlaynii 460
Annona glabra 376
Annona squamosa 374~375
Antidesma bunius 92
Aphanamixis polystachya 176
Aphelandra sinclairiana 304
Araucaria columnaris 556
Araucaria cunninghamii 557
Araucaria heterophylla 557
Araucaria rulei 558
Archidendron lucyi 176
Archontophoenix alexandrae 491
Ardisia elliptica 373
Areca catechu 492~493
Areca catechu 'Dwarf' 493
Areca vestiaria 494
Arenga hookeriana 495
Arenga tremula 496
Arenga undulatifolia 495
Argyeria nervosa 461
Artocarpus altilis 14~15
Artocarpus elasticus 96
Artocarpus heterophyllus 94~95
Artocarpus integer 93
Asteromyrtus symphyocarpa 97
Atractocarpus fitzalanii 303
Attalea cohune 497
Aucuba japonica 290
Averrhoa bilimbi 174
Averrhoea carambola 175
Avicennia alba 34~35

B

Baccaurea motleyana 98
Baeckea frutescens 558
Baikiaea insignis 98
Bambusa multiplex 361
Bambusa multiplex 'Tiny Fern' 361
Bambusa vulgaris 'Wamin' 361
Bambusa vulgaris cv. *Vittata* 99
Banksia speciosa 362
Baphia nitida 377
Barleria lupulina 304
Barringtonia acutangula 23
Barringtonia asiatica 24
Barringtonia edulis 25
Barringtonia racemosa 25

Bauhinia acuminata 243
Bauhinia galpinii 464
Bauhinia kockiana 464
Bauhinia purpurea 17
Bauhinia semibifida 465
Bauhinia tomentosa 244
Beaucarnea recurvata 261
Beaumontia jerdoniana 466
Bellucia pentamera 37
Bentinckia nicobarica 497
Bertholletia exelsa 100
Bhesa robusta 100
Bismarckia nobilis 530
Bismarckia nobilis 'Silver' 530
Bixa orellana 378~379
Blighia sapida 177
Borassodendron machadonis 531
Borassus flabellifer 528~529
Bougainvillea glabra 462~463
Brachychiton acerifolius 18
Breynia disticha 'Roseo-picta' 383
Brownea coccinea 178
Brownea grandiceps 178
Brownea rosa-de-monte 179
Brugmansia suaveolens 382
Bruguiera cylindrica 36
Brunfelsia americana 380
Brunfelsia pauciflora(Brunfelsia calycina) 381
Buddleja davidii 291
Bulnesia arborea 177
Bunchosia armeniaca 305
Butea monosperma 221
Butia capitata 498
Byrsonima crassifolia 305

C

Caesalpinia coriaria 179
Caesalpinia ferrea 180
Caesalpinia pulcherrima 412~413
Caesalpinia sappan 414
Callerya atropurpurea(Millettia atropurpurea) 181
Calliandra calothyrsus 418
Calliandra emarginata 415
Calliandra haematocephala 416
Calliandra surinamensis 417
Callistemon citrinus 384
Callistemon viminalis 101
Calophyllum inophyllum 38
Calophyllum soulattri 37
Calotropis gigantea 306
Calotropis procera 306
Camellia japonica 363
Camoensia scandens 466
Cananga odorata 102~103
Capparis micracantha 385
Carallia brachiata 'Honiara' 39
Carica papaya 246~247
Carissa macrocarpa 307
Carmona retusa 266
Carpentaria acuminata 498
Carphalea kirondron 307
Caryota mitis 500
Caryota urens 501
Cassia bakeriana 183
Cassia fistula 182
Casuarina equisetifolia 560~561
Casuarina junghuhniana 559
Cecropia peltata 19
Ceiba pentandra 224~225
Ceiba speciosa 226~227
Cerbera manghas 106
Cerbera odollam 104~105
Cestrum diurnum 386
Cestrum parqui 386
Chambeyronia macrocarpa 501
Chorisia speciosa 226~227
Chrysophyllum cainito 106
Cibotium barometz 550
Cinnamomum aromaticum(Cinnamomum cassia) 43

Cinnamomum camphora 107
Cinnamomum iners 42
Cinnamomum loureiri 107
Cinnamomum verum 40~41
Cissus nodosa 467
Citharexylum spinosum 43
Citrofortunella microcarpa 387
Citrus aurantifolia 387
Citrus hystrix 442
Citrus limon 364
Citrus limon 'Pink' 364
Citrus limon var. *variegata* 364
Citrus maxima 443
Claoxylon indicum 79
Clappertonia ficifolia 245
Clerodendrum buchananii 291
Clerodendrum bungei 292
Clerodendrum calamitosum 292
Clerodendrum inerme 467
Clerodendrum macrosiphon 293
Clerodendrum myricoides 293
Clerodendrum paniculatum 248
Clerodendrum paniculatum 'Alba' 248
Clerodendrum philippinum 294
Clerodendrum splendens 308
Clerodendrum thomsoniae 468
Clerodendrum wallichii 308
Clidemia hirta 294
Clitoria fairchildiana 221
Clusia rosea 44
Clusia rosea 'Aureo-Marginata' 44
Cnidoscolus sp. 244
Coccothrinax crinita 531
Cochlospermum religiosum 20
Cocoloba uvifera 108~109
Cocos nucifera 502~503
Codiaeum variegatum 262~263
Coffea arabica 310
Coffea liberica 311
Coffea lobusta 311
Cola gigantea 21
Cola nitida 110~111
Combretum constrictum 309
Combretum fruticosum 468
Combretum imberbe 45
Combretum zeyheri 309
Congea tomentosa(Congea griffithiana) 313
Conocarpus erectus var. *sericeus* 383
Cordia sebestena 112
Cordia sebestena 'Aurea' 112
Cordyline fruticosa 264~265
Cordyline indivisa 267
Corymbia ficifolia(Eucalyptus ficifolia) 121
Corymbia ptychocarpa 45
Corypha umbraculifera 532
Couroupita guianensis 113
Crassula ovata 267
Crateva religiosa 444
Cratoxylum cochinchinense 46
Cratoxylum formosum 47
Crescentia cujete 388
Crossandra infundibuliformis 295
Crossandra infundibuliformis 'Lutea' 295
Cuphea hyssopifolia 312
Cussonia paniculata 444
Cyathea latebrosa 551
Cycas revoluta 551
Cycas rumphii 552
Cycas siamensis 553
Cynometra cauliflora 445
Cynometra malaccensis 48
Cyrtostachy renda 499

D

Dacrycarpus imbricatus 559
Dalbergia cochinchinensis 183
Dalbergia latifolia 184
Dalbergia oliveri 184
Davidsonia pruriens 185
Delonix regia 188
Derris trifoliate 469
Dichrostachys cinerea 418

Dictyosperma album 504
Dillenia alata 114
Dillenia indica 80
Dillenia ingens 114
Dillenia ovata 79
Dillenia philippinensis 81
Dillenia suffruticosa 82
Dimocarpus longan 186~187
Dioon spinulosum 554
Diospyros blancoi 115
Diospyros buxifolia 116
Diospyros malabarica 116
Dipterocarpus cornutus 83
Dipterocarpus grandiflorus 117
Dipterocarpus kerrii 117
Dolichandrone spathacea 185
Dracaena draco 268~269
Dracaena fragrans 270
Dracaena loureiri 271
Dracaena marginata 271
Dracaena reflexa 272
Dracaena sanderiana 270
Dracaena surculosa var. *maculata* 313
Dryobalanops aromatica 120
Dryobalanops oblongifolia 120
Duabanga grandiflora 48
Duranta erecta 296
Durio zibethinus 118~119
Dyera costulata 28
Dypsis decaryi 505
Dypsis leptocheilos 504
Dypsis lutescens 506
Dypsis madagascariensis 507

E

Ehretia microphylla 266
Elaeis guineensis 508~508
Elaeocarpus angustifolius(Elaeocarpus grandiflorus) 83
Elateriospermum tapos 121
Eleutherococcus trifoliatus 446
Encephalartos hildebrandtii 554
Encephalartos hirsutus 555
Eriobotrya japonica 84
Erythrina crista-galli 230
Erythrina fusca 229
Erythrina humeana 446
Erythrina livingstoniana 228
Eucalyptus alba 122
Eucalyptus camaldulensis 122
Eugenia aromatica 72~73
Eugenia stipitata 314
Eugenia uniflora 49
Euodia ridleyi 447
Euodia suaveolens 447
Euphorbia cooperi 314
Euphorbia cotinifolia 315
Euphorbia ingens 315
Euphorbia lactea 316
Euphorbia lactea 'Cristata' 316
Euphorbia lactea 'White Ghost' 317
Euphorbia milii 390
Euphorbia neriifolia 273
Euphorbia tirucalli 391
Eurycoma longifolia 420~421
Eusideroxylon zwageri 123
Euterpe oleracea 507
Evodiella muelleri 448
Excoecaria cochinchinensis 297

F

Fagraea auriculata 51
Fagraea ceilanica 51
Fagraea crenulata 52
Fagraea fragrans 50
Fatsia japonica 249
Ficus altissima 'Variegata' 123
Ficus auriculata 124
Ficus benghalensis 126~127
Ficus benghalensis 'Krishnae' 125
Ficus benjamina 132
Ficus carica 250

Ficus celebensis 132
Ficus cyathistipula 133
Ficus deltoidea 'Mas Cotek' 389
Ficus destruens 133
Ficus elastica 130~131
Ficus kurzii 128
Ficus lyrata 134~135
Ficus macrocarpa 129
Ficus natalensis ssp. *leprieurii* 135
Ficus pumila 470
Ficus religiosa 136~137
Ficus rumphii (Variegated leaf) 138
Ficus variegata 138
Ficusmacrocarpa 'Golden' 129
Filicium decipiens 189
Flacourtia inermis 84
Flacourtia rukam 85
Flemingia strobilifera 389
Fortunella spp. 'Kumkuat' 392

G

Gadenia nitida 321
Galphimia glauca 317
Garcinia atroviridis 52
Garcinia cambogia 54
Garcinia dulcis 54
Garcinia macrophylla 55
Garcinia mangostana 53
Garcinia nigrolineata 55
Garcinia subelliptica 56
Garcinia xanthochymus 56
Gardenia brighamii 319
Gardenia gjellerupii 319
Gardenia jasminoides 320
Gardenia scabrella 321
Gardenia tubifera 322
Geonoma interrupta 510
Gigantochloa ridleyi 139
Glochidion littorale 392
Gmelina dalrympleana 57
Gmelina elliptica 57
Gnetum gnemon 58~59
Graptophyllum pictum 318
Grevillea banksii 419
Grevillea robusta 189
Grevillea 'Robyn Gordon' 419
Grewia caffra 365
Gustavia superba 86
Gymnostoma nobile 562
Gymnostoma sumatranum 562

H

Haematoxylon campechianum 190
Hamelia patens 393
Hedera helix 469
Heritiera littoralis 139
Hevea brasiliensis 234~235
Hibiscus coccineus 448
Hibiscus mutabilis 251
Hibiscus rosa-sinensis 366~367
Hibiscus schizopetalus 368
Hibiscus schizopetalus 'Pagoda' 368
Hibiscus tiliaceus 140~141
Hibiscus tiliaceus purpurascens 140~141
Hibiscus tiliaceus 'Tricolor' 140~141
Holmskioldia sanguinea 471
Hosea lobbiana 472
Howea belmoreana 510
Hura crepitans 88~89
Hydrangea macrophylla 300
Hymenaea courbaril 230
Hyophorbe lagenicaulis 511

I

Iguanura wallichiana 512
Inga edulis 190
Ipomoea carnea ssp. *fistulosa* 393
Ixora finlaysoniana 323
Ixora hybrid 324~325
Ixora odorata 326

J
Jacaranda obtusifolia 191
Jasminum humile 423
Jasminum laurifolium(Jasminum nitidum) 326
Jasminum multiflorum 327
Jasminum rex 327
Jasminum sambac 328
Jatropha gossypifolia 254
Jatropha integerrima 252
Jatropha integerrima 'Pink' 252~253
Jatropha podagrica 255
Johannesteijsmannia altifrons 512
Johannesteijsmannia lanceolata 513
Juniperus chinensis 567
Justicia betonica 322
Justicia brandegeana 323

K
Kerridoxa elegans 532
Khaya senegalensis 191
Kigelia africana 192~193
Kirkia wilmsii 194
Kleinhovia hospita 142
Koompassia excelsa 194
Kopsia flavida 328
Kopsia fruticosa 329
Kopsia pruniformis 329
Kopsia singaporensis 330

L
Lagerstroemia floribunda 62
Lagerstroemia indica 60
Lagerstroemia speciosa 61
Lansium domesticum 195
Lantana camara 298~299
Latania loddigesii 533
Latania lontaroides 533
Latania verschaffeltii 534
Lawsonia inermis 394~395
Lecythis ollaria 143
Leea guineensis 'Burgundy' 422
Leea indica 423
Leea rubra 422
Lepisanthes alata 197
Lepisanthes amoena 198
Leptospermum brachyandrum 396
Leptospermum scoparium 397
Leucaena leucocephala 196
Leucophyllum frutescens 397
Licuala grandis 535
Licuala peltata var. *sumawongii* 534
Licuala spinosa 536
Lithocarpus elegans 142
Litsea myristicaefolia 145
Livistona australis 537
Livistona chinensis 537
Livistona decora(Livistona decipiens) 538
Livistona rotundifolia 538
Lodoicea maldivica 540~541
Lonicera japonica 472
Lophanthera lactescens 144
Loropetalum chinense 398
Loropetalum chinense 'Purple Majesty' 398

M
Macrostelia grandifolia 400
Macrozamia moorei 555
Madhuca longifolia 26
Magnolia coco 399
Magnolia grandiflora 145
Majidea zanquebarica 424
Malpighia coccigera 301
Malpighia glabra 331
Malpighia punicifolia 331
Malvaviscus arboreus 258
Mangifera caesia 148
Mangifera foetida 148
Mangifera indica 146~147
Manihot esculenta 449
Manihot esculenta 'Variegata' 449
Manihot glaziovii 256

Manilkara bidentata 149
Manilkara zapota 274~275
Maniltoa browneoides 199
Mansoa hymenaea 473
Mauritiella armata 542
Medinilla astronoides 273
Megaskepasma erythrochlamys 330
Melaleuca bracteata 563
Melaleuca cajuputi 564
Melaleuca linariifolia 565
Melaleuca styphelioides 563
Melastoma malabathricum 332
Melastoma malabathricum var. *Alba* 332
Memecylon caeruleum 333
Mesua ferrea 63
Metroxylon salomonense 514~515
Michelia alba 150~151
Michelia figo 399
Millettia pinnata 202
Millettia reticulata 473
Millingtonia hortensis 198
Mimusops balata 149
Mimusops elengi 155
Montrichardia arborescens 276
Morinda citrifolia 64~65
Morinda elliptica 66
Moringa oleifera 200~201
Morus alba 85
Muntingia calabura 87
Murraya koenigii 426~427
Murraya paniculata 425
Mussaenda erythrophylla 334
Mussaenda marmelada 335
Mussaenda philippica 'Auroae' 335
Myristica fragrans 152~153
Myristica insipida 154

N

Naringi crenulata 204
Nauclea orientalis 67
Nephelium lappaceum 203
Nephelium ramboutan-ake 204
Nerium oleander 336~337
Normanbya Normanbyi 513
Nyctanthes arbor-tristis 338
Nypa fruiticans 516

O

Ochna integerrima 400
Ochna kirkii 401
Odontadenia macrantha 474
Oncosperma tigillarium 517
Osmanthus fragrans 301
Osmanthus fragrans var. *aurantiacus* 301
Osmoxylon lineare 257

P

Pachira aquatica 231
Pachira insignis 232
Pachypodium lamierei 276
Pachypodium rutebergianum 277
Pachystachys coccinea 339
Pachystachys lutea 339
Palaquium obovatum 27
Pandanus sp. 283
Pandanus tectorius 282
Pandanus utilis 283
Pandorea jasminoides 474
Pangium edule 154
Paraserianthes falcataria 205
Parmentiera cereifera 450
Peltophorum pterocarpum 206
Pemphis acidula 340
Pereskia aculeata 475
Pereskia bleo 403
Pereskia grandifolia 402
Peronema canescens 207
Petraeovitex bambusetorum 475
Petrea volubilis 478
Phaleria clerodendron 341
Phaleria macrocarpa 341
Phoenicophorium borsigianum 518

Phoenix canariensis 519
Phoenix dactilifera 520~521
Phoenix paludosa 519
Phoenix roebelenii 522
Phoenix sylvestris 522
Phryganocydia corymbosa 479
Phyllanthus acidus 428
Phyllanthus cochinchinensis 403
Phyllanthus cuscutiflorus 404
Phyllanthus pectinatus 207
Phyllanthus pulcher 404
Phytolacca dioica 156
Pimenta dioica 62
Pinanga coronata 523
Pinus caribaea 566
Piper aduncum 405
Piper betel 478
Piper nigrum 476~477
Pisonia grandis 157
Pithecellobium dulce 429
Pithecellobium dulce 'Variegated' 429
Pithecellobium flexicaule 430
Pittosporum tobira 281
Pleioblastus spp. 369
Ploiarium alternifolium 405
Plumbago auriculata 406
Plumbago auriculata var. *Alba* 406
Plumeria obtusa 280
Plumeria pudica 277
Plumeria rubra 278~279
Podocarpus macrophyllus 567
Podocarpus nagi 568
Podocarpus neriifolius 569
Podocarpus polystachyus 570
Podocarpus rumphii 568
Polyalthia longifolia var. *pendula* 157
Polyalthia rumphii 158
Polyalthia sclerophylla 158
Polyscias balfouriana 451
Polyscias filicifolia 430
Polyscias fruticosa 'Dwarf' 431
Polyscias guilfoylei 431
Pometia pinnata 208
Pongamia pinnata 202
Porana volubilis 480
Portulacaria afra 340
Portulacaria afra 'Variegata' 340
Pouteria campechiana 159
Pouteria gardneriana 160
Premna serratifolia 343
Prichardia pacifica 539
Pseudobombax ellipticum 232
Psidium guajaba 342
Pterocarpus indicus 208
Pterospermum diversifolium 18
Pterygota alata 160
Ptychosperma waitianum 524
Punica granatum 343

Q

Quassia amara 432~433
Quisqualis indica 481

R

Radermachera ignea 209
Radermachera 'Kunming' 434
Randia fitzalanii 303
Ravenala madagascariensis 161
Ravenea rivularis 524
Ravenia spectabilis 451
Reinwardtia indica 284
Rhaphiolepis indica 369
Rhapis excelsa 543
Rhapis humilis 542
Rhapis multifida 544
Rheedia magnifolia 66
Rhizophora apiculata 68
Rhodamnia cinerea 69
Rhodomyrtus tomentosa 344
Rhopaloblaste singaporensis 525
Rhus lancea 452
Rollinia deliciosa 162

Rondeletia leucophylla 345
Rosa cultivars 434
Roystonea oleracea 525
Ruspolia hypocrateriformis 345
Ruttya fruticosa 346

S

Sabal mexicana 544
Sabal minor 545
Sabal palmetto 545
Salacca magnifica 526
Samadera indica 162
Samanea saman(Albizia saman) 210
Samanea saman 'Yellow' 210
Sanchezia speciosa 302
Sandoricum koetjape 233
Saraca cauliflora 212
Saraca declinata 213
Saraca indica 213
Sauropus androgynus 407
Scaevola sericea 284
Schefflera actinophylla 236
Schefflera arboricola 453
Schefflera delavayi 452
Schinus molle 211
Schinus terebinthifolius 439
Schizolobium parahyba 209
Schizostachyum brachycladum 163
Schleichera oleosa 214
Scurrula ferruginea 346
Senecio kleinia 285
Senna alata 435
Senna polyphylla 436
Senna siamea 214
Senna spectabilis 437
Senna surattensis 436
Serissa foetida 349
Sesbania grandiflora 215
Sesbania grandiflora 'Alba' 215
Severinia buxifolia 408
Shorea roxburghii 163
Sindora wallichii 217
Solandra longiflora 480
Solanum rantonnetii 407
Solanum torvum 258
Solanum wrightii 259
Sonneratia caseolaris 70
Spathodea campanulata 216
Spondias cytherea 438
Stelechocarpus burahol 164
Sterculia monosperma 409
Sterculia parviflora 164
Sterculia quadrifida 165
Stereospermum fimbriatum 217
Streblus elongatus 165
Strelitzia nicolai 285
Strophanthus gratus 482
Strophanthus preussii 483
Strychnos nux-vomica 69
Swietenia mahogani 220
Synsepalum dulcificum 286~287
Syzygium aqueum 347
Syzygium aromaticum 72~73
Syzygium buxifolium 348
Syzygium campanulatum 348
Syzygium grande 71
Syzygium jambos 74
Syzygium malaccense 71
Syzygium polyanthum 75
Syzygium pycnanthum(Eugenia densiflora) 77
Syzygium samarangense 76
Syzygium zeylanicum 77

T

Tabebuia aurea 238
Tabebuia chrysantha 237
Tabebuia haemantha 454
Tabebuia heterophylla 238
Tabebuia pallida 238
Tabebuia rosea 239
Tabebuia roseo-alba 239

Tabernaemontana Africana 349
Tabernaemontana corymbosa Variega 350
Tabernaemontana dichotoma 351
Tabernaemontana divaricata 352
Tabernaemontana pachysiphon 352
Talipariti tiliaceum 140~141
Tamarindu indica 218~219
Tarenna odorata 354
Taxodium distichum 571
Tecoma stans 440
Tecomaria capensis 439
Tectona grandis 78
Terminalia brassii 29
Terminalia catappa 30~31
Terminalia mantaly 32
Terminalia mantaly 'Tricolor' 32
Terminalia muelleri(Terminalia foetidissima) 28
Terminalia prunioides 33
Terminalia sericea 33
Thea sinensis 370
Theobroma cacao 166~167
Theobroma grandiflorum 168
Thevetia peruviana 288
Thrinax parviflora 546
Thunbergia erecta 484
Thunbergia erecta cv. *Alba* 484
Thunbergia erecta 'Fairy Moon' 484
Thunbergia fragrans 483
Thunbergia grandiflora 485
Thunbergia grandiflora 'Alba' 485
Thunbergia variegata 485
Tibouchina urvilleana 353
Trachycarpus excelsa 547
Trachycarpus fortunei 547
Trevesia burckii 454
Triphasia trifolia 455
Tristaniopsis whiteana 168
Tristellateia australasiae 486

U

Urechites lutea var. *variegata* 486

V

Vachellia farnesiana 441
Vallaris glabra 487
Vatica rassak 169
Vernonia elliptica 487
Verschaffeltia splendida 526
Vitex pinnata 233
Vitex trifolia 455
Vitex trifolia 'Purpurea' 455

W

Wallichia disticha 527
Washingtonia filifera 546
Wodyetia bifurcata 527
Wrightia antidysenterica 355
Wrightia dubia 354
Wrightia religiosa 356

X

Xanthorrhoea sp. 289
Xanthostemon chrysanthus 357
Xanthostemon verticillatus 357
Xanthostemon youngii 410

Y

Yucca aloifolia 289
Yucca aloifolia variegata 289

Z

Ziziphus mauritiana 90

나무 이름 찾아보기

ㄱ

가시세베리니아 ············ 408
가시잎티트리 ············ 563
개운죽 ············ 270
갬부지망고스틴 ············ 56
갯무궁화 ············ 140~141
갯자금우 ············ 373
갯티크 ············ 570
거미나무 ············ 444
게스트트리 ············ 142
겹꽃말리화 ············ 328
겹야자 ············ 540~541
고람반 ············ 467
고사리아랄리아 ············ 430
고사리잎나무 ············ 189
고사리잎자카란다 ············ 191
고추냉이나무 ············ 200~201
곤지꽃호두야자 ············ 106
공작야자 ············ 501
공작화 ············ 412~413
과일바링토니아 ············ 25
과테말라대황 ············ 255
관음죽 ············ 543
구아바 ············ 342
귀금봉 ············ 277
귀신발나무 ············ 454
그네툼 그네몬 ············ 58~59
그래스트리 ············ 289
그레빌레아 로빈 고든 ············ 419
그레빌레아 방크시 ············ 419
그린아랄리아 ············ 257
금귤 ············ 392
금모구척 ············ 550
금목서 ············ 301
금범의꼬리 ············ 317
금산죽 ············ 544
금털나무고사리 ············ 550
기름야자 ············ 508~509
기아나물밤나무 ············ 232
긴대롱익소라 ············ 326
긴성배꽃 ············ 480
긴잎용뇌수 ············ 120
긴조이야자 ············ 513
까뚝잎나무 ············ 407
깔라만시 ············ 387
깔때기자스민나무 ············ 209
꼬리게오노마 ············ 510
꼬리꽃스트로판투스 ············ 483
꼬리이구아누라 ············ 512
꼬마대추야자 ············ 522
꼬마사발야자 ············ 545
꽃기린 ············ 390
꽃누리장나무 ············ 292

ㄴ

나누 ············ 319
나도호랑가시 ············ 301
나라티왓나무 ············ 158
나링기 크레누라타 ············ 204
나무자스민 ············ 198
낙우송 ············ 571
낚시찌바링토니아 ············ 24
난세 ············ 305
난쟁이빈랑나무 ············ 493
난쟁이자스민 ············ 434
난쟁이호로죽 ············ 361
난쟁이황금목 ············ 446
난초나무 ············ 221
남남나무 ············ 445
넛맥월계수 ············ 145
넝쿨바우히니아 ············ 465
네팔트럼펫 ············ 466
노끈바링토니아 ············ 23
노니 ············ 64~65
노란구슬꽃나무 ············ 97
노란꽃목화나무 ············ 20
노란꽃티베티아 ············ 288
노란라탄야자 ············ 534
노랑나팔덩굴 ············ 460
노랑난초나무 ············ 244
노랑레인트리 ············ 210
노랑망고스틴 ············ 303
노랑사라카 ············ 212
노랑새우풀 ············ 339
노랑종꽃 ············ 440
노랑크로산드라 ············ 295
노랑타베비아 ············ 238
노랑펜다 ············ 357
노른자나무 ············ 54
녹나무 ············ 107
녹슨고무나무 ············ 133
녹슨꽃겨우살이 ············ 346
놀리나 ············ 261
농눅덩굴 ············ 475
눈송이라이티아 ············ 355
뉴기니느릅나무 ············ 29
능수고무나무 ············ 132
능수베르노니아 ············ 487
능수베키아 ············ 558
능수차나무 ············ 396
니봉야자 ············ 517
니코바나무 ············ 98
니코바르야자 ············ 497
니파야자 ············ 516

ㄷ

다닥다닥고무나무 ············ 138
다라수 ············ 528~529
다이너마이트나무 ············ 88~89
단풍잎불꽃나무 ············ 18
당종려 ············ 547
대나무드라세나 ············ 313
대만판다누스 ············ 282
대왕야자 ············ 525
대추야자 ············ 520~521
대포알나무 ············ 113
덕구리란 ············ 261
덤불툰베르기아 ············ 484
데이비슨플럼 ············ 185
데이자스민 ············ 386
데카리야자 ············ 505
도금양나무 ············ 344
도둑야자 ············ 518
도레미꽃 ············ 293
도비로야자 ············ 537
돈나무 ············ 281
동남아순비기 ············ 455
동백나무 ············ 363
동홍화 ············ 471

돛대나무 ········ 157
두란타 ········ 에렉타 296
두리안 ········ 118~119
두아방아 ········ 48
둥근솔나무 ········ 362
둥근솔콤브레툼 ········ 309
둥근잎아랄리아 ········ 451
둥운나무 ········ 139
드라세나 로우레이리 ········ 271
드라세나 리플렉사 ········ 272
드라세나 마르지나타 ········ 271
디비디비나무 ········ 179
땅콩나무 ········ 165
땅콩버터나무 ········ 305
떡갈잎고무나무 ········ 134
떡갈잎쉐프레라 ········ 452

ㄹ
라메리 ········ 276
라임 ········ 387
라임베리 ········ 455
란위자스민 ········ 351
란타나 ········ 298~299
란탄나무 ········ 169
람바이 ········ 98
람부딴 ········ 203
람부딴아케 ········ 204
랑삿나무 ········ 195
랜턴브로네아 ········ 178
럭비공나무 ········ 154
레몬 ········ 364
레이스아랄리아 ········ 431
레인트리 ········ 210
렉스자스민 ········ 327
로그우드 ········ 190
로리로리 ········ 84
로부스타커피나무 ········ 311
로즈애플 ········ 74
론타야자 ········ 528~529
롤리니아 ········ 162
루쿠바야자 ········ 507
룰소나무 ········ 558
룸피소철 ········ 552
룸피티크 ········ 568
리드나무 ········ 45
리들리대나무 ········ 139
리버트리스타니아 ········ 168
리베리아커피나무 ········ 311
리본비로야자 ········ 538
립스틱야자 ········ 499

ㅁ
마늘덩굴 ········ 473
마니홋 ········ 449
마니홋고무나무 ········ 256
마닐라타마린드 ········ 429
마드로뇨나무 ········ 66
마랑마랑호동 ········ 37
마스코텍고무나무 ········ 389
마전 ········ 69
마제스틱야자 ········ 524
마치지오 ········ 261
마타피아 ········ 252~253
마티코후추 ········ 405
마호가니 ········ 220
만화풀 ········ 318
말라바흑단 ········ 116
말레이굴대나무 ········ 100
말레이망고 ········ 148
말레이반얀나무 ········ 129
말레이배롱나무 ········ 62
말레이애플 ········ 71
말레이티크 ········ 233
말레이핑퐁 ········ 164
말레이흑죽야자 ········ 495
말망고 ········ 148
말바비스커스 ········ 258
망고나무 ········ 146~147
망고스틴 ········ 53
매미나무 ········ 405
맹그로브대추야자 ········ 519
맹그로브데리스 ········ 469
맹그로브부채야자 ········ 536
맹그로브비파아재비 ········ 82
맹그로브트럼펫나무 ········ 185
멍키포드 ········ 210
메디닐라 ········ 273
멕시코자귀나무 ········ 418
멘티기나무 ········ 340
멜라카나무 ········ 207
면도솔나무 ········ 232
모레틸로야자 ········ 542
모코모코 ········ 276
목기린 ········ 475
목서 ········ 301
몸바사소철 ········ 554
무늬꽃덤불툰베르기아 ········ 484
무늬사사대나무 ········ 369
무늬은행목 ········ 340
무늬잎갯무궁화 ········ 140~141
무늬잎레몬 ········ 364
무늬잎마닐라타마린드 ········ 429
무늬잎반얀아재비 ········ 123
무늬잎브레이니아 ········ 383
무늬잎사랑꽃 ········ 350
무늬잎사인나무 ········ 44
무늬잎우산나무 ········ 32
무늬잎천수란 ········ 289
무늬잎카사바 ········ 449
무늬잎쿠바빈카 ········ 486
무늬잎판다누스 ········ 283
무레이소철 ········ 555
무우수 ········ 213
무화과 ········ 250
물결잎흑죽야자 ········ 495
물밤나무 ········ 231
물뿌리나무 ········ 194
물치자나무 ········ 322
미국브룬펠시아 ········ 380
미라클후르트 ········ 286~287
미얀마로즈우드 ········ 184
미인수 ········ 226~227
미켈리아 피고 ········ 399
미키마우스트리 ········ 401

ㅂ
바나바 ········ 61
바라밀 ········ 94~95
바베이도스체리 ········ 331
바오밥나무 ········ 222~223
바요르 ········ 18
바우히니아 아쿠미나타 ········ 243
바위템부스나무 ········ 51
바카우민약나무 ········ 68
바카우뿌띠나무 ········ 36

바코드대나무 99
반잎룸피고무나무 138
반잎툰베르기아 485
발가락나무 230
발라타고무나무 149
밤자스민 338
방칼 67
배롱나무 60
배추잎템부스나무 52
백동수 79
백말꼬리덩굴 480
백설툰베르기아 483
백정화 349
뱀나무 217
뱀열매야자 526
버마반얀나무 128
버터컵반얀나무 125
벌새꽃 346
벌새나무 215
벌새덤불 393
베라우드 177
베텔 478
베트남미키마우스트리 400
베트남쌀꽃나무 411
베트남필란더스 403
베틀후추 478
벤다소철 555
벤자민고무나무 132
벨루치아 펜타메라 37
벨벳애플 115
벵갈고무나무 126~127
벵골툰베르기아 485
벵골호프나무 389
별꽃치자나무 321
병솔나무 384
병야자 511
보르네오루 562
보르네오아가티스 556
보리수고무나무 136~137
복통나무 254
볼로볼로 245
봉황목 188
부겐빌레아 462~463
부들레야 291
부용 251
부채파초 161
부처님코코넛 160
분홍라베니아 451
분홍마타피아 252
분홍카시아 183
분홍코프시아 329
분홍타베비아 238
불꽃송이나무 307
불두과 374~375
붉은깃털야자 501
붉은꽃라이티아 354
붉은꽃유칼립투스 121
붉은난초나무 464
붉은누리장나무 291
붉은라탄야자 533
붉은루스폴리아 345
붉은리아 422
붉은무사엔다 334
붉은사라카 213
붉은새잎야자 494
붉은칫솔덩굴 468
붉은펜다 410
브델리아 291
브라질고사리나무 209
브라질너트 100
브라질망고스틴 55
브라질브룬펠시아 381
브라질빨간망토 330
브라질아부틸론 243
브라질야자 498
브라질후추나무 439
브린달베리 54
블랙티트리 563
비그나이 92
비단아프게키아 460
비스마르크야자 530
비주패왕수 276
비파나무 84
비파아재비 80
빅사 378~379
빈랑나무 492~493
빌리안 123
빌림비 174
빗자루야자 546
빨강새우풀 339
빵꽃덩굴 487
빵나무 14~15
뽕나무 85

ㅅ

사가나무 170~171
사마데라 162
사막의장미 372
사막카시아 436
사인나무 44
사포딜라 274~275
산발머리야자 531
산양배추나무 444
산케지아 302
산톨 233
산티크 569
산호유동 255
산호타레나 354
살람나무 75
살로몬사고야자 514~515
삼각야자 505
상록풍년화 398
새우풀 323
샴익소라 323
서양협죽도 336~337
석류나무 343
석화기린 273
설탕대추야자 522
세셀피니아 412~413
세이셸긴다리야자 526
세이셸야자 540~541
세잎오가나무 446
세자룡 172
세크로피아 펠타타 19
소돔의사과 306
소방목 414
소보체리 198
소시지나무 192~193
소철 551
손수건나무 199
솜다리나무 313
수국 300
수련나무 365
수리남자귀나무 417
수리남체리 49

수마윙기부채야자 ·········· 534
수마트라루 ················ 562
수양누리장나무 ············ 308
수양병솔나무 ·············· 101
수파나무 ·················· 217
순다참나무 ················ 142
쉐프레라 악티노필라 ······· 236
슈가애플 ············· 374~375
슝까이나무 ················ 207
스위트쇼레아 ·············· 163
스위트아카시아 ············ 441
스타애플 ·················· 106
스타자스민 ················ 326
스페인체리 ················ 155
시그레이프 ··········· 108~109
시애플 ····················· 71
식나무 ···················· 290
실론계피나무 ··········· 40~41
실론철목 ··················· 63
실버백나무 ················· 69
싱가포르야자 ·············· 525
싱가폴코프시아 ············ 330

ㅇ
아데늄 오베숨 ············· 372
아라비카커피나무 ·········· 310
아라우카리아 ·············· 557
아라자 ···················· 314
아레카야자 ················ 506
아리자브로네아 ············ 179
아마잎티트리 ·············· 565
아무라나무 ················ 176
아부아이 ·················· 160
아사이야자 ················ 507
아세로라 ·················· 331
아쇼카나무 ················ 213
아이비 ···················· 469
아이스크림콩 ·············· 190
아카시아 아우리쿠리포미스 ·· 91
아칼리파 시아멘시스 ······· 359
아칼리파 윌케시아나 ······· 358
아칼리파 히스피다 ········· 360
아키 ······················ 177
아프리카누린내나무 ········ 293
아프리카마호가니 ·········· 191
아프리카박달 ·············· 377
아프리카옻나무 ············ 452
아프리카자스민 ············ 349
아프리카치자나무 ·········· 321
아프리카튤립나무 ·········· 216
아피아피나무 ··········· 34~35
악마의솜 ·················· 242
안젤린 ···················· 173
암바렐라 ·················· 438
알라만다 ·················· 458
알렉산더야자 ·············· 491
알로에염주나무 ············ 228
알바지아 ·················· 205
암헤르스티아 노빌리스 ····· 172
앵기린 ···················· 402
야생로즈애플 ··············· 77
야생망고스틴 ··············· 55
여우꼬리야자 ·············· 527
여인목 ···················· 161
여인초 ···················· 161
연필나무 ·················· 391
오돈타데니아 ·············· 474
오렌지무사엔다 ············ 335
오렌지자스민 ·············· 425
오렌지코르디아 ············ 112
오로라무사엔다 ············ 335
오바타비파아재비 ··········· 79
오채각 ···················· 315
올리브담팔수 ··············· 83
올스파이스 ················· 62
와이티아눔야자 ············ 524
왁스애플 ··················· 76
왁스잠부 ··················· 76
왈리치야자 ················ 527
왕귤나무 ·················· 443
용뇌수 ···················· 120
용선화 ···················· 248
용안 ················· 186~187
용혈수 ··············· 268~269
우각과 ···················· 306
우산나무 ··················· 32
우의목 ···················· 189
운남소철 ·················· 553
운남월광화 ················ 284
운남필란더스 ·············· 404
울타리죽 ·················· 361
워싱턴야자 ················ 546
워터애플 ·················· 347
워터자스민 ················ 356
원숭이주전자나무 ·········· 143
월남황우목 ················· 47
육계나무 ·················· 107
육두구 ··············· 152~153
율리시즈쉬나무 ············ 448
은단추나무 ················ 383
은잎느릅나무 ··············· 33
은행목 ···················· 340
익소라 ··············· 324~325
인도고무나무 ········· 130~131
인도다정큼나무 ············ 369
인도대추나무 ··············· 90
인도로즈우드 ·············· 184
인도리아 ·················· 423
인도반얀나무 ········· 126~127
인도버터나무 ··············· 26
인도보리수 ··········· 136~137
인도사군자 ················ 481
인도석남화 ················ 332
인도지린내나무 ············ 343
인동덩굴 ·················· 472
인디안아몬드 ··········· 30~31
인디안자두 ················· 85
일랑일랑 ············· 102~103

ㅈ
자금목 ···················· 315
자리공만두나무 ············ 156
자메이카체리 ··············· 87
자무즈 ···················· 559
자바니피스 ················ 333
자바카수아리나 ············ 559
자바그멜리나 ··············· 57
자바나무덩굴 ·············· 467
자바애플 ··················· 74
자바자두 ·················· 329
자이언트디온소철 ·········· 554
자이언트콜라나무 ··········· 21
자주갯무궁화 ········· 140~141
자주밀레티아 ·············· 181
자주잎동남아순비기 ········ 455

자주잎리아 422
자주잎상록풍년화 398
자줏빛소심화 17
작은잎울타리죽 361
잔잎흑단 116
잠부케라 392
잠비아고무나무 133
잠비아느릅나무 33
장미 434
장미꽃스트로판투스 482
장미선인장 403
장미타베비아 239
잭후르트 94~95
자와비로야자 538
적남 348
적목유칼립투스 122
점베이나무 196
정글브로네아 178
정유크루인 117
정향 72~73
젖꼭지나무 567
제금 316
젤루통 28
조디아 447
조이야자 512
종려나무 547
종려죽 542
종이꽃바우히니아 464
주걱잎고무나무 135
주름부채야자 535
주름잎조디아 447
주홍누리장나무 308
주홍콩나무 176
죽백 568
중국쌀꽃나무 411
중국자스민 327
중국크로톤 297
진펄나팔꽃 393
진펄무궁화 448
진펄코림비아 45
진홍트럼펫꽃나무 454

ㅊ

차나무 370
차야나무 244
채소잎바링토니아 25
천룡 285
천사나팔꽃 382
천수란 289
청산호 391
첼페닥 93
초롱나무 418
촛불나무 450
촛불세나 435
춘봉철화 316
치자나무 320
칠레자스민 386
칠리향 425
칠변화 298~299

ㅋ

카나리야자 519
카니스텔 159
카람볼라 175
카레나무 426~427
카리샤자스민 307
카리요타 미티스 500
카모엔시아 466
카사바 449
카시아계피나무 43
카시아데샴 214
카주풋나무 564
카카오 166~167
카통나무 48
카펜타리아야자 498
칼리안드라 에마지나타 415
칼리안드라 헤마토세팔라 416
캐리비아소나무 566
캐슈나무 23
캐시미어누리장 294
캐퍼라임 442
캔들너트트리 16
케낭가나무 158
케이폭나무 224~225
케펠애플 164
케핑망고스틴 52
코끼리덩굴 461
코르디아 112
코르딜리네 인디비사 267
코르딜리네 푸르티코사 264~265
코코목련 399
코코스야자 502~503
코후네야자 497
콜라나무 110~111
쿠숨나무 214
쿠쿠이나무 16
쿠페리대극 314
쿠페아 히소피폴리아 312
쿠푸아수 168
쿡소나무 556
쿼시아 아마라 432~433
크라술라오바타 267
크레이프자스민 352
크로산드라 295
크로톤 262~263
크루인 117
크리스마스야자 490
큰감자꽃나무 259
큰극락조화 285
큰나래콤브레툼 309
큰노니 66
큰바람개비자스민 352
큰잎고무나무 124
큰잎비파야재비 114
큰잎크루인 83
큰황금죽 163
클레로덴드룸 톰소니에 468
클로브 72~73
클리데미아 294
키다리망고스틴 56
키다리카랄리아 39

ㅌ

타마린드 218~219
타이계피나무 42
타이치자나무 319
타이풍접목 385
타포스나무 121
타피오카 449
타히티구즈베리 428
탈리폿야자 532
태국로즈우드 183
태산목 145
터키베리 258
털빵나무 96

털타베비아 ················ 237
테디베어야자 ················ 504
테코마리아 카펜시스 ······· 439
텍사스사발야자 ············ 544
텍사스흑단 ················ 430
템부스나무 ················ 50
템피니스나무 ·············· 165
통캇알리 ············ 420~421
투알랑나무 ················ 194
트렝가누체리 ·············· 197
트리니다드나팔꽃 ·········· 479
티보치나 ·················· 353
티웁티웁 ·················· 93
티크 ······················ 78
티크야재비 ················ 221

ㅍ
파고다풍경무궁화 ·········· 368
파나마아펠란드라 ·········· 304
파나마로즈 ················ 345
파라고무나무 ········ 234~235
파랑새넝쿨 ················ 478
파슬리아랄리아 ············ 431
파키라 ···················· 231
파파야 ·············· 246~247
파푸아팔레리아 ············ 341
판다누스 유틸리스 ········ 283
판도레아 ·················· 474
팔메토야자 ················ 545
팔손이 ···················· 249
퍼플알라만다 ·············· 459
페낭자두 ·················· 328
페루후추나무 ·············· 211
편도덤불 ·················· 290
포도야자 ·················· 531
포멜로 ···················· 443
포플러유칼립투스 ·········· 122
폰감나무 ·················· 202
폰드애플 ·················· 376
표범나무 ·················· 180
푸르메리아 루브라 ········ 278
푸르메리아 옵투사 ········ 280
푸르메리아 푸디카 ········ 277
푸른감자꽃나무 ············ 407
푸른라탄야자 ·············· 533
푸밀라고무나무 ············ 470
푸스카황금목 ·············· 229
풍경무궁화 ················ 368
플람보얀 ·················· 188
피낭가야자 ················ 523
피들우드 ·················· 43
피소니아 ·················· 157
피지부채야자 ·············· 539
피지용안 ·················· 208
필리핀나무고사리 ·········· 551
필리핀바이올렛 ············ 304
필리핀비파야재비 ·········· 81
필리핀자단 ················ 208
필리핀차나무 ·············· 266
필리핀흑죽야자 ············ 496
핑크레몬 ·················· 364
핑크필란더스 ·············· 404
핑퐁 ······················ 409

ㅎ
하늘꽃 ···················· 406
하늘연꽃나무 ·············· 86
하등 ······················ 473
하양펜다 ·················· 357
하와이무궁화 ········ 366~367
해변상추 ·················· 284
해상나무 ·················· 70
행운목 ···················· 270
향나무 ···················· 567
향수꽃나무 ················ 51
허리케인야자 ·············· 504
헤나나무 ············ 394~395
헬릭스송악 ················ 469
호동 ······················ 38
호두야자 ············ 104~105
호리병박나무 ·············· 388
호세아 로비아나 ·········· 472
호웨아벨모아 ·············· 510
호주그멜리나 ·············· 57
호주비로야자 ·············· 537
호주매화 ·················· 397
호주블랙야자 ·············· 513
호주블루아몬드 ············ 28
호주비파야재비 ············ 114
호주소나무 ·········· 560~561
호주육두구 ················ 154
호주팔레리아 ·············· 341
호주황금덩굴 ·············· 486
호주흰무궁화 ·············· 400
홀스키오디아 산구인네아 ···· 471
홍남목 ···················· 348
홍목 ················ 378~379
홍콩쉐프레라 ·············· 453
화려한카시아 ·············· 437
화염목 ···················· 216
황금목 ···················· 230
황금사과나무 ·············· 438
황금사슬나무 ·············· 144
황금잎말레이반얀나무 ······ 129
황금카시아 ················ 182
황금플람보얀 ·············· 206
황소형 ···················· 423
황야자 ···················· 506
황우목 ···················· 46
황종화 ···················· 440
황회화나무 ················ 436
후추 ················ 476~477
후프소나무 ················ 557
훼이조아 ·················· 371
흑법사 ···················· 260
흑진주나무 ················ 424
흑판수 ···················· 22
흰구타페르카나무 ·········· 27
흰꽃누리장나무 ············ 292
흰꽃덤불툰베르기아 ········ 484
흰꽃벵골툰베르기아 ········ 485
흰벌새나무 ················ 215
흰비스마르크야자 ·········· 530
흰새우풀 ·················· 322
흰샴푸나무 ·········· 150~151
흰용선화 ·················· 248
흰인도석남화 ·············· 332
흰잎세이지 ················ 397
흰장미타베비아 ············ 239
흰제금 ···················· 317
흰코끼리야자 ·············· 532
흰포도송이나무 ············ 77
흰하늘꽃 ·················· 406

저자 윤주복
식물생태사진가이며, 자연이 주는 매력에 빠져 전국을 누비며 꽃과 나무의 살아가는 모습을 사진에 담고 있다.
저서로는 《나무 쉽게 찾기》, 《겨울나무 쉽게 찾기》, 《야생화 쉽게 찾기》, 《나무 해설 도감》, 《식물 관찰 도감》, 《우리 꽃 이야기》, 《나무 이야기》, 《꽃 이름 이야기》, 《봄꽃 쉽게 찾기》, 《여름꽃 쉽게 찾기》, 《가을꽃 쉽게 찾기》, 《나뭇잎 도감》 등이 있다.

열대나무 쉽게 찾기

A Field Guide to Tropical Trees & Shrubs

인쇄 – 2011년 6월 14일
발행 – 2011년 6월 21일
사진 · 글 – 윤주복
발행인 – 허 진
발행처 – 진선출판사(주)
편집 – 이미선, 최지선, 차슬아, 최철민, 이승주
디자인 – 안중용, 김연수, 이상량, 고은정
마케팅 – 이종상, 강경희, 이한나
총무 – 라미영, 이영원
제작 · 관리 – 유재수, 김영민
주소 – 서울시 종로구 팔판동 88번지
대표전화 (02)720 – 5990 팩시밀리 (02)739 – 2129
홈페이지 www.jinsun.co.kr
등록 – 1975년 9월 3일 10 – 92

＊책값은 커버에 있습니다.

ISBN 978 – 89 – 7221 – 704 – 6 06480

진선books 는 진선출판사의 자연책 브랜드입니다.
자연이라는 친구가 들려주는 이야기–'진선북스'가 여러분에게 자연의 향기를 선물합니다.

열대나무 검색표

나무의 모양 1
나무의 모양 2
잎의 모양 1
넓은잎나무
키가 큰 넓은잎나무
홑잎
겹잎
키가 작은 넓은잎나무
홑잎
겹잎
덩굴나무
야자나무
바늘잎나무
양치식물/소철무리
바늘잎나무